2011—2012

生 态 学

学科发展报告

REPORT ON ADVANCES IN ECOLOGY

中国科学技术协会　主编
中国生态学学会　编著

中国科学技术出版社
·北 京·

图书在版编目(CIP)数据

2011—2012生态学学科发展报告/中国科学技术协会主编；中国生态学学会编著. —北京:中国科学技术出版社,2012.4

(中国科协学科发展研究系列报告)

ISBN 978-7-5046-6024-4

Ⅰ.①2… Ⅱ.①中… ②中… Ⅲ.①生态学-学科发展-研究报告-中国-2011—2012 Ⅳ.①Q14-12

中国版本图书馆CIP数据核字(2012)第042185号

选题策划 许 英
责任编辑 符晓静
封面设计 中文天地
责任校对 赵丽英
责任印制 王 沛

出 版 中国科学技术出版社
发 行 科学普及出版社发行部
地 址 北京市海淀区中关村南大街16号
邮 编 100081
发行电话 010-62173865
传 真 010-62179148
网 址 http://www.cspbooks.com.cn

开 本 787mm×1092mm 1/16
字 数 339千字
印 张 14.25
印 数 1—2500册
版 次 2012年4月第1版
印 次 2012年4月第1次印刷
印 刷 北京凯鑫彩色印刷有限公司

书 号 ISBN 978-7-5046-6024-4/Q·164
定 价 43.00元

2011—2012
生态学学科发展报告

REPORT ON ADVANCES IN ECOLOGY

首席科学家 刘世荣

顾问组成员 冯宗炜 李文华 蒋有绪

专家组成员 （按姓氏笔画排序）

于君宝	万五星	王如松	王学雷
王根绪	王祥荣	王　震	王德利
石　磊	叶朝霞	达良俊	吕宪国
吕　彬	刘晶茹	孙建新	杨玉海
杨建新	李卫红	李凤民	李秀珍
李　锋	吴志峰	吴健生	余兴光
邹元春	沈泽昊	张玉生	张远东
陈亚宁	陈亚鹏	陈利顶	陈　欣
陈　彬	林文雄	林　茂	林瑞余
欧阳志云	郑　华	郑榕辉	郝兴明
胡　聃	侯扶江	施晓清	祝廷成
祝　茜	骆世明	唐森铭	黄　湘
常　禹	梁存柱		

学术秘书 宋爱云

序

科学技术作为人类智慧的结晶，不仅推动经济社会发展，而且不断丰富和发展科学文化，形成了以科学精神为精髓的人类社会的共同信念、价值标准和行为规范。学科的构建、调整和发展，也与其内在的学科文化的形成、整合、体制化过程密切相关。优秀的学科文化是学科成熟的标志，影响着学科发展的趋势和学科前沿的演进，是学科核心竞争力的重要内容。中国科协自 2006 年以来，坚持持续推进学科建设，力求在总结学科发展成果、研究学科发展规律、预测学科发展趋势的基础上，探究学科发展的文化特征，以此强化推动新兴学科萌芽、促进优势学科发展的内在动力，推进学科交叉、融合与渗透，培育学科新的生长点，提升原始创新能力。

截至 2010 年，有 87 个全国学会参与了学科发展系列研究，编写出版了学科发展系列报告 131 卷，并且每年定期发布。各相关学科的研究成果、趋势分析及其中蕴涵的鲜明学术风格、学科文化，越来越显现出重要的社会影响力和学术价值，受到科技界、学术团体和政府部门的高度重视以及国外主要学术机构和团体的关注，并成为科技政策和规划制定学术研究课题立项、技术创新与应用以及跨学科研究的重要参考资料和国内外知名图书馆的馆藏资料。

2011 年，中国科协继续组织中国空间科学学会等 23 个全国学会分别对空间科学、地理学(人文-经济地理学)、昆虫学、生态学、环境科学技术、资源科学、仪器科学与技术、标准化科学技术、计算机科学与技术、测绘科学与技术、有色金属冶金工程技术、材料腐蚀、水产学、园艺学、作物学、中医药学、生物医学工程、针灸学、公共卫生与预防医学、技术经济学、图书馆学、色彩学、国土经济学等学科进行学科发展研究，完成 23 卷学科发展系列报告以及 1 卷学科发展综合报告，共计近 800 万字。

参与本次研究发布的，既有历史长久的基础学科，也有新兴的交叉学科和紧密结合经济社会建设的应用技术学科。学科发展系列报告的内容既有学术理论探索创新的最新总结，也有产学研结合的突出成果；既有基础领域的研究进展，也有应用领域的开发进展，内容丰富，分析透彻，研究深入，成果显著。

参与本次学科发展研究和报告编写的诸多专家学者，在完成繁重的科研项目、教学任务的同时，投入大量精力，汇集资料，潜心研究，群策群力，精雕细琢，体现出高度的使命感、责任感和无私奉献的精神。在本次学科发展报告付梓之际，我衷心地感谢所有为学科发展研究和报告编写奉献智慧的专家学者及工作人员，正是你们辛勤的工作才有呈现给读者的丰硕研究成果。同时我也期待，随着时间的久远，这些研究成果愈来愈能够显露出时代的价值，成为我国科技发展和学科建设中的重要参考依据。

2012年3月

前　言

伴随着人口不断增加和经济、社会的迅猛发展，人类对自然资源开发利用的规模和强度日益增长，导致全球和区域生态与环境发生了急剧深刻的变化，出现了全球变暖、海平面上升、大气和水体污染、生物入侵、生物多样性丧失、荒漠化加剧、生态系统退化、水资源短缺等一系列生态环境问题，这些已经成为21世纪人类生存和经济、社会可持续发展所面临的最大挑战。

在全球生态与环境问题越来越严峻的背景下，人类更加关注地球生命支持系统的健康与稳定以及人类与自然的和谐发展，这为生态学的发展创造了前所未有的机遇。生态学是研究包括人在内的生物与环境之间关系的一门系统科学，它指导人类更好地保护、恢复、创建和管理生态系统，成为人类与自然生态系统和谐共存的理论依据和行动指南。生态学作为自然科学与社会科学交叉的科学，从生物学、地学和环境科学的实体衍生出来研究生物、环境、社会和文化间的时、空、量、构、序耦合关系，成为一门独立于传统科学之外的多学科、交叉学科的科学整合工具，是推动人和自然可持续发展的基础科学。生态学目前已经成为当今学科活力最强、发展速度最快的学科之一，特别是我国的生态学的发展更是一枝独秀，并逐步引起全球生态学界的关注。

在中国科学技术协会的领导和资助下，中国生态学学会在2011年组织编写了本报告，内容集合了全国优秀的生态学工作者从不同分支学科领域对我国近年来生态学研究的现状和未来发展动态的展望。针对科学前沿和社会需求，中国生态学工作者在科学发现与机理认识，多过程、多尺度、多学科综合研究，系统模拟与科学预测，服务社会需求及基础平台建设等方面开展了大量卓有成效的工作，并在森林、草地、湿地、海洋、荒漠、农业、城市、景观等分支学科均取得了丰硕成果。全球变化生态学领域重点研究了全球气候变化与生态系统的相互影响；生态系统生态学领域围绕生物多样性维持机制、碳氮元素等生物地球化学循环等开展了大量研究；恢复生态学与生态系统管理领域在退化生态系统诊断、退化生态系统恢复重建以及森林、草地、农田生态系统可持续管理方面进展突出；城市与产业生态学领域则在土地利用和景观格局演变的生态环境效应、物质和典型元素代谢机理及其生态环境影响、城市土地生态功能管理以及物质流分析、生命周期评价与生态效率分析等方面取得了进展；景观生态学领域重点关注景观格局演变的驱动机制、景观动态模拟与森林生态系统管理、源-汇景观格局分析与生态服务功能评价、多尺度景观格局分析与土壤侵蚀评价等研究方向。然而，与国际发达国家的生态学研究相比，我国在全球变化生态学、生态系统服务功能评估、生物入侵与生物灾害控制、生态恢复、人类生态学研究等领域尚存在一定差距，任重而道远。

在全球变化和人类经济、社会可持续发展的背景下，生态学当今和未来研究的重点领域包括：全球变化生态学；生态系统服务科学；生物多样性保护；生物入侵机制与控制；退化生态系统恢复与人工生态设计；生态系统管理；生态文明建设。中国生态学科的发展，不但在科学发现与机理认识的基础科学方面取得创新性的成果，更要坚持理论联系实际，注重生态实践效果，在不断完善生态学基础理论体系和推动中国生态学发展自主创新的同时，为国家经济、社会发展，和谐社会建设和生态建设服务做出积极贡献。

本书是中国生态学学会第二次组织编写本学科报告。在此，我们代表学会对中国科学技术协会给予的悉心指导和大力支持表示衷心感谢，也感谢给予学科发展报告咨询意见和建议的院士和专家，以及各位参加本次学科报告编写的专家学者。

中国生态学学会

2012 年 1 月

目　录

综合报告

专题报告

ABSTRACTS IN ENGLISH

Comprehensive Report

Reports on Special Topics

综合报告

生态学学科发展状况与趋势

一、引言

生态学既是包括人在内的生物与环境之间关系的一门系统科学，也是人类认识环境、改造环境的一门世界观和方法论或自然哲学，还是人类塑造环境、模拟自然的一门工程美学，是科学与社会的桥梁，是天地生灵和人类福祉的纽带（生态学未来之展望，2005）。生态学在改善人民生活中起过重要的作用，已为了解自然和人类对自然的影响做出了巨大的贡献。

近年来，生态学家一直为促进可持续发展而不懈努力，在科学发现与机理认识、多过程多尺度多学综合研究、系统模拟与科学预测、服务社会需求及基础平台建设等方面开展了大量卓有成效的工作，并在森林、草地、农业、湿地、海洋、荒漠、城市、景观等分支学科均取得了丰硕成果。然而，与国外研究相比，我国在生态系统与全球变化研究、生态系统服务功能评估、生物入侵与生物灾害控制、生态恢复、人类生态学研究等领域尚存在一定差距，任重而道远。

面对变化中的世界对生物圈的压力与日俱增，生态学研究今后的研究重点将包括：全球变化生态学、生态系统服务科学、生物多样性保护、生物入侵机制与控制、退化生态系统恢复与人工生态设计、生态系统管理和生态文明建设等。

二、生态学近年的最新研究进展

（一）森林生态学

1. 森林生态系统与全球气候变化关系

Gordon Bonan（2008）指出全球的森林通过物理、化学和生物过程影响着气候。例如，热带森林通过蒸散降温作用降低了地表温度，而北方森林较低的反照率却对气候变暖起到了正向的驱动力，从而影响到由于赤道与极地之间巨大温差而形成的大气环流活动。

全球气候变化对森林生态系统的影响主要表现在改变了森林生态系统的分布、生产力、树种组成及森林土壤的分布和性质（王叶等，2006）。戴君虎（2005）等根据五台山高山带草本群落特征种的生长、分布和高山林线树种的年轮分析发现，亚高山草甸的某些特征种的分布表现出比较明显的上移趋势，并且高山林线树木沿海拔高度的分布也呈现上移趋势（戴君虎，2003）。

方精云和朴世龙等（2003）利用归一化植被指数（NDVI）作为植被活动指标，使用第三代 NOAA - AVHRR/NDVI 时间序列数据，研究了 1982—1999 年间中国的植被动态，发现 18 年来大部分地区植被呈不同程度增加趋势；孙鹏森等（Sun P S et al，2008）研究了川西岷江上游经过时相整合的NDVI变化趋势及其对河川径流的影响，发现月平均生长天数和植被覆盖度有上升趋势，气候变暖使植被的活动增强，尤其是高山植被，并提出气候变暖以及由其引起的植被活动的增强将导致该地区年径流量呈减少趋势。

2. 森林生物多样性

我国在海南岛热带林生物多样性形成机制研究方面的最新结果表明：森林生物多样性形成机制与古植物区系的形成与演变、地球变迁与古环境演化有密切关系，现代生境条件包括地形、地貌、坡向和海拔高度所引起的水、热、养分资源与环境梯度变化对森林群落多样性的景观结构与格局产生影响，从而形成异质性的森林群落空间格局与物种多样性变化；自然和人为干扰体系与森林植物生活史特性相互作用是热带森林多物种长期共存、森林生物多样性维持及森林动态稳定的重要机制（蒋有绪等，2002）。

中国科学院华南植物园李林等（Li et al，2009）在鼎湖山20hm^{2}大样地开展物种个体在亚热带森林空间分布规律和机制的研究。结果表明：①聚集分布特征是该地区物种主要的分布特征；②稀有种空间聚集分布的特征较常见种更为明显；③种子形状决定了树种空间分布的格局。

马克平带领的研究小组，对浙江古田山亚热带常绿阔叶林的研究，发现在亚热带常绿阔叶林内83%的物种都表现出密度制约现象，该研究首次在亚热带常绿阔叶林验证了密度制约机制的普遍性，并在群落尺度上证明密度制约效应能够调节物种种群动态。

中国科学院沈阳应用生态研究所郝占庆带领的研究小组以长白山25hm^{2}温带阔叶红松林样地（CBS）为平台，研究发现：种间关系随着空间尺度增加逐渐减弱，大约在10～15m以外，种间关系消失，并且物种多度越大，种间关系越强，进而验证了“多度不对称假说”（abundance－asymmetry hypothesis）。研究表明温带森林与热带雨林在种间关系方面存在着很多显著差异。例如，大多数物种呈聚集分布，且种间相互分离，很少物种对呈正相关（吸引）。该研究结论可以应用到不同森林类型进行群落水平上的种间关系研究，从而将进一步促进森林生物多样性维持机制等方面的研究。

3. 森林碳循环

方精云等（2007）利用森林清查资料和卫星遥感数据，对1981—2000年间中国森林碳汇进行了估算，发现森林面积、森林总碳库、平均碳密度均有所增加。中科院华南植物园周国逸等通过对广东鼎湖山野外观测站的大于400年林龄的成熟林土壤的连续监测（1979—2003年），发现南亚热带成熟林能够持续积累有机碳，并于2006年在*Science*上报道了这一重大发现（Zhou Guoyi et al，2006）。该研究表明：地表20cm土层土壤有机碳在24年间从1.4%增加到2.35%，平均每年增长0.035%，显然和人们通常认为的成熟林土壤有机碳基本稳定是大相径庭的。这一研究结果对传统生态学关于成熟林碳循环的一些观点是一个挑战，同时催生出非平衡碳循环理论（Zhou Guoyi et al，2006）。北京大学朴世龙采用碳总量外推、生态系统模型和大气反演模型三种方法对1980—1990年中国碳平衡及其驱动机制进行了深入分析，研究发现我国东北地区由于过度砍伐和森林退化，导致该地区成为CO_2净排放源，而中国南方地区占整个碳汇总量。同时还发现从1980—1990年，中国陆地生态系统能够抵消掉28%～37%的化石燃料燃烧的碳排放

(Piao Shilong, et al, 2009)。

4. 生态恢复与森林管理

甘敬、朱建刚等利用BP神经网络确立了森林健康快速评价指标，研究表明：林分层次结构、病虫害程度和土壤厚度可以作为森林健康快速评价(RAFH)的指标(甘敬等，2007)。解伏菊、肖笃宁李秀珍等利用LANDSAT TM影像，通过分类、提取森林景观类型及NDVI值，在较大尺度上探讨了火烧区火烧强度与森林景观格局、功能恢复的关系。结果表明：火烧区森林总体恢复情况较好，恢复状况与火烧强度具有明显的相关性。火烧强度越高，恢复状况越差。重度火烧区的针叶林景观所占比重低且生长状况较差；沼泽面积高于未火烧对照区(解伏菊等，2005)。

陆元昌分析评述了近年国内外森林恢复与管理方面的研究动态，提出中国人工林的经营应该倡导多目标经营，通过近自然林经营的方法，增加高经济和生态效益的本地树种的比例，替代大面积的人工纯林，最终实现森林可持续经营的目标。目前，此项研究已作为森林恢复专题的热点新闻在2009年的*Science*上刊登，受到广泛关注(Richard Stone，2009)。

(二)草地生态系统生态学

1. 草地放牧生态学

草地放牧生态学研究近年主要在以下方面取得发展：草地动物采食与植被异质性的相互作用，以及放牧对生态过程及功能的调节，诸如探讨植物(植被)对动物采食的响应与适应，动物采食效率与植物多样性及空间分布的互作规律，动物采食对草地地下过程的调节作用，显示了较强的发展潜力与应用价值。

放牧耐受性是植物—草食动物—环境三者之间交互作用下植物性状所表现出来的可塑性变化。然而放牧耐受性并不仅仅是一种诱导性的植物反应(Fornoni，2011)。因为在草食动物采食前，植物的资源分配模式和其他生态相关特征可以为遭遇采食破坏后植物的恢复能力提供理论的解释和支持，植物的这一适应性特征同时受到遗传因子和环境因子的共同影响作用。植物放牧耐受性所具有的生态和进化方面的意义逐渐成为了植物防御策略研究的热点。迄今已经建立了三个植物耐受性与资源相互关系模型：CCH(compensatory continuum hypothesis)预测，在高资源条件下，植物对于动物采食具有更大的补偿(超补偿)能力；GRH(growth rate hypothesis)认为，在相对胁迫、低资源生境条件下，植物放牧耐受性有更大的潜力；而LRM(limiting resource model)最大的进步是考虑到草食动物采食是否可能影响关键限制性资源的利用性。最近，由于发现动物采食和不同资源(水分和营养)互作对植物耐受性的影响差异，LRM模型得到改进。改进的耐受性模型揭示：第一，耐牧性密切联系于动物的采食强度(以往的研究没有考虑这一点)；第二，耐牧性依赖于植物内部和外部因素的共同作用，它们之间可能形成协同效应(cooperative effect)或拮抗效应(antagonistic effect)。总体看来，低强度采食能刺激耐受性提高，无论处于何种资源水平；随采食强度提高，耐受程度下降，但这种限制既源于采食作用，也源于资源限制，而动物采食作用和不同资源(水分和营养)互作对耐受性影响差异较大。

草地植被变化存在着较大的时空变异性，动物采食行为及策略亦十分复杂，特别是动物可能依据环境采取适应性采食行为（Wang et al，2010a）。实验研究证实了大型草食动物总是偏于采食多样化的食物，多样化食物有利于提高大型草食动物的采食量，改善其生产性能，提高其适合度（Wang et al，2010b）。这与植物多样性对小型草食动物采食不同。此外，一些研究还揭示，在异质性的天然草地上，由于植物的不同空间分布格局而导致草食动物采取适应性采食行为。Wang 等（2010b，c）在多物种条件下开展了动物采食选择研究，发现由于多物种的存在（偏食与非偏食物种），特别是多物种之间形成的复杂空间邻居关系，可以导致草地植物群落对草食动物的采食产生联合防御（associational defense）作用。

2. 草地碳库

目前研究显示，草地总体上仍然是活跃的碳汇（方精云等，2007），而且减排增汇潜力巨大。我国东部的草甸草原和青藏高原的高寒灌丛，在良好状态下都是碳汇（于贵瑞等，2006）。由于草地面积广阔，植物具有发达的地下根系，较大根茎比，因此草地具有巨大的地下土壤碳库，草地土壤储量占陆地有机质库的 28%～37%（Chou et al，2008）。但受草地本身及实验技术差异的影响，有关草原碳库（碳汇）估算的结果并不一致。Xie 等（2007）利用第二次全国土地普查和最近发表文章的 5 年数据研究了过去 20 世纪末 20 年间土壤 SOC 库及其变化，发现草地由于退化，SOC 流失 2.86 Pg。Piao 等（2009）利用草地资源清查资料、农业统计、气候等地面观测资料，以及卫星遥感数据估算 1982—1999 年间中国草地面积 331×10^6 hm^2，总碳库 1.15 PgC，年均碳汇 7.0±2.5 Tg C yr^{-1}。方精云、朴世龙研究组利用土地资源清查数据、遥感数据，借助遥感、GIS 等新技术综合研究中国陆地碳汇/源的时空格局及其机制（方精云，2010）。

近年来的研究表明：① 氮素添加显著提高生态系统总初级生产力，但不影响生态系统呼吸，从而使生态系统净碳吸收增加；②未来降水与氮沉降增加的趋势会使我国北方典型草原的固碳能力增强（Niu et al，2010）；③光合作用的过补偿作用可能是陆地生态系统应对气候变化的一种重要的负反馈机制（Wan et al，2009；Niu et al，2010）。其他相关研究还表明，氮沉降能够增加土壤中的有效氮，刺激植物生长，提高生产力和土壤中有机碳的积累，影响草地生态系统碳源-碳汇状况。

3. 草地生态系统健康评价与草地恢复

目前，草地生态系统健康的研究进入理论与方法论构建阶段，并在评价实践中不断完善相关理论与方法论（侯扶江和徐磊，2009）。韩国栋等（2011）认为，草地健康是指草地生态系统中土地、植被、水和空气及其生态过程的可维持程度。草地的健康状态应该包含几个主要方面：土壤/土地稳定性、水文学功能，以及生物群落的完整性。草地生态系统管理的目的就是保证草地始终处于健康状态。

由于草地生态系统的复杂性、时空变异性，以及评价方法的限制，草地健康评价的选取需要多种考虑，反复验证（单贵莲等，2008）。首先，应该基于草地生态系统本身的基本属性，特别是草地生态过程与功能的关键变量，其次是备选指标的有效性、敏感性与操作性（韩国栋等，2011）。王立新等（2008）建立了典型草原生态系统的 CVOR 综合指数，并验证了该指数对于内蒙古典型草原生态系统健康的可行性。总体上，CVOR具备简单、准确、适用和综合的特点。

在草地恢复与重建方面的研究表明：从植被恢复的角度，采用“生物-生态”治理技术，通过实施草地种草可以尽快恢复沙化与盐碱化草地（张宝田等，2009）；如果从土壤恢复角度，则可以实施物理技术（如沙压碱治理盐碱地）、物理化学技术（如施用电场脱硫废渣改变土壤理化性质恢复土壤）或者工程技术（如排水等）。近年来，一些学者针对不同类型的草地，给出了具体的恢复方法模式（江立方等，2007；陈文业等，2008；蒋卫平等，2009）。在国外，避免草地恢复的方法主要是通过降低草地的放牧率来实现的，对于重度退化的草地直接采取“围栏封育”是一种简单而有效的技术。

（三）湿地生态学

1. 湿地水文过程与生物地球化学循环

气候变化和人类活动等都以不同方式影响着湿地的水文系统和生态功能。崔保山、郗敏等人的研究表明，湿地水文过程异常复杂，不同区域、不同环境特征和不同水文地貌背景下的水文过程，都存在着显著差别。同时，人类活动影响程度、方式的不同，也造就了不同的水文过程。因此，湿地水文过程研究在目前以及未来一段时间内仍将是湿地研究的热点领域。

研究表明，湿地生物地球化学循环在湿地结构和功能上起着决定性作用，这一循环一般描述为各种物理状态、化学形式和生物地球化学过程，都影响着生态系统中物质的迁移转化。近年来，湿地物质循环领域的研究成果已经在国际国内获了广泛的影响，包括：湿地温室气体排放过程与通量之间的关系；湿地金属元素的迁移转化关系研究，主要研究内容有湿地铁和锰元素、泽湿地土壤汞（王起超，刘汝海）和湿地营养元素持留等。

2. 湿地恢复重建与管理

近年来，湿地保护与管理已经成为湿地研究中的一个热点领域，研究进展主要集中在以下几个方面：不同程度上自然和人类活动对湿地中的生物多样性影响研究；流域管理在湿地和水资源保护中的作用研究；海岸带湿地中的调整管理过程、影响和重建；大型湿地的生物多样性价值认识和差距；湿地的植被生物多样性管理；海岸带湿地的潜在威胁和调整性管理。湿地的文化和生态问题、政策目标、湿地合理利用和功能评价。

湿地恢复与重建过程中，废水处理技术、土地处理（包括湿地处理）技术、光化学处理技术、沉积物抽取技术、先锋物种引入技术、土壤种子库引入技术、生物技术、种群动态调控与行为控制技术、物种保护技术等技术理论体系的完善与发展，以及各种技术之间的互相整合应用，取得了显著效果。

（四）农业生态学

1. 农业生物多样性利用

2010年9月9—10日，农业生物多样性保护与可持续利用国际研讨会在北京召开，与会代表一致认为，农业生物多样性是生物多样性的重要组成部分，与人类生存密切相关，保护农业生物多样性将对维护生态平衡、保障粮食安全、促进人类社会可持续发展做出贡献。全世界共有 1200 个栽培种，中国约有 600 个，其中 289 个被认为起源于中国或在中国已栽培超过 2000 年，农业生物多样性保护与利用在中国及世界农业可持续发展中发挥了重要的作用。

近年来，我国在农业生物多样性研究方面开展了内容广泛、形式多样的研究。包括各种农作物的间作模式、循环套种、稻鸭（鱼）、稻萍共育以及黄土高原草田带状间作模式等，取得了丰硕的研究成果。国外在农业生物多样性利用方面的研究也非常活跃，但由于选取的研究对象有所差异，研究结论也不尽相同，因此如何恰当利用物种之间的生态位互补关系来设计多样性生物组建的农业生态体系是能否获得效益的关键所在。

2. 低碳农业和循环农业

我国在“十一五”期间很重视有关研究，其中国家支撑计划就安排了“南方山丘区沼液生态达标处理型沼气工程示范”、“小麦-玉米两熟农田除草剂减量施用技术研究”和“农田循环高效生产模式关键技术研究与集成示范”等重大项目，并取得重要进展。在农作物秸秆综合利用、夏玉米氮肥减量化配套栽培技术、减少化肥用量、不同肥料运筹方式、以沼气为纽带的循环农业、“奶牛—牧草/玉米”模式、“猪—沼—果”（菜、茶、菌、稻、烟、鱼）等生态农业技术等方面开展了广泛研究，取得了重要研究成果。

在国际上，Luo 等（2010）采用元分析（meta-analysis）手段对全球 69 个传统耕作（CT）和免耕（NT）的对比实验研究表明，NT 对土壤 C 固存的作用取决于作物更替的频率，作物更替频率越高，土壤碳的固存能力越强，但其机理仍然不清楚。McHenry 综述了利用农田废物高温分解产生生物碳的潜力、能量平衡、碳固存的能力以及风险分析，表明生物碳具有的增产、能量安全和巨大的环境效益。

3. 农业景观生态

运用景观生态学原理，在景观水平上通过构建合理的农业土地利用单元的空间结构，协调农业的生态、生产与生活功能是农业景观生态设计的主要目标。我国在农业景观生态设计理论与实践方面提出了设计规划的重点、遵循的原则、实施把握的属性，为农业景观生态设计和规划提供了必要的科学依据。同时 GIS、3S 技术以及排序等研究手段也在农业景观生态研究中得以应用，对农业景观规划设计具有一定的借鉴价值。

4. 农业生态服务评价与管理

国内对农业生态系统服务功能的研究，尚处于借鉴国外研究成果的初级探索阶段。目前，对生态系统服务价值评估的方法繁多杂乱，不同系统使用的方法和指标也极不统一，未能形成针对具体生态系统类型、特定尺度的生态系统服务价值测算标准。国内研究学者分别对加快构建能体现农田生态系统特征的服务功能评价指标体系、农业生态服务功能评价的实施原则和步骤方法、农业生态系统服务的评估指标等方面进行了研究和阐述，提出了具有指导意义的结论和观点。在农业生态环境保护的管理政策研究方面，我国农业生态环境保护法制建设仍存在法律法规体系不健全执法中遵循的法律依据不够明确、农业生态环境保护与治理中的利益冲突与失衡等诸多问题（张晓文，2008）。

国际上，Wei 等（2009）利用驱动力-压力-状态-影响-反应（driving force - pressure -

state - impact - response DPSIR)模型，研究了一套评价复杂自然资源管理政策的方法。方法中链接了经济模型、基于过程的生物物理模型和基于指标的影响评估模型，结果表明，经济收益经常以环境为代价，两者存在利益权衡关系。

(五)荒漠生态学

1. 荒漠生态系统的稳定性

结合“3S”技术，基于分形理论对荒漠区生态系统进行的研究表明，柴达木盆地和阿拉善荒漠区生态系统不稳定，处于较脆弱状况；准噶尔盆地和河西走廊荒漠区生态系统的稳定性低，处于很脆弱状况；塔里木盆地荒漠区生态系统相对稳定，处于较脆弱状况。

基于指数法分析表明，1997 年以来的柴达木盆地和阿拉善高原荒漠区生态系统不稳定，其植被盖度在逐渐增大，生产力略有上升，处于生态恢复期；塔里木盆地荒漠区生态系统稳定，其盖度基本保持不变，生产力没有变化，说明该区生态并未好转，生态环境还很脆弱；河西走廊和准噶尔盆地荒漠区生态系统不稳定，其盖度在逐渐减小，处于生态退化期。

2. 荒漠植被退化与演替

近年来对干旱胁迫下荒漠植物群落的退化特征及退化机理研究发现，不同生活型的植物类群盖度受损不相同，草本植物盖度受损过程为锐减过程，而乔木植物为缓慢下降的过程，灌木则表现出先略升高后又逐渐降低的变化。

在地下水位下降的过程中，不同植物类群对环境的适应性及其生存对策不相同，草本植物对环境变化较敏感，可以作为植被受损程度的指示体。在植被退化和逆向演替过程中，以胡杨林为优势种的群落类型的变化为：乔木灌丛草本群落阶段→乔木、灌丛群落阶段→乔木群落阶段或灌丛群落阶段。这一研究结果对认识干旱区自然植被演替和进行受损生态系统的恢复重建有重要科学意义(Liu et al，2005； Zhang et al，2005)。

3. 荒漠生态系统碳循环

干旱区土壤无机碳作为碳酸盐的重要组成部分可能对寻找全球“碳失汇”意义重大。通过对位于中国西部的古尔班通古特沙漠土壤 CO_2 的监测，发现夜间土壤对 CO_2 有吸收现象。通过对绿洲与沙漠土壤 CO_2 的对比观测研究认为：盐渍化过程驱使土壤 pH 值向相反的方向发展，这也就容许了持续的 CO_2 吸收。但是，在吸收并汇集 CO_2 的地方，是否被诸如碳酸钙或其他的盐类所填充，还有待进一步深入研究(Zhang and Chen，2007； Huang and Chen，2007； Zhang and Chen，2008)。

(六)海洋生态学

1. 海洋生态调查与研究

在海洋生态调查与观测新技术和新方法的研究与应用方面，研发了海洋赤潮浮游植物自动识别系统，建立了藻类显微图像轮廓提取方法和基于轮廓标记图的硅藻特征描述及分类方法；流式影像术和分子生物学技术在海洋微型浮游植物物种鉴定、系统发生学、群落组成、生态适应与生态功能等方面进一步得到广泛应用。更多地使用新技术探讨底栖生物在沉积物-海水界面(SWI)中的作用是水层-底栖系统耦合研究的重要内容。分子生物学方法在小型底栖生物的生物学和生态学，特别是在系统发育分析和遗传多样性方面得到了广泛应用。分子生物学多样性研究正在兴起，广泛应用于小型底栖动物提取的 Ludox 液被引入到微型底栖生物的定量提取中，最终形成既能广泛应用于生态学研究，又能获得生物高分辨率的密度梯度离心结合定量蛋白银染色法(Ludox－QPS)。多元统计技术和计算机的广泛应用，促进了对底栖生物生物指数的研究。

在研究内容与范围方面，粒径谱和微食物网的重大发现已使科学家认识到海洋微型浮游植物在海洋生态系统的物质循环和能量流动中的重要意义，微型浮游生物的研究越来越受到重视，粒径谱一直是过去的 30 年海洋生态学的研究热点。当前底栖生物研究的时空尺度明显扩大，空间范围扩展到全球，年际和十年际的时间系列成为重点。大型底栖生物研究更加成熟，小型底栖生物和微型底栖生物研究正在兴起。国内对微型底栖生物各类群的种类组成、现存量、分布等分别有少量研究，但缺乏近岸海域大面积的调查研究结果。厦门大学近海海洋环境科学国家重点实验室"海洋初级生产力结构及微型生物生态学研究"成果获得我国 2006 年度国家自然科学二等奖。该成果针对初级生产力这个核心问题，瞄准"海洋微型生物"这一新近崛起的国际前沿科学问题，通过方法创新、理论深化以及 10 年来系统的现场实测研究，获取了我国东海、南海等代表性海区大量的第一手资料。形成了关于海洋初级生产力形成机制、微型生物在海洋生态系统中地位和作用的系统成果。该研究使我国海洋微型生物研究在理论和方法上都取得了突破性进展，填补了"新生产力""原绿球藻""好氧不产氧光合异养菌"等前沿空白。

在研究方法与手段方面，数学模型在研究浮游生态系统食物网途径和营养动力学方面中扮演重要角色。随着资源卫星、遥感、地理信息系统和计算机的广泛使用，使浮游生物的生态学研究发展到以生物群落和海洋环境作为一个整体的生态学研究。国内目前应用遥感和常规观测等数据，采用三维变分同化技术，构建三维物理-化学-生物耦合模型，模拟海洋浮游生态系统主要状态变量的变化特征。此外，浮游生物多联网(MULTI-NET)和生态浮标的投放使用使监测手段现代化。基于全球气候变化，结合现场观测和受控试验，以气候异常和人类活动影响为切入点，探讨底栖生物的功能响应成了一个重要的研究热点。

"我国近海海洋综合调查与评价"专项(简称 908 专项)采用传统调查和最新生物技术相结合的方法，开展了我国至今为止调查区域最广泛、内容最全面的海洋生物生态调查，不仅发现了一批新种和国内新记录种，而且对我国的海洋生物多样性、丰度和分布规律有了比较全面系统的了解，为科学评价我国海域的生物资源和生态环境，探索海洋生物对全球气候变化的响应，以及海洋生物多样保护和生物资源可持续利用提供了科学依据。国家海洋局在 908 专项海洋生物生态调查的基础上，组织开展了国家科技计划——"中国海及邻近西北太平洋海洋生物物种编目和分布图集编制"(2006FY220700)，908 专项——"中国海洋生物种类名录和图谱"(908－ZC－Ⅱ－02)和 908 专项"海洋生物样品库建设"研究工作。参考黄宗国(2008)和刘瑞玉(2008)研究团队的研究成果，通过对我国及西北太平洋开阔洋区海洋生物样品(标本)鉴定分类、实测数据的分析和文献资料的收集研究，发现、记录和收录了我国海域海洋生物 59 门类 26180 种，海洋生物形态图 18000 种 26000 种次，形成了中国海域海洋生物种名与形态图相配套的集成性创新成果。

近年来，我国“大洋一号”远洋科考船分别对东太平洋海隆区、南太平洋劳盆地、西南印度洋和南大西洋深海热液区进行了调查，在上述各个调查区都发现了海底热液喷口。获得少量热液生物样品，已初步对腔肠动物的海葵、甲壳动物的蔓足类、铠甲虾及蟹类等样品进行了分类鉴定，并对部分样品进行分子系统发育研究。“蛟龙”号载人潜水器5000米级海试成功，标志着中国具备了到达全球70%以上海洋深处进行作业的能力。

2010年我国第四次北极科学考察是历次北极考察中时间最长和调查范围最广的一次。雪龙船和船载直升机分别抵达北纬88度26分和北纬90度的站点，取得了一批重要的科考成果。在北极高纬度地区利用生物垂直分层采集器进行了3000米水深至表层的深水精确分层采集浮游生物样品；成功采集到我国迄今在地球最北海域的鱼类生物样品；在北极点海域投放了XCTD，采集了冰芯样品和布放了冰漂移浮标，开展了海洋学和海冰生态学考察，填补了我国在极点海域科学考察的空白。

2. 近海生态系统食物产出的可持续利用

“十一五”期间，农业部先后启动了农业行业科研专项和现代农业产业技术体系建设，选择重点养殖品种如大黄鱼、鳗鲡、鳝鱼等建立现代产业技术体系。在水产育种技术方面，在世界上首次提出了适用于鱼类育种的多基因多性状综合分析选种技术方法，并研发出相应的选择育种软件，解决了基因研究结果无法直接用于育种研究的国际性技术难题等。

2010年6月，中国工程院唐启升院士在第四届中国生物产业大会上首次正式提出“碳汇渔业”概念。2011年2月，我国首个碳汇渔业养殖基地落户连江，面积266.7 hm^2。2011年5月，在“低碳之道”环保沙龙第七期活动上，环保专家透露，东海今年将建设一个新型海洋牧场示范区暨碳汇渔业实验区，开始蓝色碳汇的发展与实践探索海洋碳汇与碳汇渔业技术。

3. 海洋生态系统服务功能

我国科学家在海洋生态系统服务领域开展了系统深入的研究，取得了创新的成果。明确界定了海洋生态系统服务的概念、分类体系、价值构成、评估指标、评估方法、计算模型。评估了我国四大海区的近海生态系统服务价值，揭示了我国近海生态系统服务价值的空间分布规律。综合运用自然资本理论、生态系统服务理论和生态经济学理论，提出海洋生态资本的概念体系、结构要素、价值构成、评估指标体系、评估方法、计算模型。所建立的评估方法在多个空间尺度上得到验证和应用。编写了《海洋生态资本评估技术导则》，为环境评价业务提供了计算生态补偿费的技术与方法。

4. 海洋污染与富营养化

2007年，国务院批准了《中国履行〈关于持久性有机污染物的斯德哥尔摩公约〉国家实施计划》。针对新增POPs，近年来，我国已陆续启动了相关的研究项目，围绕其含量的年代变化、不同海域的空间分布、海水和沉积物中的迁移、光解和生物降解、生物富集及其沿食物链（网）生物放大效应等开展了大量的调查和研究。

在生物标志物的海洋监测应用研究方面，林忠胜等（2007）在大连大长山岛海域研究了季节变化对海洋鱼类EROD活性的影响。张玉生（2010，2011）领导的研究小组在多年研究的基础上，进一步开展了比较系统的石油类污染鱼肝微粒体 EROD、鱼鳃 EROD 和鱼胆汁 FACs 生物标志物监测技术的研究，在实验室条件下研究和优化了测定条件，并成功地应用于实际海区污染生化效应监测中。

2006 年以来，我国的科研工作者对辽宁锦州湾、山东双岛湾、唐岛湾、长江口及其邻近海域、福建各主要海湾、广东红海湾、珠江口、深圳湾近岸海域、海南小海等海域进行了突发性溢油、重金属、有机污染的现场调查，根据监测结果进行生态风险评价，结果表明，我国近岸局部海域的污染相对严重，潜在生态风险较高，应引起重视。

"973"计划项目"我国近海有害赤潮发生的生态学、海洋学机制及预测防治"于 2002—2007 年进行。项目主要围绕我国重要有害赤潮种的生物学特征及生态适应策略、我国近海赤潮高发区有害赤潮与富营养化的关系、我国近海赤潮高发区有害赤潮生消关键物理过程、数值模拟与预测、我国近海有害赤潮的危害机理及防治机理等内容开展研究。

5. 海洋濒危动物的保护

近年来，我国开展了"中国生物多样性保护生态学"、"濒危植物保护生态学"和"生物多样性保育与持续利用的生物学基础"等一系列重大科研项目研究，初步查明了我国主要珊瑚礁生态系统的受损现状及其原因，一些濒危物种的分布及其致危因素，并通过种群生存力分析和 DNA 序列分析等方法，评估了一些重要濒危物种的受威胁状态及其机制。到目前为止，我国建立的各级别海洋保护区（包括海洋自然保护区和海洋特别保护区）近 150 个，面积约 470 万 hm^2。仅 2011 年就建立 5 个国家级海洋特别保护区和 7 个国家级海洋公园。

在中国南部沿海生物多样性管理项目（Biodiversity Management in the Coastal Area of China's South Sea，SCCBD，以下简称 SCCBD 项目）中，在具有"洄游通道"之称的福建东山-广东南澳水域（东山-南澳示范区）开展了中华白海豚、中国鲎、海龟等重要洄游物种的保护行动计划，包括丰富重要物种洄游通道基线信息、推进公众参与保护行动以及洄游物种联合监测行动等，取得了显著的成效。

目前为止，我国先后开展了中华鲟、绿海龟、中国鲎、文昌鱼等海洋濒危物种的人工增殖放流。仅 2007—2008 年全国就累计投入增殖放流资金 5.7 亿元，放流苗种达 392 亿尾，放流水域涵盖了近海海域及内陆重要江河湖泊，增殖对象包括鱼、虾、蟹、贝等重要水产苗种和少量濒危水生野生动物，取得了一定的生态效益、经济效益和社会效益。

6. 基于生态系统的海岸带综合管理

2008 年启动的海洋公益性行业重点项目"流域-河口区生态安全评价与调控技术研究"，从生态系统管理的视角，在深入研究流域对河口生态系统影响过程及生态效应的基础上，建立了河口区生态安全评价理论与技术体系，提出流域-河口区域生态调控及生态修复关键技术与策略，构建基于河口生态安全的流域-河口生态系统管理模式，为保障河口区域生态安全，正常发挥河口区域生态系统服务功能提供了科学理论及应用示范。

跨越行政管理界限，推进以生态系统为基础的海洋综合管理是目前海洋管理的趋势和方向。在 SCCBD 项目中，全面而系统地总结示范区在海洋生物多样性保护和海岸带综合管理方面实践与经验的《高度洄游物种的省际间保护实践与经验》(暂定名)一书已经编写完成,正在印刷当中。

7. 海洋生态系统的恢复

近年来,随着我国海洋生态环境问题的日益突出,受损生态系统的恢复也逐渐受到重视,沿海各地纷纷开展了受损海洋生态系统恢复的实践与研究。从生态系统而言,我国的海洋生态恢复研究与实践主要集中于红树林人工种植、水体富营养化治理、人工鱼礁和增殖放流的渔业资源恢复、珊瑚礁恢复等。我国学者对海洋生态恢复的经验进行了总结,但其主要集中于红树林生态恢复方面,如刘荣成总结泉州湾红树林种植的技术并汇编了《中国惠安洛阳江红树林》、廖宝文等汇编了《中国红树林恢复与重建技术》等。

(七)城市生态学

近年来城市生态学围绕城市生态系统格局、结构、过程及其生态环境效应开展了大量研究,取得了一系列研究成果,主要包括以下内容。

1. 土地利用和景观格局演变的生态环境效应

在土地利用和景观格局演变研究方法方面,提出了精度较高的回归树模型以及最适合于北京市景观格局演变辐射校正的暗集-亮集法,建立的城市硬化地表亚像元遥感估测模型。

在景观格局分析方面,揭示了北京城市硬化地表景观格局表的空间梯度性以及厦门城市景观格局演变特征:北京从市中心到郊区,硬化地表指数表现出典型的城郊过渡特征,城市扩展有圈层蔓延、轴向扩展和新城扩展三种类型,北京"分散集团式"布局已经失效,绿化隔离带不断萎缩,植被、水体趋于破碎化。

在景观格局演变的生态效应方面,揭示了北京五环内611种维管束植物的多样性、来源、区系结构、生活型结构及分布规律,以及厦门城市草本植物和灌木多样性的城乡梯度特征及其与土地利用的关系;明确厦门岛城市森林生态系统服务价值与斑块密度、斑块数和香农多样性指数关联度;揭示了北京室内空气微生物浓度特征、优势菌属、时空分布特征及其影响因素;阐明了北京城市土壤重金属(Cu、Cd、Pb、Zn)和多环芳烃(PAHs)污染的空间格局及其与土地利用的关系;分析了北京空气污染的演变趋势及驱动因素,揭示了厦门市4个典型功能区大气TSP污染状况,行道树芒果生理生态特征对大气颗粒物污染的响应及其行道树的滞尘效益;揭示了北京城市热岛效应现蔓延式发展的空间特征及影响因素。

2. 物质和典型元素代谢机理及其生态环境影响

在城市代谢系统评价指标与方法方面,分析了北京市55年来住宅建设的物质消耗量,建筑垃圾产生量以及住宅系统对物质的转化固定状况;明确了砖混结构、框架结构和剪力墙结构三类建筑的代谢过程对物质消耗、能量使用的差异。基于投入产出技术揭示北京城市代谢产生的生态占用特征。

在城市物质消耗足迹方面,研究了北京市居民食物消耗生态足迹、水足迹和碳足迹。采用生命周期方法核算了北京市居民消费所占用的生物土地性面积和水资源以及碳排放，提出了适合北京市的生态足迹和水足迹模型参数。评价揭示了 1992、1997 和 2002 年中国城市居民消费生命周期过程碳排放动态趋势。

在城市物质代谢方面，揭示了北京城市湖泊的甲烷排放时空变化特征与城市降雨径流水质特征，发现北京市城市湖泊 CH_4 排放的强源特征，且排放量随着湖泊水体富营养化加剧而增加。评价了北京城市天然雨水与 3 个不同下垫面（屋面、单位内部道路和环路干道道路）的降雨径流水质特征，并对其水质等级进行了划分，明确了城市降雨径流的可利用程度。同时解析了道路降雨径流水质污染物来源。

在城市环境污染的生态风险方面，揭示了北京城市土壤重金属和多环芳烃污染的生态风险。发现北京市工业区 Cu、公园 Pb 以及农业土壤 Cd 的潜在生态风险因子较高；通过呼吸、摄食和皮肤接触三种不同暴露途径的 PAHs 总终身致癌风险指数（ILCRs）在成年女性人群中最高；所有人群的总 ILCRs 在胡同、工业区和学校区域中较高。

3. 城市土地生态功能管理

在城市土地生态用地分类体系方面，以保育生态系统服务功能为管理目标提出了生态用地分类体系，提出了完整的生态用地识别和划分技术指南，揭示了北京市土地单元生态重要性空间特征。在分析了北京市主要生态环境问题基础上，开展了北京市生态环境敏感性评价和生态系统服务功能重要性评价，确定北京市生态极重要和生态重要土地面积比例分别为 36％和 45.4％。

同时，开展了北京市生态用地分类研究，并提出了土地生态管理的政策建议及每类生态用地的管理措施。北京市生态用地由水源涵养用地、地下水保护用地、生物多样性保护用地、自然景观保护用地、水土保持用地、生态防护用地、污染物处置用地和城市绿地组成，占总面积的 34.87％。最后，提出了北京市土地生态管理的政策建议，以及每类生态用地的土地管理措施。

（八）产业生态学

1. 产业生态过程——物质流分析

物质流研究对象可以是家庭、企业、城市、国家甚至整个生物圈；也可以是元素、废物、大宗原材料或产品。前者称为 MFA（Material Flow Analysis），后者称为元素流分析（Substance Flow Analysis，SFA），从 20 世纪 90 年代开始，物质流分析开始侧重于研究整个社会经济社会系统的物质通量（徐一剑等，2004）。

目前，国家尺度物质流分析方法不断完善。2001 年，Eurostat 发布了《经济系统物质流分析研究方法手册》，成为开展物质流分析的最佳方法导则。随后，英国、意大利、丹麦、西班牙、芬兰、瑞典、捷克等国相继开展了针对本国的物质流核算工作。我国也有一些学者开展了中国国家物质流分析研究（陈效逑，2000；徐明，2005）。

区域和城市尺度物质流分析成为新的热点。继国家尺度物质流核算与研究热潮之后，国内外学者开始在城市与区域尺度对物质流分析方法与应用展开研究。Philip S. 等应用区域投入产出矩阵和产品生命周期数据库建立了区域物质流综合分析模型，并对伦敦市的物质代谢进行了初步研究（Philip S. et al，2005）；徐一剑等构建了基于三维物质投入-产出表(PIOT)的物质流核算模型,并对义马市的社会经济系统进行了物质代谢方面的研究。

2. 产品与产业系统——生命周期评价和生态效率分析

"生命周期评价(life cycle assessment,LCA)"是一种对产品、工艺的能量和物质利用以及由此造成环境排放进行辨识和量化的系统分析方法。2006 年,ISO 颁布了修订后的 ISO14040 标准,对 LCA 的基本原则进行了聚焦,也更加细化了 LCA 的步骤并提出了详细的技术要求,更利于指导生命周期评价的研究与应用。

而基于生命周期的思想,拓展出的一系列新的研究方法和领域却不断显现出很强的生命力。如生命周期成本分析(LCC)被越来越多的企业进行内部决策与管理;生命周期设计(LCD,也称生态设计)已经形成一套详细的可操作的企业管理程序,被众多企业整合为企业内部运行与管理工具;随着 LCA 工具的大量使用,在 UNEP 的大力推动下(UNEP,2006)。生命周期管理(LCM)的概念逐渐被产业所接受和运用。近年来 LCA 方法和环境投入产出分析方法的结合,衍生出了综合生命周期分析(hybird LCA)方法和社会 LCA 方法,能更好地分析产业系统和社会经济系统之间的相互联系,被认为是传统 LCA 的一个新的突破。而国际产业生态学学会目前正在大力推进生命周期可持续性分析方法(life cycle sustainability analysis,LCSA)的框架的形成和完善,其试图将传统 LCA 的视野从资源环境问题扩展为社会经济系统的可持续性,由此整合 LCA、LCC 和 SLCA。

当前国际生态效率研究方法主要有四种:单一比率法、优先结构法、多目标编程法和生态拓扑法(王妍,2009),前二者较常用。

随着企业生态效率研究的深入,社会对生产者责任延伸和绿色产品的关注,产品生态效率的研究逐渐成为另一个研究分支,包括与产品生命周期中的所有环节:产品设计、生产原料及技术、产品报废处理等。当前生态效率已在产品报废回收系统的绩效评定以及废物处理技术的比较筛选中得到有效应用(Huisman,2004;Zhu Qinghua,2005;Tohru,2005;Park,2006)。

3. 生态共生网络——生态工业发展

当前国际上产业共生的研究呈现如下特点:

(1)研究案例不断丰富。在行业、工业园区和区域产业体系三个层面上国内外不断有新的研究案例出现。

(2)研究视角不断拓展。重点探讨产业共生的发生过程及其影响因素。随着案例样本的增加,产业共生研究在当前已经开始进入第三个阶段,经济学和系统科学的研究视角开始进入该领域。

(3)实证研究不断强化。随着研究视角的不断转换,研究内容也得不到拓展和深化。在案例研究方面,包括:①产业共生和生态工业园区的过程描述;②试点案例的绩效测量;③产业共生项目成败的影响因素识别;④不同开发建设主体的作用;⑤环境经济政策的影响;⑥不同发展模式的识别与比较,等等。

(4)规范研究任重道远。产业共生的形成机理是一个复杂的系统过程,该过程是不同主体基于各自利益而协商互动的过程,存在"市场失灵"和/或"政府失灵"的现象,需要一种合理的制度安排来使产业共生成为一种稳态选择。

4. 产业生态学的应用实践

产业生态学的应用涉及三个层次：宏观上，可作为国家产业政策的重要理论依据，即围绕产业发展，如何将生态学的理论与原则融入国家法律、经济和社会发展纲要中，促进国家以及全球生态产业的发展；中观上，它是企业生态能力建设的主要途径和方法，其中涉及企业的竞争能力、管理水平、规划方案等，如企业的“绿色核算体系”，“生态产品规格与标准”等；微观上，则为企业工艺生态评价与产品生态设计提供支持，如环境设计、生命周期设计等。LCA 将社会经济系统中的生产、消费和循环再生进行耦合，并着眼于资源效率和环境影响进行系统全面的评价，为产业系统的可持续发展提供了有力的支撑。

（九）景观生态学

1. 景观格局

（1）景观格局指数与生态过程分析。

Tischendorf（2001）用景观格局指数定量刻画虚拟景观和现实景观，用扩散成功（dispersal success）、搜索时间（search time）和单元迁入（cell immigration）三个指标作为生态过程（物种迁移）变量，通过模拟四个不同物种在不同景观格局中的迁移扩散，并对不同模拟过程、不同景观的格局指数和生态过程变量进行相关分析，检验格局指数对生态过程的反映能力。结果显示，单个格局指数无法充分解释生态过程，格局指数与生态过程变量的相关关系随着过程变量的不同而不同，用相同的变量描述同种生态过程可以实现不同研究结果之间的对比。但是试图用单一格局指数来描述与某一特定生态过程相关的景观格局特征，并预测这一过程作用下的景观格局变化，是景观生态学家们研究的目的。Verboom 等创建的连通度指数（connectivity index），通过测量斑块间的连通性，极大地改善了对欧洲五子雀（nuthatch）斑块占有率的预测效果。陈利顶等以非点源污染作为研究的生态过程，建立了景观空间负荷对比指数，用来描述景观格局对非点源污染过程的影响。实际应用表明，该指数对流域水土流失、非点源污染具有一定的指示作用。这些指数针对特定的生态过程，能够较为有效地预测有关生态过程的特征。

（2）景观格局指数与尺度效应分析。

遥感和地理信息系统（GIS）的发展为景观生态学家提供了便利而有效的技术手段，在这些技术方法的支持下，近年来，已有许多生态学家对尺度问题做了研究，并提出了一系列探究特征尺度的方法。常见的分析方法包括自相关分析法、半方差函数法、孔隙度指数法、尺度方差和小波分析法等。尽管尺度分析已经取得了一定进展，但多数研究都侧重于景观的空间尺度辨析，而忽略了时间尺度。同样的，绝大部分景观格局指数也忽略了景观的时间异质性。

（3）一维发展到多维的景观格局分析。

Wang 等（2009）借用一系列景观格局指数，包括景观类型百分比（PL）、斑块数（NP）、平均斑块面积（MPS）、斑块面积分异系数（PSCV）、面积加权平均形状指数（AWMSI）、面积加权平均斑块分维数（AWMPFD）和香农多样性指数（SDI），分析了青藏高原杜兰县

(青海省)1990—2000年之间的景观格局变化特征。结果显示,容易带来较高经济收益的景观类型(如耕地、密林地、高覆盖度草地、水池及建筑用地等),其面积在1990—2000年期间有所上升。这些景观类型多属于人工景观,主要受社会经济发展的驱动,适宜的气候条件加深了这种格局的变化。而对灌木林地、疏林地及中低覆盖度草地等景观类型而言,其面积在1990—2000年期间有所下降。这些景观类型多属于自然景观,自然气候条件是其变化的主要驱动力。类似的研究还有许多,分别以不同的研究区为对象,探讨了不同景观的时空变异特点,并对其驱动力因子作了分析。

(4)重点样带分析与整体景观格局识别。

"梯度范式"的概念最早由McDonnell和Pickett引入城市景观研究。Luck和Wu将梯度范式与景观格局指数分析相结合,研究了美国亚利桑那州Phoenix城区一条"城市-乡村"样带上的景观格局特征,是城市景观格局分析中将梯度范式与景观格局指数相结合的典型案例。

2. 重点研究领域

目前国内的研究主要集中在以下几个方面:①景观格局演变的驱动机制研究;②景观格局分析与自然保护区网络构建;③城市景观评价与生态功能评价;④景观动态模拟与森林生态系统管理;⑤乡村景观规划与物质循环利用;⑥农田景观设计与非点源污染控制;⑦绿洲景观格局演变与生态水文平衡;⑧景观破碎化与物种遗传多样性演变;⑨源-汇景观格局分析与生态服务功能评价;⑩多尺度景观格局分析与土壤侵蚀评价。

为了避免乡村景观生态功能的急剧降低,生态村、生态庭院的建设均是为了促进乡村景观系统的物质和能量的良性循环,将人类活动排放的污染物消化在乡村生态系统内部。以北京大学沈泽昊教授为代表的研究小组,先后在大别山,通过设置植物样方样地、收集种子雨和利用DNA的方法系统探讨了景观因子和空间分布格局对物种遗传多样性的影响,这一研究将有利于探讨景观格局在物种基因漂变过程中所起到的作用,对于保护生物多样性将起到重要作用。陈利顶等(2009)建立了源-汇景观格局评价的指数和景观空间负荷比指数,可以用来定性评价一个流域景观空间格局对生态过程的影响。

三、国内与国际研究进展的比较

(一)森林生态学

在森林生态系统的研究方面,国外总体起步要早于国内,采用先进的研究手段、统计分析方法等要领先于国内。但中国是生物多样性特别丰富的少数国家之一,也是唯一一个具有完整气候带谱(从北部的寒温带到南部的热带)的国家。近些年关于森林生态系统的研究突飞猛进,取得了可喜的研究成果。不仅对国际上一些原有的理论进行了验证和探讨,还通过建立大型的森林生态系统研究平台、加强国际间合作与交流,提出了具有创造性的研究理论、模型,对全球森林生态系统的研究产生了巨大影响,受到越来越多的国际关注。例如,北京大学陆地生态系统研究小组在北京大学"中国山地植物物种多样性调查计划(PKU-PSD计划)"的框架下,开展了我国山地植物多样性的系统调查,所获得的数据检验了 James Brown 研究小组提出的生态学代谢理论(metabolic theory of ecology,简称"代谢理论")对解释物种多样性分布规律的有效性。

(二)草地生态系统生态学

我国对生态系统固碳与减排的研究多集中于农田与林地,草地相对较少。草地领域的研究多针对植被和土壤,而草—畜互作、畜—土互作研究较少。北方草地研究多,而水热条件好,生产和生态功能潜力巨大的南方草地较少报道。尽管,国内外研究均明确草地具有 C 汇和 C 源双重功能,利用方式和管理水平对功能起决定性作用,但仍然具有较大不确定性。

(三)湿地生态学

目前湿地生物多样性主要进行的是生物多样性调查、编目、评价以及利用保护等方面的工作(吕宪国,2008),生物作用、元素迁移和转化以及随之引起的能量流动、营养物质的富集或分解等是湿地生物地球化学循环研究的主要内容(Reddy,2008)。

湿地科学体系不健全,作为一门学科来说,还处于发展初级阶段。中国仍未建成湿地生态实验站和湿地监测台站网络,缺少长期连续观测数据,不能深入理解不同类型、不同区域湿地的演化过程、湿地结构与功能,阻碍了对湿地生态过程与机理研究。目前许多关于湿地的研究散布于其他学科中,与其他学科交织在一起,经常是其他学科的研究案例,缺少自己的理论体系与专门的研究方法,缺少适合中国自然环境特点的湿地分类系统。

(四)农业生态学

国内外农业生态学的研究有很多相似的地方,但是也有很多不同的特点。在研究的热点上,可持续发展,生物多样性利用和全球变化仍然是国内外农业生态系统研究的共同热点,研究涉及有机农业、生态农业、自然农业和免耕、少耕、覆盖等替代农业方式。在研究的方法上,在继续运用传统生态学研究方法的同时,国内外农业生态学的研究都积极引入景观生态学、化学生态学、分子生态学等新的研究方法。此外、国外农业生态学研究具有一些相对优势,主要表现在:①模拟和数学方法较强;②长期定位研究较强;③引领新方向的思维活跃。从国内研究来看,又具有一些自身的特色:①中国传统农业的生态学机制研究突出;②针对中国的农业生态系统研究深入。

(五)荒漠生态学

在生态恢复的理论和实践研究方面走在前列的是欧洲和北美,在实践中领先的还有新西兰、澳洲和中国。我国在生态恢复的实践方面做了大量的工作,特别是在我国北方的干旱半干旱区的出色工作,但不得不面对在理论研究上相对滞后的事实,尤其是在涉及退化生态系统的恢复或沙漠化的逆转过程的机理研究相对薄弱,以致在实施生态恢复计划与生态管理中缺乏相应的理论支撑。

当前,国际上就干旱区水资源及其相关生态环境问题研究的总趋势不再单纯就水论水,而是把干旱荒漠区水资源短缺以及引起的环境变化和生态问题放在流域、区域乃至全球变化系统，从自然、社会、经济方面相互联系变化的基础和系统综合方面开展研究。国际水文计划（IHP）第六阶段实施方案中，特别支持开展了特殊水文过程和水资源管理方法的研究，探讨气候变化和人类活动对水资源的影响。国际科学联盟理事会（International Council for Scientific Unions，ICSU）于1990年正式启动了水文循环的生物圈方面（Biospheric Aspects of the Hydrological Cycle，BAHC）的专项研究，并把此作为国际地圈生物圈计划的核心内容之一，其主要任务是研究地表植被在水循环中所起的作用，研发不同时空尺度的土壤-植被-大气模式，模拟地表的能量和水汽通量，最终实现与大气环流模式的耦合；另一方面建立必要的生态、气象和水文数据库，试验和验证模式模拟的结果。

（六）海洋生态系统生态学

在底栖生物生态学方面，生物扰动研究在国际上进入了实验模拟、现场观测与建立模型相结合的新阶段。一批生物扰动模型，如颗粒输运扩散模型、箱式模型、信号处理模型、液体输运的扩散-反应模型和平流模型，代表了新的发展动向。在研究方法上引入"标准生物"概念来描述不同的功能群获得成功。我国在该领域的研究尚处于起步阶段，加上技术方法落后，一直未能取得突破性进展。与欧美发达国家相比，我国海洋底栖生物研究应加强以下几个方面的研究：①海洋底栖生物长期、连续、同步调查和观测资料以及资料的多学科交叉集成；②现场实验和实验室模拟基础手段研究和应用；③种群动态和摄食生态的基础研究；④在形态分类、分布图形的描述性工作的基础上，深入探讨海洋底栖生物多样性功能的定量工作；⑤底栖生物遗传多样性研究；⑥污染监测理论/新技术的研究和应用。

国内海洋生态修复的研究相对薄弱，主要体现在：研究对象主要集中于红树林种植、污染水体的修复，而对其他海洋生态系统类型或生态问题的恢复研究相对较少；从生态恢复的内容和尺度上看，研究仍集中于对单个生态系统或群落或物种的修复，而尚未开展区域或大尺度的海洋生态修复的研究与实践。

我国对新型污染物（如PBDEs）的研究还处于起步阶段，为了准确评估我国新型污染物污染现状，合理使用和控制新型污染物以保护环境和人类的健康，我国应该重视并加快对新型污染物有关迁移转化和毒理效应的研究。

（七）城市生态学

中国城市生态与环境研究比西方晚近一个世纪。20世纪80年代初，迫于我国一些经济发达城市化地区，如京津地区、长江三角洲和珠江三角洲环境污染日益恶化，在联合国人与生物圈计划对中国香港及法兰克福城市生态研究成果推动、国家有关部委的支持及老一辈生态学家的倡导下，城市生态研究在北京、上海等地的科研院校悄然兴起。中国的城市生态研究是针对紧迫的城市环境和发展压力应运而生的，其发展不同于西方城市生与环境研究特点。①强调发展而不是平衡。西方以追求回归自然的理想化栖境为目标，中国则以人为中心、发展为主题，追求人与自然的协调发展。②强调高效率适度投入。西方城市生态与环境研究是在城市资本积累和基本建设初具规模情况下开始的，以高投人、高环境效益为目标，一般不考虑外部经济成本，我国则强调通过资源的高效利用来自我维持和补偿城市生态建设费用，化环境负担为生态效益。③强调硬技术的软组装和软科学的硬着陆，实现传统技术的现代化和现代技术的生态化，其中整体、循环、协调、自生是灵魂。④强调技术、体制、行为的结合，倡导研究、技术、管理及决策人员的结合，而不是单一的学术研究。

许多城市以市长为课题负责人，研究结果的可行性较高。但是，也应该看到，由于中国城市生态与环境研究起步晚、压力大、积累少、人才缺，其发展尚属幼年时期，存在以下问题：①技术手段滞后于理论研究；②教育落后，无专业人才培养渠道；③受传统自然科学分类体系所束缚，学科发展举步维艰；④受管理体制束缚，城市生态与环境管理在各级城市中与相应的管理部门在资金、技术、体制上不协调。

(八)产业生态学

总体而言，国内产业生态学研究主要集中在以下几个领域：国外文献的翻译及评述；产业生态学内涵和理论基础和方法研究；产业生态学应用研究，如可持续消费、产品生命周期评价、产品碳足迹等；产业共生模式和机理；生态工业园区理论和方法等。

目前，产业生态学研究总体具有以下基本特征：①产业升级与转型理论基础研究不断深化；②生命周期分析方法持续向行业和产品渗透；③生态效率评估带来新的政策评价工具；④生态工业园规划和建设如火如荼；⑤可持续消费成为推进生态文明建设的抓手。

总体上，我国生态工业园区主要以政府主导下的企业共生模式出现，基本上都位于产业聚集区、国家级和省级开发区、ISO14000 国家示范区、循环经济示范园区等政府划定的区域内。我国已经形成了世界上规模最大的工业生态化体系。应实践需求，我国也相应形成了庞大的产业共生和生态工业园区研究队伍。

相关研究重要进展主要体现在以下几个方面：①生命周期评价方法逐步走向标准化，应用范围迅速扩展；②区域物质流分析渐成热点；③面向区域的生态共生和生态工业园建设在摸索中发展；④面向管理的可持续消费与生产成为必然趋势；⑤面向产业转型的循环经济战略与模式逐步形成。

(九)景观生态学

随着景观生态学研究的深入，国际景观生态学以科学和实践问题为导向的学科交叉与融合不断加强，促进了景观生态学新的学科生长点的形成和发展，主要包括水域景观生态学、景观遗传学、多功能景观研究、景观综合模拟、景观生态学与可持续性科学五个方面。

中国景观生态学的发展与国际景观生态学的发展密切相关，在不断跟踪国际景观生态学发展的同时，充分结合中国生态环境特征和国民经济社会的需求开展了具有尝试性的探索。与国际发展趋势相适应，主要进展体现在景观生态学的理论与方法的引入、景观格局及其动态分析、景观格局与生态过程、景观生态学与自然保护、景观生态学与生态恢复、景观格局设计与生态评价/规划、景观格局演变及其生态效应等方面。尤其在将景观生态学的原理和方法应用到其他领域中，发展出了自己的特色。但是，由于发展时间较短，理论和方法尚不完善。

在我国由于面积广大、人类活动强烈和不同地区、不同部门之间的利益分割，自然保护区建设常常受到不同地区和不同部门的限制，未能从整体上考虑自然保护区的整体布局和连通。如何从景观生态学的角度，通过生态廊道的科学设计，将不同自然保护区连成网络，增强异质种群之间的基因交流，促进生物多样性保护，目前成为景观生态学与自然保护区设计的关注的一个热点。在我国针对这一领域开展了较多的有益尝试，尤其是针对大熊猫保护，开展的邛崃山系不同卧龙自然保护区网络的设计，为景观生态学的应用开创了先河。这些研究工作有机地将景观生态学的原理和方法与自然保护区设计结合在一起，增强了景观生态学的实用性，扩展了景观生态学研究的范畴。

从总体来看，中国与欧美景观生态学的研究区别可以概括为表 1。

表 1　中国与欧美景观生态学的研究区别

欧洲 （地理学传统）	北美 （生物学传统）	中国 （地理—生态—人文综合学派）
多学科交叉研究	单一学科研究	多学科/多手段运用
景观管理研究较多	理论研究和自然保护居多	应用性研究偏多
定量研究较少	定量研究较多	定性与定量相结合
以人类为核心	以物种为核心	以自然-人为复合系统为核心
以人类占主导地位的景观为对象	以自然景观类型或要素为对象	以复合景观为对象
乡村景观较多	森林/湿地景观较多	均有
不以“格局 2 过程关系”为核心	以“格局 2 过程关系”研究为核心	以景观格局指数为手段，以格局-过程为目标
逐渐向生物学研究发展	逐渐融合地理学派和社会科学的内容	跟踪与摸索阶段

四、发展趋势与展望

（一）森林生态学

进入 21 世纪以来，森林生态学在全球气候变化响应、碳循环、生态水文学、生物多样性形成与维持机制、生态系统管理与服务等诸多方面取得了一系列新进展。如果说 20 世纪下半叶提出的生态学的三大前沿领域是生物多样性、全球气候变化和可持续发展，那么 21 世纪生态学的前沿领域则是以全球气候变化为切入点，关注人类生存前途，生活质量为根本，将全球气候变化列为首要研究领域。

通过多学科、多方法、多尺度的整合研究，获知更多的有关森林的气候服务功能与其对全球气候变化影响的相互作用关系，这对人类发现和理解森林对缓解气候变化的潜力是尤为必要的，也是近年来以及未来森林生态学的主题研究内容之一。

（二）草地生态学

今后我国草地生态系统的探讨将在以往的研究积淀之上有进一步拓展，具体反映在如下方面：①发展生态学的新概念与新理论；②探讨草地生态系统的稳定机制；③开展草地生态系统管理的理论基础及技术。

对草地健康及其评价的研究需要在四个关键问题上有所突破：①草地健康与草业系统可持续发展的关系；②草地健康与退化的关系；③草地健康与恢复的关系；④草地健康的模板与评价指标的综合化。

从整体来看，我国草地生态系统生态学应加强以下几个方面的研究：①草地固碳潜力、固碳能力以及影响因素的研究；②加大草地数据尤其是地下生物量数据收集，加强草地碳储量的研究；③加强栽培草地和天然草地两个方面研究，同时兼顾减排增汇的机理与技术研究。④发展能够减排增汇的草田轮作模式和混播草地组合，研究不同土地条件（坡度、坡向、土壤等）下，草地减排增汇的潜力与技术，揭示减排机制。

（三）湿地生态学

目前，湿地生态系统研究还处于起步和综合研究阶段，各个分支学科还没有形成。研究工作和成果主要集中在沼泽湿地生态系统上，对其他系统的研究相对较少，湿地科学理论框架有待于进一步完善。同时还需密切关注国际研究计划和国内科学研究战略规划，部署湿地研究计划，加强湿地国内研究平台，构建国际交流平台，促进湿地科学发展。

（1）在湿地形成、发育与演化研究方面，应以湿地水陆相互作用过程为主线，通过长期定位监测与实验研究，揭示湿地形成、发育和演化规律。

（2）进一步加强研究湿地生态系统结构、过程与功能的关系，构建基于结构和过程的湿地功能定量评价模型；研究水文过程、土壤过程和生物过程之间的相互驱动关系和正负反馈机制建立湿地生态系统综合动力学模型等。

（3）在退化湿地恢复和重建方面，加大多因子协同作用下湿地退化的过程与恢复和重建机制的研究力度；提出退化湿地修复的理论及不同类型退化湿地修复的途径与关键技术，建立退化湿地修复过程监测与评价指标体系；进行流域湿地修复的多情景分析研究，提出以流域生态安全为目标的湿地优化管理模式。

（4）通过建立湿地生态系统长期定位监测和研究网络，特别加强不同管理模式下湿地景观、生物多样性、水文等监测，编制湿地管理信息系统；完善维持湿地生态系统完整性和稳定性的法律体系，实现湿地长期监测、保护与管理。

（5）加大重点领域的科学研究，包括：①湿地碳、氮过程与全球变化关系研究；②湿地水循环过程与区域水安全研究；③湿地景观时空演化格局变化、区域环境效应和资源可持续利用模式研究；④湿地生物多样性、生物过程与生态系统功能的关系研究；⑤构建湿地功能综合评价模型。

(四)农业生态学

国际上对农业生态学的研究观点不尽一致。法国的 A. Wezel(2009)通过对农业生态的文献综述写了一篇题为《农业生态学是一个学科、一个运动和一种实践》(*Agroecology as a Science, a movement and a practice*)的论文。他认为目前世界各国对于农业生态学的理解有三种类型,即在农业生态系统水平或农田水平开展研究的一个学科,或者作为环境运动、农村运动和可持续农业运动的一种社会运动形式,或者作为一种减少环境生态负面影响的农业技术体系。美国加州大学 Stephen Gliessman(2011)不完全同意他的观点,认为不应当把农业生态学的三个方面分开。他强调农业生态学是一个新的领域和范式(new paradigm),是把农业的社会、自然与经济联系起来,建立具有弹性、抗性和可持续能力的食品供应体系,彻底改变目前工业化农业范式,并实现接触、沟通和平等。

目前,我国农业生态学发展的趋势越来越偏向作为一个科学研究的领域,有脱离农业实践一线的倾向。这里既有社会的原因,也有学科本身的原因。在农业生态学研究方向的调整方面,我国农业生态学者需要更加深入农业和农村实际,围绕农业区域的景观生态布局、农业生态系统的循环设计和农业生物多样性关系的构建,继续发掘和研究适合各地的生态农业模式与生态农业技术体系,进一步联合社会经济学科和人文学科,更好地研究生态农业发展需要的政策和法规,并且争取成为政府政策,有力推动生态农业在我国的发展。

(五)荒漠生态学

荒漠生态系统研究是以水文、水资源为主线,以生态过程研究为核心,以实现生态系统可持续管理为目标的。开展荒漠生态系统研究,需要关注荒漠生态系统结构、功能、过程及演变规律,研究绿洲开发和可持续管理的理论与方法,探讨不同尺度复合生态系统中人与自然的系统耦合关系,分析生态脆弱区水土、生物资源开发利用的生态效应与生态调控机理,研发提升绿洲生产力技术。研究成果将为国家及区域解决重大生态与环境问题提供科学依据,为保障生态安全、实现生态系统的可持续管理提供科技支撑。

尽管我国开展荒漠化研究与防治已近半个世纪,但荒漠化一直处于加速扩展阶段,荒漠化发生机制仍未研究清楚,完善的荒漠化防治理论体系和技术体系尚未建立。未来我国荒漠化研究,就是要结合国际荒漠化研究发展趋势,从不同尺度、结合相关交叉学科和边缘学科,解决我国土地荒漠化过程中已经出现和未来可能出现的问题,并对其进行监测、评价、预报。未来我国荒漠化研究的重点方向应重点包括:

(1)荒漠化发生理论基础的研究:从多方面入手,共同探讨各因素对荒漠化发生的贡献率,定量分析荒漠化过程中,各因素与荒漠化之间的关系以及各因素之间的相互关系。

(2)荒漠化恢复生态的研究:从土壤、植被、生物多样性、气候等多角度出发,探讨在荒漠化受损生态系统中的抗干扰机制和适应对策研究。分析研究荒漠化受损生态系统中,在人为措施实施后,各因素的动态变化和稳定性机理研究。

(3)荒漠化地区综合防治措施体系研究:开展不同尺度范围内的综合防治措施体系及

其效益研究，实现荒漠化地区的资源与环境的可持续发展。同时，加强荒漠化监测、评价以及预报系统的研究，利用高新技术，建立荒漠化以及与荒漠化相关的干旱、沙尘暴的监测、评价以及预报系统。

（4）荒漠生态水文过程研究：干旱荒漠区基于生态系统稳定和生态安全的生态需水研究涉及不同气候带与降水条件以及自然生态系统的分区、生态需水计算过程中不同类别的生态-水文参数以及流域降水和径流计算、不同植被类型的蒸散发计算以及由点的植被蒸发扩展到面的植被耗水机理、干旱胁迫条件下植物群落组成结构、分布格局与演变过程以及不同植物的生态需水规律等，它们是目前干旱区水文科学、资源环境学科、生态科学研究的重要领域，亟待取得突破性进展。

（六）海洋生态学

（1）浮游生物：随着资源卫星、遥感、地理信息系统和计算机的广泛使用，使浮游生物的生态学研究发展到以生物群落和海洋环境作为一个整体的宏观生态学研究，同时拓展微观领域的理论及应用研究。

（2）底栖生物：应加强海洋底栖生物长期、连续、同步调查和观测资料以及资料的多学科交叉集成；结合自然生态、现场实验和实验室模拟等基础手段的研究和应用；种群动态和摄食生态的基础研究；在形态分类、分布图形的描述性工作的基础上，深入探讨海洋底栖生物多样性功能的定量工作和底栖生物遗传多样性等方面的研究。

（3）鱼类：鱼类生态学领域今后应围绕种群资源评价与养护关键技术、重要生态功能的海洋生物种类的产卵场、索饵场、越冬场和洄游通道等关键场所的地理分布、种群结构、区系构成及其动态变化规律、人类活动和环境变化对主要生物资源关键要素的影响等方面开展重点研究，为养护和合理利用海洋生物资源、保护海洋生态环境等提供重要支撑。

（4）海洋生态系统恢复：海洋恢复生态学研究领域今后的发展主要集中于以下几个方面。①海洋恢复生态学的基础理论研究；②海洋生态恢复的系统化、区域化研究与实践；③全面开展各种典型海洋生态系统的生态恢复研究与实践；④海洋生态恢复的生态系统管理。

（5）海洋濒危动物保护：我国应在现有研究基础之上着重突出以下几个方面的发展。①我国海洋保护生态学的研究应兼顾濒危动物的保育和生物多样性的生态系统功能两个方面；②加强沿海和海洋工程项目建设对海洋自然保护区影响的评价和监测；③建立海洋濒危动物的繁殖种群。

（6）海洋污染与富营养化：建议从以下几方面开展研究。①加快对新型污染物有关迁移转化、食物链传递和毒理效应及其机制的研究；②加强多种污染物对海洋生物的联合毒性效应及其作用机制研究；③深入开展海洋环境污染物效应监测的有效生物标志物的筛选，在海洋污染生物效应监测、评价和预警中加以推广应用，并纳入我国海洋环境监测计划；④不断完善并形成规范化的污染物对海洋生态系统的生态风险评价体系；⑤深入研究我国近海不同类型藻华灾害形成与分布态势的关键控制因素，富营养化进程对藻华灾害演变的驱动机制，以及藻华灾害引发近海生态系统退化的途径和机理。

(7)大洋生态系统:深海研究未来一段时期主要研究方向包括以下内容。①深海生物多样性与生物地理学研究;②深海热泉和冷泉生态系统研究;③深海生态系统对全球气候变化的响应研究;④深海生态系统在生物地球化学过程的作用研究。

(8)极地生态系统:我国的极地海洋生态调查与研究应围绕极地海洋生态系统综合考察与研究、加强极地海洋生态监测与研究、极地主要海洋生物资源和生态过程监测与评估技术研究、南大洋微生物和微型浮游生物群落结构和生物多样性调查与研究等。

(9)海洋生态系统服务功能:我国海洋生态系统服务研究今后主要应集中在四个方面。①海洋生态系统服务理论和评估方法的完善和改进;②针对我国管辖海域开展全海域评估;③积极开展海洋生态系统服务研究成果的应用;④积极宣传海洋生态系统服务价值,提高利益相关者的海洋意识和生态保护意识。

(七)城市生态学

城市生态建设的目标应包括:①促进传统城市经济向知识型、信息化和网络型高效持续生态经济的转型,以生态产业为龙头推动城市经济的发展;②促进城市向绿化、净化、美化、活化的可持续的生态系统演变,为城市社会、经济发展建造良好的生态基础;③促进城市居民传统生产、生活方式及价值观念向环境友好、资源高效、系统和谐、社会融洽的生态文化转型,培育一代有文化、有理想、高素质的城市生态建设者。

从国内外城市生态与环境研究总体趋势来看,未来城市生态与环境研究的基本趋势体现在三大领域,即城市人居生态学、城市产业生态学和城镇生命支持系统生态学。

城市人居生态学研究围绕当前困扰各级城市的环境问题、交通问题和生活质量问题,城市生态学研究逐渐聚焦在城市代谢(metabolism)、城市交通(mobility)和生态基础设施和城乡生态关系的维护(maintenance)这 3M 目标上;方法集中在影响评价(impact assessment)、关系整合(interaction synthesis)和体制调控方法(institutional regulation);通过加强指标测度(measuring)、动态监控(monitoring)及系统模拟(modeling)强化宏观生态调控。

Kevin Lynch 提出了 3 种城市形态进行生态设计,其生态建设的 12 条原则是:退化生态系统的恢复;适应当地生态型;在环境容量限度内开发;防止城镇摊大饼式外延;优化能源结构和效率;创造和促进新的经济增长点;提供卫生、安全的人居环境;社区共生;基础设施及社区服务共享;历史文化的延续性;突出多样性的文化景观;修复和支持生态基础设施。而正确处理好人与土地(包括地表的水、土、气、生物和人工构筑物)的生态关系是人居生态研究的核心任务。

产业生态学涉及三个层次:宏观上,它是国家产业政策的重要理论依据;中观上,它是部门和地区生产能力建设及产业结构调整的重要方法论基础;微观上,则为企业提供具体产品和工艺的生态评价、生态设计、生态工程与生态管理方法。产业生态设计的原则包括:横向耦合、纵向闭合、区域耦合、社会整合、功能导向、结构柔化、能力组合、信息开放、人类生态。产业生态学方法可分为五类,第一类是面向产品环境管理的方法:生命周期评价;第二类是面向绿色产品开发的方法,即产品生态设计;第三类是面向区域的规划方法:生态产业园规划;第四类是面向生态产业开发的方法:生态产业孵化;第五类是可持续的环境管理。

从城市复合生态研究方向来看，可以总结为基础研究和应用研究两个方面，具体如表 2。

表 2　城市复合生态研究方向

分类	内容
基础研究	生态资产动态（盈与亏，价值核算、指标体系） 生态服务功能（强与弱，序的测度、冲突分析） 生态代谢过程（滞与竭，水、能、土、木、矿） 生态调控机制（乘与补，反馈控制，竞争、共生、自生） 系统综合方法（时空量构序的综合，硬件、软件、心件的整合）
应用研究	生态产业与产业生态工程（纵横耦合，影响评价，产业孵化机制） 生态社区与生态建筑（形与神的融合，价值准则、规划设计手段） 生态景观与城郊边缘效应（构与序的协同，宏微调和对策、远近补偿机制） 生态健康与生态文化（生理与心理健康、文化和历史的延续，能力建设方法） 区域及流域的生态规划、生态恢复和生态管理方法及绩效评价指标

（八）产业生态学

产业生态学属于新兴应用生态学，虽然起步较晚，但在强大社会需求压力以及先进科技水平的推动下，呈现出迅速发展的势头。就其发展趋势来看，主要体现在以下几个方面。

1. 基础理论的建构和提升

来自农学、生态学、经济学、社会学、系统工程学、化学工程、林学等几十个领域的数百位专家和学者出席了 2005 年 6 月份在瑞典召开的第三届国际产业生态学大会，与会者都从各自的背景探讨了对产业生态学的理解和界定，虽然观点不一且差异很大，但都认为产业生态学是一门非常有前途的新兴交叉学科，并且会有越来越多的学科介入到这一领域中来。

2. 产业生态管理有望突破

在国家自然科学基金委重点项目“产业生态系统管理机制与方法研究（NO. 71033005）”的支持下，拟从不同类型、不同尺度产业生态系统管理的比较研究切入，研究产业生态系统的过程闭合、结构耦合和功能演化的动力学机制，竞生、共生、再生、自生的控制论方法以及产业转型与行业融合的进化式管理策略，发展产业生态关系辨识、功效调控、功能整合及结构优化与行业融合的系统方法；研究生态系统尺度的产业生命周期评价、设计与管理的系统技术，并探索典型产业生态系统管理的示范模式。

3. 研究方法上将引入复杂性系统分析

复杂系统网络方法越来越受到关注，清华大学等研究团队侧重于从复杂系统理论出发探讨产业共生网络的弹性、适应性和网络复杂性等特征，并尝试建立模型来探讨市场、技术和政策等因素对生态工业发展的影响，以期从中发现有建设性的政策启示。中国科学院生态环境研究中心的研究团队则从复杂系统的控制论方法入手,研究产业系统的生态调控和管理方法。这些研究与目前国际上应用复杂性系统方法研究产业系统的可持续性的思路一致,有望获得突破性进展。

4. 跨尺度研究成为难点

在经济全球化和环境问题全球化的背景下,产业尤其是工业已经形成全球产业网络,难以分割局部、区域和全球尺度。因此,多尺度和跨尺度研究是产业共生的当务之急,也是难点。

5. 案例比较研究与实证分析走向深化

大量的生态产业实践活动迅速发展,但相关的理论研究、模式总结和实证分析相对落后,规范性研究鲜见。对中国独特的产业转型和升级过程中实践活动进行理论凝练和模式、方法总结,将对国际产业生态学的发展具有重要的意义。

(九)景观生态学

景观格局分析成为景观生态生态学发展的驱动力,在今后相当长的时间内还将起到极其重要的作用。但在新的形势下,如何开发景观格局分析及其格局指数的潜力是摆在众多景观生态学工作者面前的一个难题。"从静态格局分析到动态格局刻画"、"多种景观格局指数的联合使用"、"发展基于过程的景观格局指数"、"多维景观格局分析"和"多尺度景观格局分析",将是景观格局分析的未来发展方向,也是进一步开挖景观格局分析潜力的着力点。

在研究领域方面,对于复杂环境下景观格局演变的生态环境效应目前研究相当不足,尤其需要加强对景观格局演变的长期滞后影响的研究,有必要对变化"暗藏的危机"进行预研,以便能及时采取相应的补救对策。其次,随着人类活动的加强和社会经济的不断发展,景观生态学还需要不断适应社会变革的需求,不断扩大研究的范畴和研究领域。

参考文献

[1] Bagchi S,Ritchie M E. Herbivory and plant tolerance:experimental tests of alternative hypotheses involving non-substitutable resources[J]. Oikos,2011,120:119-127.

[2] Chen Yaning,Wang Qiang,Li Weihong, et al. Rational groundwater table indicated by the ecophysiological parameters of the vegetation:A case study of ecological restoration in the lower reaches of the Tarim River[J]. Chinese Science Bulletin,2006a,51(supp):8-15.

[3] Chen Yaning,Xu Changchun,Hao Xingming,et al. Fifty-year Climate change and its effect on annual runoff in the Tarim River Basin,China[J]. Quaternary International,2009,208:53-61.

[4] Chen Yaning,Zilliacus H,Li Weihong, et al. Ground-water lever affects plant species diversity along the lower reaches of the Tarim river[J]. Journal of Arid Environments,2006b,66:231-246.

[5] Chen Yapeng,Chen Yaning,Li Weihong, et al. Characterization of photosynthesis of Populus euphratica grown in the arid region[J]. Photosynthetica,2006,44(4):622-626.

[6] Chen Yongjin, Zhou Kefa, Chen Yaning, et al. Response of groundwater chemistry to water delivery in the lower reaches of Tarim River, Northwest Xinjiang, China[J]. Environmental Geology, 2008, 53:1365 – 1373.

[7] Chen L D, Tian H Y, Fu B J, et al. Development of a New Index for Integrating Landscape Patterns with Ecological Processes at a Watershed Scale[J]. Chinese Geographical Sciences, 2009, 19(1):37 – 45.

[8] Chou W W, Silver W L, Jackson R D, et al. The sensitivity of annual grassland carbon cycling to the quantity and timing of rainfall[J]. Global Change Biology, 2008, 14:1382 – 1394.

[9] Colosimo C, Mendicino G. GIS for distributed rainfall – runoff modelling, In: Geographical Information Systems in Hydrology[M]. Netherlands: Kluwer Academic Publishers, 1996:195 – 235.

[10] Darnhofer I, Lindenthal T, Bartel – Kratochvil R, et al. Conventionalization of organic farming practices: from structural criteria towards an assessment based on organic principles[J]. Agronomy For Sustainable Development, 2010, 30:67 – 81.

[11] Fornoni J. Ecological and evolutionary implications of plant tolerance to herbivory[J]. Functional Ecology, 2011, 25:399 – 407.

[12] Gabriel D, Carver S J, Durham H, et al. The spatial aggregation of organic farming in England and its underlying environmental correlates[J]. Journal of Applied Ecology, 2009, 46:323 – 333.

[13] Gliessman S R. Agroecology and Food System Change[J]. Journal of Sustainable Agriculture, 2011, 35(4):347 – 349.

[14] Gordon B Bonan. Forests and climate change: Forcings, feedbacks and the climate benefits of forests [J]. Science, 2008, 320:1444 – 1449.

[15] Zhou Guoyi, et al. Old – Growth Forests Can Accumulate Carbon in Soils[J]. Science, 2006, 314:1417.

[16] Huang Xiang, Chen Yaning, Li Weihong, et al. Daily variation of carbon flux in soils of Populus euphratica forests in the middle and lower reaches of the Tarim River[J]. Progress In Nature Science, 2007, 17(5):584 – 590.

[17] Huisman J, Stevels AL N, Stobbe I. Eco – efficiency considerations on the end – of – life of consumer electronic products[J]. IEEE Transactions on Electronics Packaging Manufacturing, 2004, 27 (1):9 – 25.

[18] Kleijn D, Baquero R A, Clough Y, et al. Mixed biodiversity benefits of agri – environment schemes in five European countries[J]. Ecology Letters, 2006, 9(3):243 – 254.

[19] Letourneau D K, Bothwell S G. Comparison of organic and conventional farms: challenging ecologists to make biodiversity functional[J]. Frontiers In Ecology And The Environment 2008, 6:430 – 438.

[20] Li Ling, Wei Shiguang, Huang Zhongliang, et al. Spatial distributions of tree species in a subtropical forest of China[J]. Oikos, 2009, 118:495 – 502.

[21] Li Yan, et al. Long – term hydraulic acclimation to soil texture and radiation load in cotton[J]. Plant Cell and Environment, 2005, 28:492 – 499.

[22] Liu Chang'an, Zhou Limin, Li Fengmin, et al. Effects of plastic film mulch and tillage on maize productivity and soil parameters[J]. European Journal of Agronomy, 2009, 31(4):241 – 249.

[23] Liu Jiazhen, Chen Yaning, Chen Yongjin, et al. Degradation of Populus euphratica community in the lower reaches of the Tarim River, Xinjiang, China[J]. Journal of environmental sciences, 2005, 17 (5):740 – 747.

[24] Lundkvist A, Salomonsson L, Karlsson L, et al. Effects of organic farming on weed flora composi-

tion in a long term perspective[J]. European Journal of Agronomy,2008,28:570 – 578.

[25] Luo Z,Wang E,Sun O J. Can no-tillage stimulate carbon sequestration in agricultural soils A meta-analysis of paired experiments[J]. Agriculture,Ecosystems & Environment,2010,139:224 – 231.

[26] Möder P,Flie β bach A,Dubois D, et al. Soil fertility and biodiversity in organic farming[J]. Science,2002,296:1694 – 1697.

[27] Niu S L,Wu M Y,Han Y,et al. Nitrogen effects on net ecosystem carbon exchange in a temperate steppe[J]. Global Change Biology,2010,16(1):144 – 155.

[28] Norton L,Johnson P,Joys A, et al. Consequences of organic and non – organic farming practices for field, farm and landscape complexity[J]. Agriculture,Ecosystems & Environment,2009,129: 221 – 227.

[29] Park J,Haemyung Ok,Kyounghoon Cha,et al. Tackling Challenges in Measuring and Communicating Ecoefficiency[C]. Proceedings of the 2006 IEEE International Symposium on Electronics and the Environment,2006.

[30] Perrow M R,Davy A J. Handbook of Ecological Restoration: Volume 2,Restoration in Practice [M]. Cambridge University Press,2008.

[31] Philip S,Eleni P,et al. Towards an Integrated Regional Materials Flow Accounting Model[J]. Journal of Industrial Ecology,2005(9):69 – 84.

[32] Piao S,Fang J,Ciais P,et al. The carbon balance of terrestrial ecosystems in China[J]. Nature, 2009,458:1009 – 1013.

[33] Zhu Qinghua,Joseph Sarkis,Geng Yong. Green supply chain management in China:pressures,practices and performance[J]. International Journal of Operations & Production Management,2005,25 (5):449 – 468.

[34] Reddy K R,DeLaune R D. Biogeochemistry of Wetlands :Science and Applications[M]. Boca Raton:CRC Press, 2008.

[35] Reganold J P,Glover J D,Andrews P K, et al. Sustainability of three apple production systems[J]. Nature,2001,410:926 – 930.

[36] Richard Stone. Nursing China's Ailing Forests Back to Health[J]. Science,2009, 325:555 – 558.

[37] Piao Shilong, Fang Jingyun. The carbon balance of terrestrial ecosystems in China[J]. Nature, 2009,458.

[38] Smukler S M,Sánchez – Moreno S,Fonte S J, et al. Biodiversity and multiple ecosystem functions in an organic farmscape[J]. Agriculture,Ecosystems & Environment,2010,139(1 – 2):80 – 97.

[39] Sun P S,Liu S R,Jiang H, et al. Hydrologic effects of NDVI time series in a context of climatic variability[J]. Journal of the American Water Resources Association,44(5):1132 – 1143.

[40] Swanson R H. Forest hydrology issue for the 21st century:A consultant's viewpoint[J]. Journal of the American Water Resources Association,1998,34(4):755 – 763.

[41] Tischendorf L. Can landscape indices predict ecological processes consistently[J]. Landscape Ecology,2001,16(3):235 – 254.

[42] Tohru Morioka,Kiyotaka Tsunemi,Yugo Yamamoto,et al. Eco – efficiency of Advanced Loop – closing Systems for Vehicles and Household Appliances in Hyogo Eco – town[J]. Journal of Industrial Ecology,2005,9(4):205 – 221.

[43] UNEP. UNEP Guide to LIFE CYCLE MANAGEMENT – A bridge to sustainable products[R]. 2006:8 – 65.

[44] Wan S Q,Xia J Y,Liu W,et al. Photosynthetic overcompensation under nocturnal warming en-

hances grassland carbon sequestration[J]. Ecology,2009,90(10):2700－2710.

[45] Wang Ling,Wang Deli,Bai Yuguang,et al. Spatial distributions of multiple plant species affect herbivore foraging selectivity[J]. Oikos,2010a,119:401－408.

[46] Wang Ling, Wang Deli, Bai Yuguang, et al. Spatially complex neighboring relationships among grassland plant species as an effective mechanism of defense against herbivory[J]. Oecologia, 2010c,164:193－200.

[47] Wang Ling,Wang Deli,He Zhengbiao,et al. Mechanisms linking plant species richness to foraging of a large herbivore[J]. Journal of Applied Ecology,2010b,47:868－875.

[48] Wang R,Ai B,Gao B,et al. Spatial genetic structure and restricted gene flow in a functionally dioecious fig,Ficus pumila L. var. pumila(Moraceae)[J]. Plant Ecology,2009,51:307－315.

[49] Wei Y,Davidson B,Chen D, et al. Balancing the economic,social and environmental dimensions of agro－ecosystems:An integrated modeling approach[J]. Agriculture,Ecosystems & Environment, 2009,131:263－273.

[50] Wezel A,Bellon S,Dore T,et al. Agroecology as a science,a movement and a practice. A review[J]. Agronomy for Sustainable Development,2009:1－13.

[51] Xie Z,Zhu J,Liu G,et al. Soil organic carbon stocks in China and changes from 1980s to 2000s[J]. Global Change Biology,2007,13:1989－2007.

[52] Xu Hao,et al. Ecophysiological response and morphological adjustment of two Central Asian desert shrubs towards variation in summer precipitation[J]. Plant Cell and Environment,2007,30(4):399－409.

[53] Xu Hao,Li Yan. Water－use strategy of three central Asian desert shrubs and their responses to rain pulse events[J]. Plant and Soil,2006,285:5－17.

[54] Liu Yuhong, Fan Ningjiang, An Shuqing,et al. Characteristics of water isotopes and hydrograph separation during the wet season in the Heishui River,China[J]. Journal of Hydrology,2008, 353: 314－321.

[55] Zhang Lihua,Chen Yaning,Li Weihong, et al. Abiotic Regulators of Soil Respiration in Desert Ecosystems[J/OL]. Environmental Geology,2008,DOI:10. 1007/s00254－008－1474－y.

[56] Zhang Lihua,Chen Yaning,Li Weihong et, al. Seasonal variation of soil respiration under different land use/land cover in arid region[J]. Science in China(D),2007,50(Supp. I):76－85.

[57] Zhang Yuanming,Chen Yaning,Pan Borong. Distribution and floristics of desert plant communities in the lower reaches of Tarim River,southern Xinjiang,People's Republic of China[J]. Journal of Arid Environments,2005,63:772－784.

[58] Zhuang Li, Chen Yaning. Physiological Responses of Three Contrasting Plant Species to Groundwater Level Changes in an Arid Environment[J]. Journal of Integrative Plant Biology, 2006,48(5): 520－526.

[59] 陈利顶,刘洋,吕一河,等．景观生态学中的格局分析:现状、困境与未来[J]. 生态学报,2008,28(11):5521－5531.

[60] 陈文业,郑华平,戚登臣,等．黄河首曲沙化草地恢复重建模式研究[J]. 草业科学,2008,25(6):14－18.

[61] 陈效逑,乔立佳．中国经济——环境系统的物质流分析 [J]. 自然资源学报,2000,15(1):17－23.

[62] 戴君虎,潘嫄,等．五台山高山带植被对气候变化的响应[J]. 第四纪研究,2005,25(2):216－223.

[63] 戴君虎,邵雪梅,等．太白山树木年轮宽度资料对过去生态气候要素的重建[J]. 第四纪研究,2003,23(4):429－435.

[64] 单贵莲，徐柱，宁发．草地生态系统健康评价的研究进展与发展趋势[J]．中国草地学报，2008，30(2)：98－115.
[65] 方精云，郭兆迪，等．1981—2000年中国陆地植被碳汇的估算[J]．中国科学(D辑)，2007，37(6)：804－812.
[66] 方精云，朴世龙，等．近20年中国植被活动在增强．中国科学(C辑)，2003，33(6)：554－565.
[67] 方精云，杨元合，马文红，等．中国草地生态系统碳库及其变化[J]．中国科学(C辑)，2010，40：556－576.
[68] 甘敬，朱建刚．基于BP神经网络确立森林健康快速评价指标[J]．林业科学，43(12)：1－7.
[69] 高天明，张瑞强，刘昭，等．灌溉对退化草地的恢复作用[J]．节水灌溉，2009，9：26－28.
[70] 韩国栋，赵萌莉，红梅，等．草地生态系统健康与服务及适应性管理[M]//邬建国，李凤民．现代生态学讲座(V)：宏观生态学与可持续性科学．北京：高等教育出版社，2011：217－243.
[71] 韩念勇．草原的逻辑[M]．北京：北京科学技术出版社，2011.
[72] 侯扶江，徐磊．生态系统健康的研究历史与现状[J]．草业学报，2009，18(6)：210－225.
[73] 江立方，陈生会，白从义，等．草地退化后陕北农牧交错带生态系统重建模式的研究[J]．家畜生态学报，2007，28(4)：87－100.
[74] 蒋卫平，施建军．人工草地在"黑土型"退化草地恢复中的作用及其研究现状[J]．青海畜牧兽医杂志，2009，39(3)：38－39.
[75] 蒋有绪，等．海南岛热带林生物多样性及其形成机制[M]．北京：科学出版社，2002.
[76] 解伏菊，肖笃宁，李秀珍，等．基于NDVI的不同火烧强度下大兴安岭林火迹地森林景观恢复[J]．生态学杂志，2005，24(4)：368－372.
[77] 刘洪来，朱进忠，靳瑰丽，等．伊犁绢蒿荒漠不同退化阶段草地植物多样性分析[J]．新疆农业科学，2006，44(5)：632－636.
[78] 骆世明．论生态农业模式的基本类型[J]．中国生态农业学报，2009，17(3)：405－409.
[79] 吕世海，冯长松，高吉喜，等．呼伦贝尔沙化草地围封效应及生物多样性变化研究[J]．草地学报，2008，16(5)：442－447.
[80] 吕宪国．中国湿地与湿地研究[M]．石家庄：河北科学技术出版社，2008.
[81] 任继周，侯扶江，胥刚．草原文化的保持与传承[J]．草业科学，2010，27(12)：5－10.
[82] 孙刚，盛连喜，千贺裕太郎．生物绕东在水层-底栖界面耦合中的作用[J]．生态环境，2006，15(5)：1106－1110.
[83] 王立新，刘钟龄，刘华民，等．内蒙古典型草原生态系统健康评价[J]．生态学报，28(2)：544－550.
[84] 王妍，卢琦，褚建民．生态效率研究进展与展望[J]．世界林业研究，2009，22(5)：27－33.
[85] 王叶，延晓东，等．全球气候变化对中国森林生态系统的影响[J]．大气科学，2006，30(5)：1009－1010.
[86] 乌仁曹，布仁吉雅，斯琴毕力格，等．鄂托克前旗退化草地恢复过程中的主要草地型产草量及载畜量的变化[J]．内蒙古草业，2008，20(2)：47－49.
[87] 徐明，张天柱．中国经济系统的物质投入分析[J]．中国环境科学，2005，25(3)：324－8.
[88] 徐一剑，张天柱，石磊．贵阳市物质流分析[J]．清华大学学报(自然科学版)，2004，44(12)：1688－1691.
[89] 徐兆礼．中国海洋浮游动物研究的新进展[J]．厦门大学学报(自然科学版)，2006，45(Sup.2)：16－23.
[90] 于贵瑞，伏玉玲，孙晓敏，等．中国陆地生态系统通量观测研究网络(Chinaflux)的研究进展及其发展思路[J]．中国科学(D辑)，2006，36(增刊I)：1－21.
[91] 臧岳铭，朱志红，李英年，等．高寒矮蒿草草甸物种多样性与功能多样性对初级生产力的影响[J]．生态学杂志，2009，28(6)：999－1005.
[92] 张宝田，王德利．移栽羊草改良松嫩平原碱斑方法的研究[J]．东北师大学报，2009，41(3)：97－100.

[93] 张晓文. 我国环境权实现模式的反思与重构[J]. 法学杂志，2008，29(4)：117－119.
[94] 张晓文. 我国农业生态环境保护的法律对策研究[J]. 农业经济，2008(5)：23－25.
[95] 左小安，赵学勇，赵哈林，等. 科尔沁沙地草地退化过程中的物种组成及功能多样性变化特征[J]. 水土保持学报，2006，20(1)：181－185.
[96] 黄宗国. 中国海洋生物种类与分布[M]. 增订版. 北京：海洋出版社，2008.
[97] 刘瑞玉. 中国海洋生物名录[M]. 北京：科学出版社，2008.
[98] 中国南部沿海生物多样性管理项目国家项目办. 中国南部沿海生物多样性管理项目成果报告[R]. 2011.

撰稿人：欧阳志云　郑　华　万五星

专题报告

森林生态系统研究

一、引言

森林生态学是研究森林生态系统中各生物组分间及其与环境相互关系的科学，既是生态学的一个重要分支，同时也是林业科学的一个重要支撑学科。森林生态学的研究任务可以概要性地归纳为：认识森林内部各生物组分间及其与环境的相互作用；认识森林的类型、分布、发生、生长发育、发展和演替的规律；认识人类活动对森林及其功能的影响；提出可持续经营森林资源的生态学理论和技术途径。

森林生态系统是地球陆地生态系统的主体，森林每年的碳固定量约占整个陆地生物碳固定量的 2/3，因此森林在维护全球碳平衡中具有重大的作用。此外，森林还为人类社会的生产活动以及人类的生活提供丰富的物质产品；森林在维护区域性气候、保护区域生态环境（如防止水土流失）和维系地球生命系统的平衡等方面也具有不可替代的作用。由于森林与气候之间存在着密切的关系，气候的变化将不可避免地对森林产生不同程度的影响。反过来，因全球森林生态系统是一个巨大的碳库，受气候变化的影响，它对大气中的 CO_2 起着源或汇的双重作用，从而进一步加强或抵消未来气候的变化。因此，气候变化对森林的影响及森林对气候的反馈作用已引起人们极大的关注，并进行了大量的研究。人们通过气候室实验和模型模拟，在时间尺度上从几天到几世纪及在空间尺度上从叶片到个体、种群、群落、生态系统、景观、区域及全球等各个层次来阐述气候变化对树木生理、物种组成和迁移、森林生产力以及物种和植被分布等多方面的影响。

森林生态系统中各种要素、各种过程都不是孤立存在的，它们的变化也不是孤立进行的，具有错综复杂的耦合关系。一方面，环境变化将导致森林生态系统物质循环和能量流动速率发生变化，进而改变生态系统的结构和功能；另一方面，当生态系统在受到外来环境胁迫时，必然会对环境胁迫产生响应与进化性的自适应。这种响应或适应的结果即表现为生态系统的变化，这种变化可能对人类福祉有利，但更可能导致生态系统的退化和功能的减弱。进入 21 世纪以来，森林生态系统与气候变化、森林碳循环、森林生态水文学、森林生物多样性形成与维持机制、生态恢复与森林管理、森林生态系统服务成为森林生态学研究的热点和优先领域，并取得了一系列新进展。

二、主要研究进展

（一）全球气候变化与森林生态系统

如果说 20 世纪下半叶提出的生态学的三大前沿领域是生物多样性、全球气候变化和可持续发展，那么 21 世纪生态学的前沿领域则是以全球气候变化为切入点，以关注人类生存前途、生活质量为根本，将全球气候变化列为首要研究领域。

1. 森林功能与气候变化

Gordon Bonan(2008)在系统综述了森林与气候变化关系的基础上，指出全球的森林通过物理、化学和生物过程影响着气候。例如，热带森林通过蒸散降温作用降低了地表温度，而北方森林较低的反照率却对气候变暖起到了正向的驱动力，从而影响到由于赤道与极地之间巨大温差而形成的大气环流活动。同时，森林也正处于来自全球变化的巨大压力下。因此，通过多学科、多方法、多尺度的整合研究，获知更多的有关森林的气候服务功能与其对全球气候变化影响的相互作用关系，对人类发现和理解森林对缓解气候变化的潜力是尤为必要的，也是近年来森林生态学的主题研究内容之一。

2. 森林植被物候、分布与气候变化

政府间气候变化专门委员会(Intergovernmental Panel on Climate Change，IPCC)于2007年发布的第四次评估报告中指出，在过去的100年中，全球气温平均增加了0.74±0.18℃，北半球中高纬度地区增温最为明显。在全球变暖的大背景下，中国气候也发生了明显变化，主要表现在：近百年来，中国的气温平均上升了0.4～0.5℃；其中，在地域分布上以西北、华北和东北地区的气候变暖趋势最为明显，而季节分布上则体现为最为明显的冬季增温现象。全球气候变化对森林生态系统的影响主要表现在改变了森林植被的物候、分布、生产力、树种组成及森林土壤的分布和性质。余振等(2010)基于NOAA/AVHRR从1982—2006年的双周归一化植被指数NDVI数据分析中国东部南北样带主要植被类型的物候表明：大部分植被类型返青起始期提前、休眠起始期延迟，而生长季长度都有所延长，但延长的方式不同；温度对南北样带上植被物候的影响较大，而降水对物候的影响相对较小，不同植被类型对温度的响应各异。戴君虎等根据五台山高山带草本群落特征种的生长、分布和高山林线树种的年轮分析发现，近20年来，亚高山草甸的某些特征种，如金莲花(*Trollius chinensis*)和高山嵩(*Kobresia pygmaea*)的分布表现出比较明显的上移趋势，上移幅度达50～60m，并且高山林线树木沿海拔高度的分布也呈现上移趋势。在植被分布与气候变化关系上，吴正方等(2003)结合植被类型划分和气候变化趋势分析对我国东北地区植被分布受气候变化的影响进行了系统研究。首先，其根据按照生态气候环境和生物地理规律修正的Holdridge生命地带分类系统，将东北地区植被类型划分为：寒温带湿润森林、寒温带潮湿森林、温带湿润森林、暖温带湿润森林、温带半湿润森林草甸草原、温带半湿润草甸草原、温带半干旱典型草原、暖温带半湿润草甸草原和暖温带半干旱典型草原等9个生命地带；其次，运用大气环流模式分析了东北地区由于温室气体增加导致的气候变化趋势。他们的研究结果表明，在全球变暖情景下，东北地区暖温带和温带范围将明显扩大，而寒温带范围则会缩小甚至退出东北地区，植物分布界限显著北移，同时湿润区面积减少，半湿润区和半干旱区面积扩大，导致森林面积缩小，草原面积扩大。

3. 植被活动与气候的关系

方精云和朴世龙等利用归一化植被指数(NDVI)作为植被活动指标，使用第三代NOAA－AVHRR/NDVI时间序列数据，研究了1982—1999年间中国的植被动态，发现

18年来大部分地区植被呈不同程度增加趋势；与20世纪80年代初相比，90年代末植被区面积增加了3.5%，植被稀少地区面积减少18.1%，全国平均年植被覆盖度增加了7.4%。生长季节延长和生长加速被认为是我国植被覆盖增加的主要原因，而温度上升和降雨量增加及农业活动加强可能是其主要驱动因子。余振等(2011)研究发现：中国东部南北样带植被的归一化植被指数(NDVI)的变化同时受控于气温和降水，但是在不同的空间和时间尺度上植被NDVI的响应方式各异；在年时间尺度上，只有温带落叶灌丛(TDS)的NDVI受气温控制；而温带禾草草原(TGS)和亚热带、热带针叶林(STCF)的NDVI同时受气温和降水调控。孙鹏森等研究了川西岷江上游经过时相整合的NDVI (time－integrated Normalized Difference of Vegetation Index)变化趋势及其对河川径流的影响，发现月平均生长天数和植被覆盖度有上升趋势，气候变暖使植被的活动增强，尤其是高山植被，并提出气候变暖以及由其引起的植被活动的增强将导致该地区年径流量呈减少趋势。

(二)森林碳循环

森林生态系统是地球陆地生态系统的主体，它具有很高的生物生产力和生物量以及丰富的生物多样性。目前，虽然全球森林面积仅占地球陆地面积大约30%，但是其碳储量占整个陆地植被碳储量的80%以上，而且森林每年的碳固定量约占整个陆地生物碳固定量的2/3，因此，森林在维护全球碳平衡中具有重大的作用。

1. 森林碳储量与碳收支

方精云等利用森林清查资料和卫星遥感数据，并参考国外的研究成果，对1981—2000年间中国森林碳汇进行了估算，发现郁闭度为20%及其以上的森林面积由1980年初的$116.5\times10^6 hm^2$，增加到2000年初的$142.8\times10^6 hm^2$；森林总碳库由4.3 Pg C($1\ Pg\ C = 10^{15}\ gC$)增加到5.9 Pg C；平均碳密度由$36.9\ Mg\ C/hm^2$($1\ Mg\ C = 10^6 g\ C$)增加到$41.0\ Mg\ C/hm^2$；年均碳汇为$0.075\ Pg\ C/hm^2$。

北京大学朴世龙对1980—1990年中国碳平衡及其驱动机制进行了深入分析，主要采用了三种方法：碳总量外推、生态系统模型和大气反演模型。研究发现我国东北地区由于过度砍伐和森林退化，导致该地区成为CO_2净排放源，而中国南方地区占整个碳汇总量的65%，其原因在于1980年以后区域气候的变化、大规模的造林工程和灌木的恢复。研究还发现从1980—1990年，中国陆地生态系统能够抵消掉28%～37%的化石燃料燃烧的碳排放。

2. 森林土壤碳与土壤呼吸研究

近年来我国在土壤碳循环方面取得了一些重要的研究成果。这方面特别值得一提的是，中科院华南植物园周国逸等通过对广东鼎湖山野外观测站的大于400年林龄的成熟林土壤有机碳的连续监测(1979—2003年)，发现南亚热带成熟林能够持续积累有机碳，并于2006年在*Science*上报道了这一重大发现。该研究表明：地表20cm土层土壤有机碳在24年间从1.4%增加到2.35%，平均每年增长0.035%，显然和人们通常认为的成熟林土壤有机碳基本稳定是大相径庭的。这一研究结果对传统生态学关于成熟林碳循环的一些观点是一个挑战，同时催生出非平衡碳循环理论。

森林土壤呼吸是森林碳循环研究的重点，我国相继开展了不同地区不同森林类型土壤呼吸的研究。土壤呼吸研究的进展最终将依赖于技术和方法的创新和应用。Luan 等(2010)在研究暖温带天然栎林和华山松人工林纯林的土壤呼吸时发现：无论天然林还是人工林，土壤呼吸速率均与土壤表层温度密切相关，而且土壤易分解碳比土壤总有机碳与呼吸的相关关系更紧密。森林土壤呼吸存在空间变异，相对天然林而言人工林的土壤呼吸的空间变异较小。森林土壤呼吸的空间变异受到土壤理化性质(土壤有机质、土壤轻组有机碳、土壤总氮含量、土壤容重、土壤总孔隙度、非毛管孔隙度和土壤持水量)的显著影响。但是，生物和非生物因子对天然林和人工林土壤呼吸空间变异的影响有所不同，例如，细根生物量、基面积和胸高面积等林分结构指标显著影响天然林的土壤呼吸的空间变异，但是对人工林的影响不显著(Luan 等，2011)。

(三)森林生态水文学

生态水文学是 20 世纪 90 年代以来兴起的一门边缘交叉学科，顾名思义，就是研究水文学和生态学两方面问题都涉及的科学。80 年代初期以来，水文学家越来越多地关注陆地景观中水与生态过程的相互关系。例如，过去水文学家在使用曼宁(Manning)一般水流方程时往往把河道中的植被仅作为特殊和粗糙系数来考虑。而现在，越来越多的水文学家关注水流速度如何影响河道内植被的生长以及河流状态与滨水植物生态过程的相互关系。生态水文关系在许多方面，甚至在所有生态系统中都很重要，这种联系不仅在湿地中非常重要，而且它们对森林和干旱区的生态系统也具有同样重要的作用，实际上近年来一个反映水文学家研究水文景观中植被作用的典型实例就是对森林蒸腾和降水截留的研究。与这相似，生态学家也普遍重视生态系统中水的储存与运移过程，从微观的个体植物生理水分与生长的关系研究，发展到关注区域水文循环过程对植被群落演替与生态过程的关系研究。由于生态学与水文学的广泛交叉与相互渗透，逐渐形成了生态水文学。Hatton 等的广义生态水文学定义是指在一系列环境条件下来探讨生态水文过程与格局，它考虑了干旱地区、湿地、森林、河流和湖泊的生态水文过程。

在生态环境保护为当今社会所广泛关注的今天，人们越来越认识到与自然生态系统协调共处对人类可持续发展的重要性。在自然生态系统与人类的众多复杂关系中，水是最为活跃和最具决定性的纽带，水资源开发利用所导致的区域水文过程变化将不可避免的对区域生态环境体系产生影响，而区域生态环境变化，尤其是植被覆盖及其结构与功能变化，将势必对区域水文过程与格局产生影响，这也正是水循环的生物学方面(BAHC)计划的核心所在。研究诸如此类有关生态圈与水文圈之间的相互关系以及由此产生的相关问题，就是生态水文学的内涵。

1. 主要森林生态系统水文功能研究

中国林科院刘世荣等对我国主要森林生态系统水文功能进行了比较研究，对我国森林生态水文研究进行了系统总结，得出了许多重要结论：①我国各生态系统林冠年截留量在 134～626mm 间变动，由大到小排列为：热带山地雨林，亚热带西部山地常绿针叶林，热带半落叶季雨林，温带山地落叶与常绿针叶林，寒温带、温带山地常绿针叶林，亚热带竹林，亚热带、热带东部山地常绿针叶林，寒温带、温带山地落叶针叶林，温带、亚热带落叶阔叶林，亚热带山区常绿阔叶林，亚热带、热带西南山地常绿针叶林，南亚热带常绿阔叶林，亚热带山地常绿阔叶林。②土壤非毛管持水量变动在 36～142mm，平均值 89mm。常绿阔叶林的非毛管持水量通常高于 100mm，而寒温带/温带落叶阔叶林和常绿针叶林通常低于 100mm。土壤的非毛管持水量通常占生态系统中截持水量的 90%，其次是枯落物和林冠层。

2. 稳定性同位素研究在生态水文学的应用

近年来，稳定性同位素技术被逐步应用到生态水文学研究中。利用同位素可以分析森林生态系统的水分组分及其来源和树种的水分利用格局。利用稳定性同位素技术的研究表明，在岷江上游的黑水流域，植被盖度、森林、亚高山针叶林盖度的增加能够减少地表水和地下水水位，而高山灌丛和草地盖度的增加能够增加地表水和地下水水位。研究还发现在大尺度上植被总盖度对水位的影响发挥最主要作用，同时，在较小尺度上针叶林的盖度会影响水位。在早春时，冰块和早期积雪的融化很大程度上补充了河流的水量，同时冰川融水在旱季又会被蒸发，但随着全球变暖，冰川和积雪的积累减少，这部分河流的补充将会减少，进而威胁到流域水资源安全。在岷江上游的黑水流域，基于河流、冰川融水和雨水的同位素数据进行的水位曲线分析表明：冰川融水的变化范围是 63.8%～92.6%，雨水的变化范围是 7.4%～ 36.2%。这说明冰川融水是黑水流域水源的主要补充。同时，在青藏高原边缘的高山流域水源管理中冰川融水的作用应当得到充分重视。南京大学崔军等利用同位素示踪法对长江上游高山草甸区的水文过程进行分析。通过降雨、雾、土壤水、浅层地下水、河川径流进行同位素示踪，分析了高山草甸生态区降雨的来源，结果表明，降雨和雾中有较高氘含量，分别为 35‰ 和 38‰，而在低海拔季风降水中只有 10‰，这说明高山草甸区雨水主要来源为二次蒸发（森林蒸腾）的水分，而雾的水分来源为降雨发生后短期内的水分蒸发。研究还表明，在高山草甸区蒸发对降雨的贡献主要是通过植被实现的，亚高山草甸和亚高山森林形成了完整的生态水文景观系统。

3. 生态水文模型

森林水文和土壤侵蚀的观测通常只能在"点"上进行，要用点状观测数据来反映整个流域甚至更大尺度的水文和水土流失规律，这涉及尺度转换问题，需要借助于各类水文模型进行。森林流域水文模型主要有黑箱式、集总式和分布式三种类型。20 世纪 80 年代以来，地理要素的空间异质性对水文过程的影响逐渐得到重视，并引发了以此为基础的分布式水文模型的研究。现有的分布式水文模型主要有短时间尺度模型（ANSWERS）和长时间尺度模型（RHESSys、FLATWOODS、Ythan 等）两大类。这些模型的应用获得了较好的模拟效果。

分布式模型考虑了空间异质性，但是没有对空间异质性本身的内在规律进行探讨，在实际操作中存在着主观性。基本空间单元的大小是每项研究都必须首先解决的问题，然而，研究者多根据研究区域的大小和资料的空间分辨率来确定其大小，这就给模拟结果带来了不准确性。景观生态学以空间异质性为研究对象，景观单元的划分是一个层次系统：单元内部要素之间具有相对一致性，各单元之间则存在着差异性。因此，景观生态学可以作为分布式模型进一步发展的理论基础。目前，随着3S技术的发展，分布式模型正逐步成为流域和水资源管理的重要手段。在此基础上，分布式水文模型作为有效途径之一有望解决森林水文学中长期面临的尺度转换问题。

（四）森林生物多样性

森林生物多样性是整个生物多样性的一个重要的组成部分，是世界生物多样性系统中最为重要的类型和生物多样性的分布中心，也是世界生物多样性保护的关键。首先，森林是陆地生态系统的主体和支撑陆地生物圈的主体。在森林生态系统中，植物多样性、植物群落组成的种类和结构以及群落生境的多样性，又为动物种类的多样性提供了基础。其次，森林是物种多样性最丰富的区域。据专家估计，全球有500万～3000万种生物，其中50%以上栖息繁殖在森林中，在地球上热带雨林中生活着全世界半数以上的物种。所以，森林的破坏尤其是热带雨林的破坏将导致物种的大量灭绝。另外，森林是最丰富的基因库。森林生态系统多样性提供了多种多样的生境，是物种进化和新物种产生的基础，是遗传多样性的保证。最后，由于森林是全球生态环境的重要组成部分，森林的破坏将导致全球生态环境的整体恶化，还会导致其他生物群落多样性的锐减。因此，森林对生物多样性形成与维持具有重大影响，森林生物多样性是生物多样性的重要组成部分。

目前，森林生物多样性正在以惊人的速度丧失。诸如《千年生态系统评估》和《濒临灭绝的物种危急清单》等重要出版物指出，由于森林生境的丧失和退化，全球许多的森林生态系统、种群和物种受到了威胁而且数量还在不断扩大。同时，气候变化的影响也将加剧森林生物多样性的丧失。

1. 森林群落和物种多样性的形成、维持机制及空间分布

森林结构是影响生物多样性的重要因素。森林空间异质性是形成结构多样性的原因之一，而且空间异质性与生物生境的大小相关联。增加现有森林的生物多样性，混交是简便的方法。老龄林对于生物多样性有重要作用，并且它们还保护了与较老、较复杂的景观相关的生态过程。我国在海南岛热带林生物多样性形成机制研究方面的最新结果表明：森林生物多样性形成机制与古植物区系的形成与演变、地球变迁与古环境演化有密切关系；现代生境条件包括地形、地貌、坡向和海拔高度所引起的水、热、养分资源与环境梯度变化对森林群落多样性的景观结构与格局产生影响，从而形成异质性的森林群落空间格局与物种多样性变化；自然和人为干扰体系与森林植物生活史特性相互作用是热带森林多物种长期共存、森林生物多样性维持及森林动态稳定的重要机制。

自20世纪90年代中期开始，北京大学陆地生态系统研究小组在北京大学“中国山地植物物种多样性调查计划（PKU－PSD计划）”的框架下，开展了我国山地植物多样性的系统调查。PKU－PSD计划的主要目的是采用统一的植物群落调查方法，借助数量和空间分析手段（如多元统计分析、地统计学、地理信息系统、数字地形模型、遥感等），按一定的海拔间隔，调查主要植物群落的组成、结构及物种多样性特征，分析这些特征随海拔梯度的变化规律及其地理分异，验证有关的生物多样性理论，并在样方水平上讨论我国山地植被的特点。此外，在青藏高原和内蒙古高原，已完成或即将完成约200个地点的草地群落调查。这些数据检验了James Brown研究小组提出的生态学代谢理论（metabolic theory of ecology，简称“代谢理论”）对解释物种多样性分布规律的有效性。

2. 以大型固定监测样地为主的森林生物多样性研究

以大型固定样地为主的森林生物多样性监测受到越来越多的关注，为长期监测和了解生物多样性的变化及其影响，理解物种共存机制等提供了翔实的数据。中国是生物多样性特别丰富的少数国家之一，也是唯一一个具有完整气候带谱（从北部的寒温带到南部的热带）的国家。在主要的气候带内建立森林生物多样性监测样地，对于中国的森林生物多样性研究是十分必要的，也是对全球热带森林生物多样性监测网络的有机补充。目前在中国大样地进行的研究成果已在 *Ecology*、*Ecology Letters*、*Journal of Ecology*、*Oikos* 等国际知名生态学刊物上发表论文 10 余篇。其中，沈国春和马克平等（2009）对森林大样地利用空间点格局模型方法分析了调控物种与面积关系的生物学机制，结果表明生境异质性和扩散限制是支配物种空间分布的主导机制。此外，中国科学院华南植物园李林等（2009）在鼎湖山 $20hm^2$ 大样地开展物种个体在亚热带森林空间分布规律和机制的研究，结果表明：①聚集分布特征是该地区物种主要的分布特征；②稀有种空间聚集分布的特征较常见种更为明显；③种子形状决定了树种空间分布的格局。

中国科学院生物多样性委员会于 2004 年启动并开始实施中国森林生物多样性监测网络建设项目。中国科学院沈阳应用生态研究所负责长白山温带针阔混交林样地的建立，中国科学院植物研究所、浙江大学和浙江师范大学等负责浙江古田山中亚热带常绿阔叶林样地的建设，中国科学院华南植物园负责鼎湖山南亚热带常绿阔叶林样地的建设，中国科学院西双版纳热带植物园负责西双版纳热带季节雨林样地的建设。

该网络具有明显特点，主要体现在它的地带性上，完全区别于 CTFS 的热带森林网络。关注的主要科学问题包括：①植物功能形状与物种共存机制；②碳动态与全球变化的关系；③植物与动物和土壤微生物相互作用；④DNA 条形码技术与物种鉴定；⑤植物空间分布格局与生境的关系；⑥森林生态系统服务、恢复与管理等。

马克平带领的研究小组以浙江古田山亚热带常绿阔叶林 $24hm^2$ 大型监测样地为研究平台，围绕负密度制约在维持森林生物多样性方面的作用的普适性问题，开展了一系列深入系统的研究工作，引起了生态学界同行的关注。该研究组首先以古田山样地内 140700 棵胸径大于 1cm 的个体为研究对象，排除了易与密度制约现象混淆的生境异质性作用后，发现在亚热带常绿阔叶林内 83％的物种都表现出密度制约现象，该研究首次在亚热带常绿阔叶林验证了密度制约机制的普遍性。接着该研究组根据古田山 $24hm^2$ 样地幼苗长期动态监测数据，使用混合效应模型首次区分了生境异质性和密度制约机制对常绿阔叶林幼苗动态的相对作用，发现生境异质性对幼苗动态的相对贡献约占 34.6％，密度制约机制的相对贡献约占 17.7％，并在群落尺度上证明密度制约效应能够调节物种种群动态。相关成果发表在国际著名生态学期刊 *Ecology*、*Ecology Letters* 和 *Oikos* 上。

中国科学院沈阳应用生态研究所郝占庆带领的研究小组以长白山 $25hm^2$ 温带阔叶红松林样地（CBS）为平台，基于目前空间统计模型构建种间关系分类方案，探讨了该样地内所有胸径大于 10cm 以上树种之间的种间关系。结果表明约有 31％的物种对呈显著的负相关（排斥），明显高于热带雨林的 6％。该研究发现：种间关系随着空间尺度增加逐渐减弱，大约在 10～15m 以外，种间关系消失，并且物种多度越大，种间关系越强，进而验证了"多度不对称假说"(abundance - asymmetry hypothesis)。研究表明,温带森林与热带雨林在种间关系方面存在着很多显著差异。例如,在热带雨林中具有显著种间关系的物种对所占比例很低,而且种间关系并没有随着物种多度增加而增强。尽管温带森林与热带森林有很多不同,但也有一些很相似的地方。例如,大多数物种呈聚集分布,且种间相互分离,很少物种对呈正相关(吸引);种间关系都具有明显尺度效应,大约在距离 15m 以外种间关系消失等。而本研究提供的方法,可以应用到不同森林类型进行群落水平上的种间关系研究,从而将进一步促进森林生物多样性维持机制等方面的研究。该方面研究成果发表在国际著名生态学刊物 *Journal of Ecology* 上。

(五)生态恢复与森林管理

退化生态系统恢复的研究涉及诸多方面,如退化的原因,干扰体系,退化等级的确定和类型划分,退化与重建过程中的环境变化、物质循环、能量流动,生物多样性和群落结构的关系,格局配置,恢复与重建的参照生态系统的选择,恢复成功的评价体系,恢复与重建的技术与方法等。明确恢复地区退化生态系统的功能类型,是指导构建群落种类组成的重要原则。如何确定最低限度的种类数量或类型,以保证群落功能的恢复与维持,是生态恢复的核心问题。森林植被的恢复是以地带性的近自然林结构模式还是以系统功能的修复为目标,以及恢复后的森林植被的生态稳定性问题,既是学科发展的前沿也是生态环境建设中亟需解决的关键问题。

森林植被恢复重建的理论主要是恢复生态学,具体包括:植被的发生与气候及气候的变迁耦合或生物的发生与环境耦合理论、植物多样性是生态系统稳定性的基础理论、生态演替理论和作为系统的生态系统的结构和功能相适应理论等。甘敬和朱建刚等利用 BP 神经网络确立了森林健康快速评价指标,研究表明:林分层次结构、病虫害程度和土壤厚度可以作为森林健康快速评价(RAFH)的指标。

1. 森林恢复与重建

刘世荣等(2009)在分析了长江上游退化天然林现状的基础上,基于自然生态演替的理论,提出了 4 种封育恢复的组合模式:①封禁保护原始老龄林;②封育重建严重退化生境;③封育调整天然次生林群落结构与定向恢复调控;④封育改造低效人工纯林。通过仿拟当地天然老龄林的物种组成和群落结构,充分利用和启动自然调节机制,采用功能群替代或目的物种导入等辅助的人工措施,促进土壤和群落功能的修复。

近年来,尽管林地不断退化和转化,但森林覆被在全球范围内仍逐年增加。为经济利益和恢复土地等目的营造的人工林提高了退化土地的生态服务和生物多样性,但仍无法达到原初覆被的森林的组成与结构特征。因此,Robin Chazdon 2008 年发表在 *Science* 的论文建议需要通过适合的森林经营管理将新营造的森林建成充满活力并具高适应能力的生态系统,以抵抗来自于气候变化、生境破碎化和其他人类干扰等带来的压力。

2. 森林景观恢复

"森林景观恢复"一词第一次定义是在 2001 年,由聚在西班牙塞哥维亚(Segovia)的森林恢复专家提出,定义为:FLR 是一个过程,旨在恢复采伐迹地或退化森林景观的生态完整性，提高人类福利。

森林景观恢复一直是人们关注的热点，1987 年发生在大兴安岭北坡的特大火灾造成了森林资源的巨大损失。解伏菊、肖笃宁和李秀珍等利用 LANDSAT TM 影像，通过分类、提取森林景观类型及 NDVI 值，在较大尺度上探讨了火烧区火烧强度与森林景观格局、功能恢复的关系。结果表明：火烧区森林总体恢复情况较好。恢复状况与火烧强度具有明显的相关性。火烧强度越高，恢复状况越差。重度火烧区的针叶林景观所占比重低且生长状况较差；沼泽面积高于未火烧对照区。同时他们还采用 1987 年和 2000 年两期森林资源二类调查数据，对郁闭度、火烧强度、抚育类型和地形因子等进行分级，利用 Kendall 等级相关分析、相似性分析等方法，探讨了森林郁闭度格局的恢复状况以及火烧强度、更新类型、地形因子对郁闭度恢复的影响。结果表明，2000 年郁闭度等级构成与 1987 年火灾前相比发生了明显变化，无林地以及高郁闭度等级比重明显下降，较低郁闭度等级比重显著上升；火烧强度对火灾后恢复的影响最为关键，火烧强度与郁闭度等级呈负相关；更新措施短期内对郁闭度恢复影响不显著，但可以缩短森林演替的周期，对未来针叶林群落生产力恢复具有重要的促进作用；地形因子中坡度对郁闭度恢复影响最为明显，其次为坡位，坡向影响最弱。

陆元昌分析评述了近年国内外森林恢复与管理方面的研究动态，提出中国人工林的经营应该倡导多目标经营，通过近自然林经营的方法，增加高经济和生态效益的本地树种的比例，替代大面积的人工纯林，最终实现森林可持续经营的目标。这一观点已作为森林恢复专题的热点新闻在 2009 年的 *Science* 上刊登。

（六）森林生态系统服务功能

森林生态系统服务功能的研究是近几年才发展起来的生态学研究领域，20 世纪 90 年代初期，国外的森林生态系统服务功能研究主要以案例研究为主，方法主要为旅行价值法和意愿调查法。目前国外对森林生态系统服务功能内涵、方法等问题的研究各异，但被普遍认可的是 Daliy 等人提出的生态系统服务功能的概念。Daliy 认为，生态系统服务是指“自然生态系统及其物种所提供的能满足和维持人类生活所需要的条件和过程。森林生态系统服务功能是指森林生态系统与生态过程所形成及所维持人类赖以生存的自然环境条件与效用。它不仅包括该系统为人类提供食品、医药和其他工农业生产的原料，更重要的是支撑与维持地球的生命系统；维持生命物质的生物地化循环与水文循环；维持生物物种与遗传多样性、净化环境；维持大气化学的平衡与稳定”。这是目前国内外普遍认可关于森林生态系统服务功能的概念及内涵。

各类生态系统不仅为人类提供了食物、医药及工农业生产的原料和服务，更重要的是支撑与维持了地球的生命支持系统。近年来，由于自然灾害的加剧和人类需求的增长，导致了生态和环境的破坏，对人类不甚了解的生态系统服务功能造成了损害和削弱。随着可持续发展战略的实施，人类逐步认识到：生态系统功能的维持与保育既是人类生存与现代文明的基础，也是实现可持续发展的前提，发达的科学技术也无法全部替代自然生态系统的服务功能。因此探索生态系统服务功能的内涵与服务机制、评估生态系统的服务价值、促进经济社会的可持续发展等课题逐渐成为生态学、生态经济学和环境经济学研究的前沿。

1. 区域森林生态服务功能

亚热带常绿阔叶林是我国重要的森林类型。郑华等(2004)研究了对南方红壤侵蚀区森林生态系统的土壤保持功能,四种不同森林恢复方式(人工恢复的湿地松林、杉木林、油茶林和自然恢复的天然次生林)下森林的土壤质量均比长期干扰下对照的土壤质量高。人工林土壤质量相比天然次生林土壤质量低。其土壤质量综合指数分别为:天然次生林(0.95),油茶林(0.68),杉木林(0.55),湿地松林(0.36),对照(0.04)。自然恢复在恢复初期是提高土壤质量的有效途径。人工林和对照土壤质量相对较低的主要因素是:周期性的森林抚育打破土壤物理结构、凋落物质量较差、凋落物量较低、微生物生物量较低、微生物功能较差和土壤养分流失严重。说明森林结构越完善,其土壤保持这一生态服务功能越高。

长白山森林生态系统是亚洲东部最典型的、保存最完好的温带山地森林生态系统,对维持松花江、鸭绿江和图们江三大流域生态系统的结构和功能具有重要的作用。吴钢等(2001)采用物质量和价值量相结合的评价方法,对长白山北坡森林生态系统的生态旅游、森林林副产品、木材、涵养水源、水土保持、净化空气、营养元素循环等服务价值及其总体服务价值进行了评估及动态分析。结果表明,涵养水源服务价值是长白山森林生态系统服务价值的主要部分,占66%,涵养水源和净化空气作为森林生态系统最重要的生态功能,其服务价值占总服务价值的80%,而木材生产的服务价值仅占总价值的7%。由此可见,木材生产并不是森林生态系统服务价值中的主要部分,充分发展长白山森林生态系统其他的生态功能,才是发挥其生态系统服务价值的最佳途径。

2. 全国森林生态服务功能评估

欧阳志云等人对中国陆地生态系统服务功能进行了评估和生态经济价值的分析;随后国内研究者对各地、各类生态系统服务功能进行了评估和价值量化。欧阳志云和郑华针对生态系统服务功能的物质基础(生境、生态系统结构和生态系统过程),提出了当前生态系统服务的生态学机制研究主要集中在3个方面:①生物多样性与生态系统服务功能的关系;②生态系统服务功能的时空尺度特征;③气候和土地利用变化对生态系统服务功能的影响机制。《中国森林生态服务功能评估》项目组依据第七次全国森林资源清查,评估中国森林生态系统的涵养水源、保育土壤、固碳释氧、积累营养物质、净化大气环境与生物多样性保护等6项服务,总价值为每年10万亿元。中国森林植被生物量总量为157.72亿吨,中国森林植被碳储量总量为78.11亿吨。

三、发展趋势与展望

森林生态学发展趋势是以全球气候变化为切入点,进行多尺度、多过程、多学科、多途径的综合集成分析;基于生态系统与全球变化研究网络的多尺度联网试验与长期动态监测,包括生物多样性大样地动态监测、FACE等大型试验研究;跨尺度的生态系统机理、观测数据和模型的融合。

(一)全球气候变化与森林生态系统

气温、CO_2 浓度、降雨格局、氮沉降和土地利用方式等的改变将会使森林物种组成、种间关系、多样性、分布格局与演替进程发生改变,进而影响森林生态系统的结构与功能,改变地球表面的生物地球化学循环,对区域生态环境可能产生非常严重的后果,最终必将影响到人类的生存和经济社会的可持续发展。在过去 30 年里,全球有关森林生态系统与全球变化的研究非常活跃,在观测、控制实验、模型模拟等方面均取得了显著进展,达成一些科学共识,但也存在很多分歧或知识盲点,这正是今后科学研究的新热点和发展趋势。

以全球变化的敏感地区(如青藏高原、干旱半干旱地区、高山林线)为对象,研究森林不同层次(如种群、群落和生态系统)对全球气候变化主导因素的响应、适应及敏感性,主要森林生物类群对全球变化的响应及进化机制,全球变化对种群动态(病虫害、外来种)等的影响,全球变化对植物—动物—微生物的相互作用关系的影响等。青藏高原的研究重点是森林生态系统的温度敏感性和适应性;干旱半干旱地区的研究重点是水热组合的变异性及森林生态系统对全球变化的响应;高山林线的研究重点是研究林线随全球变化的迁移及特殊生物类群的响应。

(二)森林碳循环

植被生物量和土壤碳储量清单调查、生态系统通量观测、卫星遥感、大气 CO_2 浓度反演及生态系统模型等计量方法均被广泛应用于生态系统、区域和全球等不同尺度生态系统碳源/汇的研究。由于每种研究方法均存在明显的优缺点,导致不同时空尺度陆地碳源/汇评估结果具有很大的不确定性。例如,生物量方法的优点是直接、明确、技术简单,但清查法观测周期长,通常需要几年到数十年的数据积累才能观测到生态系统的植物和土壤碳含量的微量变化。涡度相关通量观测弥补了以前生物量清查法、地面同化箱和卫星遥感观测等测定方法在时间上的不连续性、积累数据耗时长等缺点,能够在较短的时间内获得大量高时间分辨率的 CO_2 通量和环境变化数据,有助于开展不同时间尺度上的通量变化及其环境响应机理研究。但是,涡度相关技术仍是一种局域小尺度生态系统测量方法,其结果本身只代表特定生态系统在特定环境中的碳收支特征,还难以直接外推到区域尺度。生态过程模型在精细的空间尺度参数化方案和空间化植被及环境数据支撑下,能够模拟生态系统水、碳循环的空间格局,但用于区域估算时,其网格点内参数的尺度转换和定量化十分困难,导致多数过程模型在评价全国碳平衡时存在很大的不确定性。遥感模型是以遥感数据产品(NDVI、fPAR、APAR)为驱动变量,以 GIS 的植被或空间化的环境数据库为支撑,模型参数少,可以定位分析同一样区不同时段的非干扰变化,实现对生态系统碳平衡的动态监测。但是,大多数遥感模型缺乏明确的生理生态机制,光能传递及转换过程的研究也存在着不确定性。今后的发展趋势将是多尺度、多过程、多学科、多途径的综合集成分析,以及跨尺度的生态系统机理、观测数据和模型的融合。

(三)森林生态水文学

生态水文过程研究是从复杂的生态水文结构到生态水文功能的机理性探讨,关键任务是研究水文过程和生物动态之间的功能关系，目的是增加对陆面生态水文过程和功能的充分理解并更好地评价和利用它们，预测生态水文过程变化可能带来的后果，为良性生态水文的维持和生态水文恢复提供理论依据。

虽然生态水文模型在近些年发展很快，但主要是局限在地块尺度上的一维模型初步研发，而二维、三维模型的发展尚未起步。已开发的众多生态水文模型也大多具有尺度上的依赖性，只能在某一特定尺度上使用，而应用到其他尺度存在再参数化和精度问题。生态水文模型和耦合上也只是一种数据共享的初级耦合，一体化式耦合模型的建立尚需时日。

山地生态系统具有独特性和对环境变化敏感性的特点，山地生态系统是全球变化最敏感的区域。山地生态水文过程研究的重点是不同土地利用、覆盖变化和气候变化对山地生态系统生态水文过程的影响，山地生态系统生态过程和水文过程间的相互作用关系及其时空变化规律，山地垂直梯度生态水文过程与响应的监测与测试。

(四)森林生物多样性

运用各种实验手段，阐明生物多样性与生态系统功能和服务的关系。生物多样性与生态系统功能和服务的关系是尺度依赖的，不同尺度下，其关系也会发生一定的变化，为不同空间层次的生态系统管理提供科学依据。以往的研究主要在森林群落层次上，未来需要在更大的空间尺度上，对更为复杂的森林生态系统及其森林景观，研究不同的森林生物多样性分布格局与生态系统功能特别是服务的关系。

建立长期研究平台，监测和评价生物多样性的变化趋势及驱动力。针对重要的森林生态系统类型，建立长期研究平台，结合传统群落生态学和遥感手段，提供森林生物多样性变化的时间序列数据，实现对森林生物多样性的长期连续监测。采集相关的气候、土地利用、污染和经济社会相关数据，采用合适的统计方法，建立森林生物多样性变化趋势与环境和人为因子的关系，辨识中国森林生物多样性变化的主要驱动力。根据基线数据，在不同层次上对森林生物多样性进行评价，为生物多样性保护提供基础数据。

(五)生态恢复与森林管理

随着全球森林生态系统的退化日趋严重，世界各国均把森林保护与森林生态系统恢复作为头等大事。重要的社会需求极大地推动了恢复生态学研究的深入开展，学科的理论与方法学研究不断深入，恢复生态学成为科学界高度关注的前沿学科。退化生态系统恢复研究需要多专业、多学科从不同的角度进行，也需要多学科的整合研究。

退化森林的生态恢复影响着全球碳库动态、生物地球化学循环、生物多样性的维护和人类的生存环境等，对大气化学成分的变化、气候变化等也有重要的反馈作用，其理论研究和实践对于人类乃至全球变化都至关重要。在全球变化加剧的背景下，外来种的入侵现象也不断加剧，外来森林有害生物的入侵和危害以及外来森林有害生物的生态控制成了研究的热点。受外来入侵破坏的森林生态系统的恢复研究需要解决很多科学问题。恢复不仅要探讨退化因子，还必须研究那些变化的反馈，这些反馈会产生于人类干扰前完全不同的生态系统。生物入侵会导致森林生态系统在组成结构上发生不可逆转的改变，所产生的生物阈值可能难以逆转，会对森林生态恢复产生长久的影响。因此，控制入侵物种是很多森林生态恢复工程的关键。

（六）生态系统服务功能

近年来，人们对生态系统服务功能进行了大量研究，并取得了很大的成就，特别是森林生态系统服务功能的价值越来越受到人们的关注，许多学者进行了积极的探索与研究。但是，由于生态系统功能与服务的复杂性、人们对价值的多重认识等因素的制约，使得一些功能与服务之间不能一一对应，不能人为区分或定量描述，这为准确计算带来无法克服的困难。森林生态服务功能是广泛的，我们不可能对每种功能都一一计量，而且各项指标核算的方法各不相同。目前，尚没有一个被人们普遍接受的生态系统服务功能的评价指标体系与方法，因此建立一个统一的、成熟的森林生态系统服务价值指标体系，是当务之急。可以确信，随着计量测试手段的不断改进和提高，人们对森林生态服务功能认识的不断加深，其经济价值评估必定会更加准确和完善。

今后森林生态系统服务功能及其价值评价工作应注重以下几个方面的研究：①进一步加强森林生态系统服务功能机制的基础研究，尤其是应重点探索人类活动对森林生态系统服务功能的影响机制，比较分析不同干扰方式与干扰程度影响下，生态系统结构与生态过程的变化，以及相应生态系统服务功能响应特征与变化趋势，为森林可持续管理提供基础；②探索不同尺度下空间数据的耦合和应用方法，区域服务功能评价过程中指标参数选取的精度和合理性是评价过程中不得不考虑的问题；③森林生态系统在不同的空间单元具有不同的生态功能，研究生态调节功能与各空间单元的自然环境条件、生态系统结构过程之间的关系，无论对生态服务功能评价理论和评价方法研究，还是对区域生态环境保护和资源开发都具有重要意义。

参考文献

[1] Alcoze T A, et al. Restoration ecology[J]. Science, 2000, 287: 2159.

[2] Bachmann P, Kohl M, Paivinen R. Assessment of biodiversity for improved forest planning: proceedings of the Conference on Assessment of Biodiversity for improved Planning, October 1996, held in monte Verita [C]. 1996.

[3] Bonan G B. Forests and climate change: forcings, feedbacks, and the climate benefits of forests[J]. science, 2008, 320(5882): 1444－1449.

[4] Chazdon R L. Beyond deforestation: restoring forests and ecosystem services on degraded lands[J]. Science, 2008, 320(5882): 1458.

[5] Chen L, Mi X C, Comita L S, et al. Community－level consequences of density dependence and habitat association in a subtropical broad－leaved forest[J]. Ecology letters, 2010, 13(6): 695－704.

[6] Cui J, An S, Wang Z, et al. Using deuterium excess to determine the sources of highaltitude precipitation: Implications in hydrological relations between subalpine forests and alpine meadows [J]. Journal of Hydrology, 2009, 373(1): 2433.

[7] Dunn S M, Mcalister E, Ferrier R C. Development and application of a distributed catchment - scale hydrological model for the River Ythan, NE Scotland[J]. Hydrological Processes, 1998, 12 (3):401 - 416.

[8] Fan Y, Bras R L. On the concept of a representative elementary area in catchment runoff[J]. Hydrological processes, 1995, 9(7):821 - 832.

[9] Henrik R S, Kjelds J T, Deckers F. Application of GIS in hydrological and hydraulic modelling: DLIS and MikE IIGIS, Hydro GIS 96: Application of Geographic Information Systems in Hydrology and Water Resources Management (Proceeding of the Vienna Conference, April 1996)[C]. IAHS Publication, 1996, 235.

[10] Itto I. Restoring forest landscapes: an introduction to the art and science of forest landscape restoration[J]. ITTO policy development series, 2005(23).

[11] Kloor K. Returning America's Forests to their natural roots[J]. Science, 2000, 287(5453):573.

[12] Li L, Huang Z L, Ye W H, et al. Spatial distributions of tree-species in a subtropical forest of China[J]. Oikos, 2009, 118(4):495 - 502.

[13] Liu Y H, An S Q, Deng Z, et al. Effects of vegetation patterns on yields of the surface and subsurface waters in the Heishui Alpine Valley in west China[J]. Hydrology and Earth System Sciences Discussions, 2006, 3(3):1021 - 1043.

[14] Liu Y H, An S Q, et al. Spatiotemporal variation of stable isotopes of river waters, water source identification and water security in the Heishui Valley (China) during the dryseason [J]. Hydrogeology Journal, 2008, 16(2):311 - 319.

[15] Liu Y H, Fan N J, An S Q, et al. Characteristics of water isotopes and hydrograph separation during the wet season in the Heishui River, China[J]. Journal of Hydrology, 2008, 353(34):314 - 321.

[16] Luan Junwei, Liu Shirong, Zhu Xueling, et al. Soil carbon stocks and fluxes in a warm - temperate oak chronosequence in China[J]. Plant and Soil, 2011, 347:243 - 253.

[17] Luan Junwei, Liu Shirong, Zhu Xueling, et al. Roles of biotic and abiotic variables in determining spatial variation of soil respiration in secondary oak and planted pine forests[J]. Soil Biology & Biochemistry, 2011, 44:143 - 150.

[18] Oliver C D, Larson B C. Forest stand dynamics John Wiley and Sons[J]. New York, New York, USA, 1996.

[19] Parry M L. Climate Change 2007: impacts, adaptation and vulnerability: contribution of Working Group II to the fourth assessment report of the Intergovernmental Panel on Climate Change[M]. Cambridge Univ Pr, 2007.

[20] Piao S L, Fang J Y, Ciais P, et al. The carbon balance of terrestrial ecosystems in China[J]. Nature, 2009, 458(7241):1009 - 1013.

[21] Shen G C, Yu M J, Hu X S, et al. Speciesarea relationships explained by the joint effects of dispersal limitation and habitat heterogeneity[J]. Ecology, 2009, 90(11):3033 - 3041.

[22] Stone R. Nursing China's ailing forests back to health[J]. Science, 2009, 325(5940):555 - 558.

[23] Sun G, Riekerk H, Comerford N B. Modeling the forest hydrology of wetlandupland ecosystems in Florida [J]. JAWRA Journal of the American Water Resources Association, 1998, 34(4):827 - 841.

[24] Sun P S, Liu S R, Jiang H, et al. Hydrologic Effects of NDVI Time Series in a Context of Climatic Variability in an Upstream Catchment of the Minjiang River1[J]. JAWRA Journal of the American Water Resources Association, 2008, 44(5):1132 - 1143.

[25] Suwanwerakamtorn R. GIS and hydrologic modelling for the management of small watersheds[J]. Itc Journal, 1994, 4:343－348.

[26] Swanson R H. Forest hydrology issue for the 21st century: A consultant's viewpoint [J]. JAWRA Journal of the American Water Resources Association, 1998, 34(4):755－763.

[27] Xu Q, Li H, Chen J, et al. Water use patterns of three species in subalpine forest, Southwest China: the deuterium isotope approach[J], Ecohydrol. 2011,4: 236－244.

[28] Wang X, Wiegand T, Hao Z Q, et al. Species associations in an old-growth temperate forest in north-eastern China[J]. Journal of Ecology, 2010, 98(3):674－686.

[29] Zhou G Y, et al. Oldgrowth forests can accumulate carbon in soils[J]. Science, 2006, 314:1417.

[30] Zhu Y, Mi X C, Ren H B, et al. Density dependence is prevalent in a heterogeneous subtropical forest[J]. Oikos, 2010, 119(1):109－119.

[31] 戴君虎,潘媛,等．五台山高山带植被对气候变化的响应[J]. 第四纪研究,2005,25(2):216－223.

[32] 戴君虎,邵雪梅,等．太白山树木年轮宽度资料对过去生态气候要素的重建[J]. 第四纪研究,2003,23(4):429－435.

[33] 方精云,郭兆迪,等．1981—2000 年中国陆地植被碳汇的估算[J]. 中国科学(D 辑),2007,37(6):804－812.

[34] 方精云,朴世龙,等．近 20 年中国植被活动在增强[J]. 中国科学(C 辑),2003,33(6):554－565.

[35] 方精云,沈泽昊．"中国山地植物物种多样性调查计划"及若干技术规范[J]. 生物多样性,2004,12(1):5－9.

[36] 方精云,王娓．作为地下过程的土壤呼吸:我们理解了多少[J]. 植物生态学报,2007,31(3):345－347.

[37] 方精云．探索中国山地植物多样性的分布规律[J]. 生物多样性,2004,12(1):1－4.

[38] 甘敬,朱建刚．基于 BP 神经网络确立森林健康快速评价指标[J]. 林业科学,43(12):17.

[39] 韩淑云．气候变化对人类现实生活的影响[J]. 城市与减灾, 2005, 1 :25－27.

[40] 蒋有绪,等．海南岛热带林生物多样性及其形成机制[M]. 北京:科学出版社,2002.

[41] 解伏菊,肖笃宁,李秀珍,等．大兴安岭北坡火烧迹地森林景观恢复及其影响因子[J]. 应用生态学报,2005,16(9):1711－1718.

[42] 解伏菊,肖笃宁,李秀珍,等．基于 NDVI 的不同火烧强度下大兴安岭林火迹地森林景观恢复[J]. 生态学杂志,2005,24(4):368－372.

[43] 李海奎,雷渊才,编．中国森林植被生物量和碳储量评估[M]. 北京:中国林业出版社, 2010.

[44] 刘世荣,史作民,马姜明,等．长江上游退化天然林恢复重建的生态对策[J]。林业科学,2009,45(2):121－124.

[45] 刘世荣,孙鹏森,等．中国主要森林生态系统水文功能的比较研究[J]. 植物生态学报,2003,27(1):16－22.

[46] 马克平．大型固定样地:森林生物多样性定位研究的平台[J]. 植物生态学报,2008,32(2):237.

[47] 欧阳志云,王效科,苗鸿．中国陆地生态系统服务功能及其生态经济价值的初步研究[J]. 生态学报,1999,19(5):607－613.

[48] 欧阳志云,郑华．生态系统服务的生态学机制研究进展[J]. 生态学报,2009,29(11):6183－6188。

[49] 彭少麟．退化生态系统恢复与恢复生态学[J]. 中国基础科学,2001(3):18－24.

[50] 王叶,延晓东,等．全球气候变化对中国森林生态系统的影响[J]. 大气科学,2006,30(5):1009－1010.

[51] 吴钢,肖寒,赵景柱,等．长白山森林生态系统服务功能[J]. 中国科学(C 辑), 2001, 31(5):471－479.

[52] 吴正方,靳英华,等．东北地区植被分布全球气候变化区域响应[J]. 地理科学,2003,23(5):565－570.

[53] 于澎涛．分布式水文模型在森林水文学中的应用[J]. 林业科学研究，2000，13(4)：431－438.
[54] 张厚华，傅德志，孙谷畴．森林植被恢复重建的理论基础[J]. 北京林业大学学报，2004，26(1)：9799.
[55] 郑华，欧阳志云，王效科，等，不同森林恢复类型对南方红壤侵蚀区土壤质量的影响[J]. 2004，24(9)：1994－2002.
[56] 中国科学技术学会主编，中国林学会编著．林业科学学科发展报告[M]. 北京：中国科学技术出版社，2009.
[57] 中国森林生态服务功能评估项目组．中国森林生态服务功能评估[M]. 北京：中国林业出版社，2010.
[58] 余振，孙鹏森，刘世荣．中国东部南北样带主要植被类型物候期的变化[J]. 植物生态学报，2010，34(3)：316－329.
[59] 余振，孙鹏森，刘世荣．中国东部南北样带主要植被类型归一化植被指数对气候变化的响应及不同时间尺度的差异性[J]. 植物生态学报，2011，35(11)：1117－1126.

撰稿人：刘世荣　孙建新　张远东

草地生态系统研究

一、引言

草地生态学是生态学的重要分支学科之一。草地生态学的研究对象是草地生态系统。与森林、荒漠、湿地等其他生态系统相比，草地生态系统具有以下特点：第一，草地面积广阔，约占我国土地面积的41.4%（洪绂曾，2011）；第二，草地均为可以被人类利用的被管理生态系统，几乎所有的草地都在被放牧或割草。因此，对草地的生态过程及功能研究具有较强而普遍的生态学意义。如果说早期的生态学理论研究成果多出自对水体、森林等生态系统的观察（如生态位概念、能量流动规律、捕食模型等），那么近半个世纪的生态学认识常源于对草地的控制与定位研究（如竞争模型、联系稳定性理论、营养级效应等）。近些年草地生态学发展较快，特别是在人类面临着突出的生态学问题——生物多样性丧失、土地荒漠化，以及由于持续不断加剧的全球气候变化与人类活动作用而导致的众多生态环境问题之时。现代生态学研究已经从传统的现象观察与宏观规律定性分析，到生态过程及功能的机制性定量刻画，以及它们对全球气候变化和人为干扰的响应的判定和预测阶段（中国科学院生态与环境领域战略研究组，2009）。由于草地的多样性与复杂性，其生态过程及功能的研究常依赖于目标生态系统的特殊性和研究地域的限定，所以，生态学家们需要从多层面研究草地生态系统的表观动态和内部机制。针对草地生态过程及功能的研究成果，将为生态学概念、理论及方法论的发展提供有益的重要支持。

二、草地生态系统主要研究内容

（一）草地放牧生态学

放牧生态学是研究放牧过程中的动物采食与植物（植被）相互作用的规律及机理的科学，它是草地生态学的重要研究领域，也是草地管理的主要理论基础。目前的放牧生态学研究集中于动物采食行为——食性选择，以及采食环境特征对采食行为的影响，特别是动物采食与植物特征之间的相互作用过程及功能效果。早期的放牧生态学研究特点是：注重草地动、植物界面的采食理论、动物采食效率及生态（生产）转化效率，也期望为确定草地最适放牧率提供理论依据（Hodgson & Illius, 1996），例如，提出动物采食等级的概念，对动物采食临界值法则等进行验证，确定草地放牧率（Bailey et al, 1996；Prache，2001）。而近年的研究则强调，草地动物采食与植被异质性的相互作用，以及放牧对生态过程及功能的调节，诸如探讨植物（植被）对动物采食的响应与适应，动物采食效率与植物多样性及空间分布的互作规律，动物采食对草地地下过程的调节作用（Veen et al, 2010）。总之，放牧生态学研究显示了较强的发展潜力与应用价值。

1. 植物耐牧性

对植物放牧耐受性认识源于对作物的观察，发现在草食动物采食破坏后植物仍具有维持较高产量的能力。已有研究主要是揭示与耐受性相关的植物生理、生态特征表达及相关基础(Stowe et al，2000)。放牧耐受性是植物—草食动物—环境三者之间交互作用下植物性状所表现出来的可塑性变化。然而，放牧耐受性并不仅仅是一种诱导性的植物反应(Fornoni，2011)。因为在草食动物采食前，植物的资源分配模式和其他生态相关特征可以为遭遇采食破坏后植物的恢复能力提供理论的解释和支持，植物的这一适应性特征同时受到遗传因子和环境因子的共同影响作用(Stevens et al，2008)。植物放牧耐受性所具有的生态和进化方面的意义逐渐成为了植物防御策略研究的热点。迄今已经建立了三个植物耐受性与资源相互关系模型：CCH(compensatory continuum hypothesis)预测，在高资源条件下，植物对于动物采食具有更大的补偿(超补偿)能力；GRH(growth rate hypothesis)认为，在相对胁迫、低资源生境条件下，植物放牧耐受性有更大的潜力；而LRM(limiting resource model)最大的进步是考虑到草食动物采食是否可能影响关键限制性资源的利用性。

最近，由于发现动物采食和不同资源(水分和营养)互作对植物耐受性的影响差异，LRM 模型得到改进(Gao et al，2007)。改进的耐受性模型揭示：第一，耐牧性密切联系于动物的采食强度(以往的研究没有考虑这一点)；第二，耐牧性依赖于植物内部和外部因素的共同作用，它们之间可能形成协同效应或拮抗效应。总体看来，低强度采食能刺激耐受性提高，无论处于何种资源水平；随采食强度提高，耐受程度下降，但这种限制既源于采食作用，也源于资源限制，而动物采食作用和不同资源(水分和营养)互作对耐受性影响差异较大。

自然界中植物是以多物种群落的形式生长，种内及种间关系极大影响植物的放牧耐受性，且环境中资源种类和分布具有多样化、异质性特征，因此，理论模型框架的提升与改进还有赖于“多资源—多物种”式实验研究的支撑，生物环境将对植物耐受性生态效应及其进化产生重要影响(Bagchi & Ritchie，2011)。

2. 动物采食与植被异质性

在草地上，动物通过采食影响植被变化，同时植被异质性以食物与环境两个方面的特性而作用于动物采食。描述动物采食与植被关系的采食理论是放牧生态学的最重要理论，包括经验法则、临界值法则与优化采食理论(Stephens & Krebs，1986；王德利，2004)。这些理论的发展显然受到制限：第一，这些理论描述的仅是采食作用或功能结果，由于对草地植被变化与动物采食过程还缺乏深刻认识，其作用结果不能得到充分的机制性解释；第二，草地植被变化存在着较大的时空变异性，动物采食行为及策略亦十分复杂，特别是动物可能依据环境采取适应性采食行为(Wang，et al，2010a)。

最近的受控与野外放牧实验研究表明，草地植物多样性变化对动物的采食行为产生显著作用。在天然草地与人工受控条件下的放牧实验揭示，植物多样性增加能够显著提高草食动物的营养物质(能量和蛋白质)摄入量，进而提高动物生产性能，即植物多样性与动物采食之间形成“渐近线”关系。从动物采食行为与营养角度能够分析产生这种“渐进性”关系的内在原因：较高的植物多样性是通过调节动物营养平衡、毒素稀释和口味调节作用实现提高草食动物采食量的内在机制。但是，群落中过高的植物多样性，由于降低动物食性选择能力，增加采食选择成本而导致对动物食量的限制，由此带来了植物多样性的干扰作用。这些实验研究证实了大型草食动物总是偏于采食多样化的食物，多样化食物有利于提高大型草食动物的采食量，改善其生产性能，提高其适合度（Wang et al，2010b）。这与植物多样性对小型草食动物采食不同。

此外，一些研究还揭示，在异质性的天然草地上，由于植物的不同空间分布格局而导致草食动物采取适应性采食行为。Wang 等（2010b，c）在多物种条件下开展了动物采食选择研究，发现由于多物种的存在（偏食与非偏食物种），特别是多物种之间形成的复杂空间邻居关系，可以导致草地植物群落对草食动物的采食产生联合防御作用；此外，非偏食物种的空间格局强烈地影响动物采食效果，即非偏食物种的随机分布显著降低动物采食效率；更为重要的发现是，在适应于变化植被的过程中，草食动物采取的有效采食策略是一种“复合采食策略”以应对植物分布变化（从“随机点取样采食”到“集中区域采食”）。这些发现对于探讨动物采食行为、植物群落稳定性及草地管理都将具有重要价值。

（二）草地碳库

碳库问题是目前任何生态系统研究的热点。但在陆地生态系统碳库研究中人们关注更多的是森林生态系统的碳源/汇功能（Dixon et al，1994；Fang et al，2001），而草地生态系统的碳库功能没有引起足够的重视。但近十几年来，草地碳库及碳汇功能已引起人们的高度关注。尽管以往对草地碳循环已经获得一定认识，但仍然需要进一步确定草地的碳储量、碳释放、碳源—碳汇关系，以及不同土地利用方式对碳库影响的趋向，进而为阐述草地对全球气候变化与人为活动的响应与适应。全球气候变化及其对草地的影响已经是确定的事实。目前在北美、欧洲、中国等典型的不同草地生态系统开展了较多的局域、区域，以及全球尺度的研究。这些研究主要反映了增温、降雨改变、氮沉降等对于草地生态系统结构与功能过程的作用效果及发展趋向，并且获得了一些重要研究结果。

1. 草地碳库/碳汇估算

已有研究表明，陆地生态系统可以积累大量的碳，并且有研究者指出北半球中高纬度地区的陆地生态系统存在一个较大的碳汇（Fan et al，1998），而这些中高纬度的地区正是草地（草原）集中分布区域，在我国也是如此。草地尤其是温带草地有着不同于其他生态系统的独特的生物地球化学过程，并在我国占据着特殊的生态地理位置（大部分位于生态过渡带上），对气候和环境变化反应十分敏感，这些都决定草地碳循环研究对于正确评估我国及全球陆地生态系统的源汇贡献。

研究显示，草地总体上仍然是活跃的碳汇（方精云等，2007），而且减排增汇潜力巨大。我国东部的草甸草原和青藏高原的高寒灌丛，在良好状态下都是碳汇（于贵瑞等，2006）。由于草地面积广阔，植物具有发达的地下根系和较大根茎比，因此草地具有巨大的地下土壤碳库，草地土壤储量占陆地有机质库的 28%～37%（Chou et al，2008）。但受草地本身及实验技术差异的影响，有关草原碳库（碳汇）估算的结果并不一致。例如，Frank 等（2000）连续三年用 Bowen 比例/能量平衡方法（BREB）测定了美国三个高草草原的固碳能力为 850～4560 kg C $hm^2 yr^{-1}$，而 Conant 等(2001)的估算是 0.58 Mg C $hm^2 yr^{-1}$；在澳大利亚，Conant 等(2001)测定的碳汇是 0.28 Mg C $hm^2 yr^{-1}$，而 Gifford 等早期的研究结果是 0.5～0.6 Mg C $hm^2 yr^{-1}$；欧洲草地的碳汇大小 0.33～0.52 Mg C $hm^2 yr^{-1}$（Vleeshouwers & Verghagen, 2002）。

方精云等(1996)根据草地资源调查资料以及地下和地上部分比例系数估算了我国草地总生物量和地下生物量；Ni(2002)用碳密度方法估算了我国草地碳储量及其空间分布，认为我国草地总碳储量为 44.09 Pg，占世界草地生态系统总碳储量的 6%～8%；Xie 等(2007)利用第二次全国土地普查和最近发表文章的 5 年数据研究了过去 20 世纪末 20 年间土壤 SOC 库及其变化，发现草地由于退化，SOC 流失 2.86 Pg。

方精云、朴世龙研究组利用土地资源清查数据、遥感数据，借助遥感、GIS 等新技术综合研究中国陆地碳汇/源的时空格局及其机制(方精云，2010)。结果表明，20 世纪 80 年代和 90 年代，中国陆地生态系统碳储量平均每年增加 0.19～0.26 PgC；中国陆地生态系统的碳汇大小相当于此间中国工业源 CO_2 总排放量的 28%～37%，显著地高于欧洲(7%～12%)，与美国相近(20%～40%)；中国陆地生态系统的碳汇主要与我国人工林的增加、区域气候变化、CO_2 浓度施肥促进植被生长以及植被恢复尤其是灌丛的恢复有关。最近，Piao 等(2009)利用草地资源清查资料、农业统计、气候等地面观测资料，以及卫星遥感数据估算 1982—1999 年间中国草地面积为 331×10^6 hm^2，总碳库 1.15 PgC，年均碳汇 7.0 ± 2.5 Tg C yr^{-1}。

此外，马文红(2006，2008)根据不同草地类型的平均碳密度，估算了内蒙古草地植被碳储量；安尼瓦尔·买买提(2006)研究了新疆天山山地草地碳含量；王根绪(2002)、王建林(2009)研究了青藏高原草地植被碳库。总体上看，我国不仅仅草地面积广阔，而且草地的类型多样，包括草甸草原、干草原、荒漠草原、高寒草甸、山地草原、灌丛草原等，由此导致草地的碳分布存在着很大的空间异质性，进而为准确地评估我国草地的碳库、碳汇增加了难度与挑战性。

目前已开展了较多草地碳库估算，而如果期望获得具有可比性的准确估算值，还需要对草地碳循环的关键过程(植物光合、呼吸过程，地下过程、采食过程等)进行连续观测，准确理解控制碳输入、输出平衡的机制；同时，也需要对各种类型草地开展大时空尺度的长期定位观测；还需要发展可靠性强的一致性草地碳库测定与计算方法。这是由于，草地碳库、碳汇估算的不确定性主要来源于：草地类型(植被与土壤)的较大时空变异性、地下土壤过程的不确定性(以往的研究多集中于地上部分，缺乏对地下土壤本身变化、植物与土壤生物互作的了解)，以及草地碳库估算的方法问题(以往的观测研究方法不一致)。

2. 草地碳库与气候变化及放牧影响

对于草地碳源—碳汇关系的影响主要包括两个因素：全球气候变化与人为活动干扰。迄今为止在国内外也获得了一些有价值的研究成果。在全球气候变化影响方面，研究了气温、CO_2 与氮沉降变化的效果。

气候变化通过改变地上、地下碳循环过程影响草地土壤对碳的吸收，其中温度和降雨的影响最大。中国科学院植物研究所的研究者在内蒙古草原的模拟增温、增雨、施氮大型实验研究表明：① 氮素添加显著提高生态系统总初级生产力，但不影响生态系统呼吸，从而使生态系统净碳吸收增加；② 增加降水与氮素添加都能提高生态系统总初级生产力、生态系统呼吸与净生态系统生产力，这说明未来降水与氮沉降增加的趋势会使我国北方典型草原的固碳能力增强(Niu et al，2010)；③ 夜间增温使两个优势物种的叶片呼吸增加，同时加剧了夜间叶片中的碳水化合物消耗量，进而使第二天的光合作用增强了，这种光合作用的过补偿机制使该生态系统在三个生长季(2006—2008 年)中从碳源转变为碳汇，表明光合作用的过补偿作用可能是陆地生态系统应对气候变化的一种重要的负反馈机制(Wan et al，2009；Niu et al，2010)。其他相关研究还表明，氮沉降能够增加土壤中的有效氮，刺激植物生长，提高生产力和土壤中有机碳的积累，影响草地生态系统碳源—碳汇状况。

研究者已注意到，草地利用方式对草地碳库(生产力)影响颇大。尽管这方面的研究成果相对较少，但却十分重要，因为草地利用方式是影响全球碳动态的重要驱动力量。

放牧是最广泛的草地利用方式，适度放牧与轮牧可以提高草地的固碳能力，而过度放牧不仅使植物的固定碳能力降低，且促进了土壤呼吸，加速了碳释放。在内蒙古草原地区，过度放牧使土壤表层(0～20cm)碳的净损失高达 12.4%(陈佐忠和汪诗平，2000)；李凌浩(1998)的研究发现，在过度放牧情况下，全球草地地上净生产力仅有 20%～50%的产量能够以凋落物和家畜粪便的形式进入土壤库中。近年在这一地区的研究还显示，放牧能够显著降低草地初级生产力，随放牧强度增加，初级生产力显著降低，并且其变异性显著增加(Bai et al，2007)。

草地开垦也是影响草地碳固定与释放的最重要因素之一。Guo 和 Gifford(2002)对 97 个研究结果进行 meta 分析的结果显示，耕地变成牧场后其土壤碳含量能提高近 30%，而草地转变成耕地后土壤碳库降低近 60%。郭然等(2008)以国内长期定位试验的数据为基础，评价了我国草地生态系统的固碳现状和潜力，发现通过减少畜牧承载量等方法能够恢复退化草地，草地土壤的有机碳库可以增加 4561.62 TgC，草场围栏、人工种草和退耕还草三种草地管理措施的固碳潜力分别是 12.01、1.46 和 25.59 Tg/a，总计 39.06 Tg/a。尽管草地开垦的问题在我国的某些地区比较严重，例如，在水热条件较好的草原地段，以及草地农牧交错区的一些地段，开垦草地、种植粮食的现象经常可见。草地开荒引起的“碳失汇”可能远比预想的严重，而对草地开垦引起的碳库、碳源—碳汇关系变化研究还十分欠缺。

此外，草地生态学家们不仅注重草地的放牧、开垦等不当利用方式对草地固碳能力降低或碳失汇的影响研究，也越来越多地强调，如何通过合理的利用方式提供草地的碳固定能力。Bruce 等(1999)提出，通过改善放牧管理、施肥、灌溉及引进高产牧草等措施，能够使北美草场吸收碳的能力提高 0.2 Mg C $hm^2 yr^{-1}$。Jones 与 Donnelly(2004)也总结了草地管理方式或策略对碳库的作用。显而易见，通过具体的草地管理措施，诸如调整载畜量(最适放牧率)、改善土壤条件(增加土壤动物数量、降低微生物分解)、提高植被特性(提高生产力、维持更多的多年生植物)等都可实现草地碳固定能力的提升目的。而在我国迫切需要加强这方面的对比研究，为基于草地的生产与生态功能协调提供可靠的理论支持。

（三）草地生态系统健康评价

草地生态系统的健康评价是草地生态学发展最快的分支之一。目前的研究集中于探讨草地生态系统健康的标准、维持、恢复与调控机制，建立和发展系统健康的监测体系与管理手段，进而为草地健康评价的理论体系及其方法论奠定基础。

1. 草地生态系统健康的概念

草地生态系统健康的思想萌芽于 20 世纪三四十年代。1982 年，加拿大多伦多大学环境研究所 Lee 的论文中首次出现"Ecosystem health"术语，草地生态系统的评价开始受到关注，草地生态系统健康的研究进入理论与方法论构建阶段（侯扶江，徐磊，2009）。Costanza 等（1992）提出用活力（vigor，V）、组织力（organization，O）和恢复力（resilience，R）组装生态系统健康指数，即 HI＝V・O・R，由此开创了生态系统健康评价指标综合化的先河。

进入 21 世纪，草地生态系统健康的研究开始了健康评价的实践阶段，并在评价实践中不断完善相关理论与方法论（侯扶江，徐磊，2009）。我国这方面的研究起步于 20 世纪 80 年代初期，主要是对草地生态系统开展综合效益评价（任继周，1988）。任继周和朱兴运（1995）曾阐述生态系统健康的 3 项特征，指出生态生产力是生态系统本身在保持其健康的状况下所表现的生产能力或生产水平，系统健康状况指保持生态系统本身特征的基本结构或不断完善、保持生态系统的基本功能或不断提高、生态系统所处的环境因素与生态系统保持稳定和谐的趋势。也有学者认为，放牧生态系统的健康从系统的角度是土壤、植被和动物 3 个子系统的健康，从植被的角度是群落、种群、个体等不同组织层次的生理生态过程的健康，从畜牧业生产的角度是植物生产和动物生产的质量和数量长期稳定或有所提高的状态，它是土—草—畜 3 个子系统在人类活动的调控下发生系统耦合、克服系统相悖的结果（侯扶江等，2002）。韩国栋等（2011）认为，草地健康是指草地生态系统中土地、植被、水和空气及其生态过程的可维持程度。草地的健康状态应该包含几个主要方面：土壤/土地稳定性，水文学功能，以及生物群落的完整性。那么草地生态系统管理的目的就是保证草地始终处于健康状态。

2. 草地生态系统健康的评价指标与方法

草地生态系统健康评价的关键是如何选择有效的评价指标，建立合适的评价方法。北美和澳大利亚等已经初步建立草地健康评价的指标体系。北美草地的评价指标有 17 类；澳大利亚的草地健康评价方法则采用景观功能的分析方法。归纳起来，草地生态系统健康的评价方法主要有：单因子罗列法，以环境、生物或社会等某一类因素的指标评价系统健康，各类指标之间虽然缺乏准确的定量关系，但是针对性强，若使用恰当，则简单、明确、快捷地指示系统健康；单因子复合法，单因子罗列法在多学科之间广泛使用，兼顾多个单项因子之间的有机联系，但是指标量化缺乏齐整性、容易重复评价；功能评价法，把生态系统的功能指标纳入评价体系，包括选择与计算单因子健康指数、确定各单因子权重、组装综合指数 3 个步骤，虽然是通过现象透视本质，但是，只有指示生态系统的最本质、对结构变化最敏感的功能，才能真实反应生态系统的结构健康；界面过程法或关键生态过程法，通过理解关键生态系统过程，整合生态系统的各类属性特征，以组分之间相互作用为依据，建立综合指标(侯扶江，徐磊，2009)。在我国，尽管这一问题已经受到高度重视，但是相关的研究工作并不多，只是近年来在内蒙古草地与黄土高原草地进行了有益尝试。

显而易见，建立有效的评价指标体系是草地生态系统健康评价必不可少的。由于草地生态系统的复杂性、时空变异性，以及评价方法的限制，草地健康评价的选取需要多种考虑，反复验证(单贵莲等，2008)。首先，应该基于草地生态系统本身的基本属性，特别是草地生态过程与功能的关键变量，其次是备选指标的有效性、敏感性与操作性(韩国栋等，2011)。同时，亦应注重草地健康评价指标的综合化，即满足以下 3 个方面：① 对环境胁迫敏感，② 预警草地退化的风险，③ 以及与草地的生态功能相联系(Whitford et al，1998)。任继周(2000)提出将草地基况(condition，C)与 Costanza 提出的 VOR 指标体系整合，从草地系统地境—植被界面提出健康评价的 CVOR 指标。侯扶江等(2004)用地境的关键指标和关键生态过程的重要参数建立草地健康评价的 CVOR 综合指数的测算模型，用于评价阿拉善草地，并认为生态系统健康依赖于管理水平，此外，王立新等(2008)建立了典型草原生态系统的 CVOR 综合指数，并验证了该指数对于内蒙古典型草原生态系统健康的可行性。总体上，CVOR 具备简单、准确、适用和综合的特点。

3. 草地生态系统健康状态

草地生态系统的健康状态是动态变化的。相对于健康状态，在受到高强度人为利用与自然因素胁迫，草地可能出现不同的退化状态。草地生态系统的退化可以看作是健康的丧失过程。我国以往的研究一般划分为 3～5 个退化阶段，李博(1997)将退化草地划分为：轻度、中度、重度与极度退化 4 个阶段；任继周(1997)把生态系统健康划分为：健康、警戒、不健康和崩溃 4 个状态。这些阶段是科学家对草地生态系统演替长期观测的结果。草地健康阶段的划分，多则复杂，少则失真，既要有客观性，符合草地演替规律；也要有主观性，便于日常管理。划分草地健康阶段的主观性还表现为历史局限性，一方面指人类对草地健康认识的历史阶段性，另一方面指人对草地功能的需求也是动态变化。现阶段，我国草地健康理论与方法在生产实践中的运用多局限于禁牧，追求草地资源自然属性的完整性，无视草地的社会属性和经济属性，危及到草原文化的传承和牧民的生计(任继周等，2010；韩念勇，2011)，具有鲜明的转型时期特征。过度放牧则是片面追求草地的经济属性和社会属性，对草地的自然属性重视不够，它与禁牧本质上异曲同工——伤害草原生态系统的健康。

在分析草地健康或退化状态变化时，生态学家们不仅仅关注草地状态的变化过程，更加强调草地健康的“阈值”问题。草地生态系统在特定的演替阶段对外界输入较为敏感，跃进到另外一个阶段，存在临界值(Hamilton，1998)。同时，生态系统内部各子系统之间的协同作用，也可以发生相变，存在阈限值(任继周，1997)。生态系统健康的阈值最初是指生态系统在外界干扰超出其承受能力时将崩溃(Schaeffer，1991)，显然这仅仅是崩溃阈值。生态系统健康的预警指标则是在时间尺度上划分生态系统健康的肇始。但是，关于草地健康阈值的研究今后仍然需要更多的工作。

(四)草地恢复生态学

恢复生态学(restoration ecology)是运用生态学的原理和方法使受损生态系统的结构和功能恢复到接近受干扰前的状态的一门科学,是近十几年生态学研究中比较活跃的领域之一(梁存柱等,2002)。恢复生态学是研究生态整合性的恢复和管理过程的科学,生态整合性包括生物多样性、生态过程和结构、区域及历史情况、可持续的社会实践等广泛的范围(Jackson et al, 1995)。目前由于超负荷地利用草地(过度放牧与频繁割草),导致草地出现大面积退化、沙化与盐碱化,使草地畜牧业的可持续发展能力,以及草地的生态环境稳定功能大大降低,而草地恢复生态学的研究有望提供逆转这一趋势的理论和方法。

我国对草地生态系统的定位研究及草地恢复生态学研究起步较晚。1962 年迄今,刘钟龄等在内蒙古典型草原开展了对草原植物群落组成与地上生物产量的定位测定,至今已取得连续 30 年的动态监测数据。这一研究开创了我国草地生态系统退化演替地位研究的先河,是迄今为止我国草地跨度时间最长的连续动态监测研究。研究表明,退化草地基本特征是初级生产力(地上与地下)的衰退、生物多样性组合变化、优势种的更替、个体小型化、根系分布浅层化以及由此引发的群落结构及土壤理化性质等改变,而退化草原的恢复则是一个逆向的过程(刘钟龄等,1998;王炜等,1996a, b;1999;2000a, b)。此后,一些学者相继也开展了该领域的研究工作,并取得了一些重要的研究成果(刘国彬,1997;乌仁曹等,2008)。

1. 草地生产力恢复

草地生产力是用来评价草地生态系统状况的最基本指标之一,也是草地功能体的直接体现,因此,研究退化草地生态系统恢复过程中的草地生产力有着重要的意义。它可以对现在的利用方式和草地恢复措施水平进行评价,进一步改善草地恢复管理,采取因地制宜的科学方法,亦可为采用何种放牧强度,实现草地可持续利用提供理论依据。

我国对草地恢复过程中生产力的变化研究起步较晚。20 世纪 90 年代以前,代表性的工作是刘钟龄等在锡林郭勒的大针茅+羊草草原定位研究。研究发现,在内蒙古典型草原带未退化群落与重度退化群落的现存量采用较大,退化群落恢复 8～10 年以后生产力已接近未退化群落。群落生产力变化从退化群落阶段的最大地上现存生物量提高到平均 250g/m^2,共经历过两次跃变,第一次初级生产力跃变是退化群落解除牧压后各植物种群利用群落中过剩资源迅速拓殖的结果,是种群的简单增长。第二次初级生产力跃变是羊草、大针茅等比较高大的植物成为优势种,使群落初级生产力发生了明显的跃升(王炜等,1996a;刘钟龄等,1998)。刘国彬(1997)也对黄土高原草地植被恢复过程中的植被生物量特征、动态进行了详尽的分析和系统的阐述。

近些年,对草地恢复过程中草地生产力的变化及与其相关因素的研究逐渐深入,诸如退化草地恢复过程中土壤氮素、水分对植被生物量的影响(高天明等,2009),退化草地恢复过程中草地产草量与载畜量的关系(乌仁曹等,2008)。这些研究充分揭示了退化草地恢复过程中草地生产力的变化及关键的影响因素,对退化草地恢复过程中草地生产力预测及管理提供了科学依据。

2. 草地恢复中的物种多样性

生物多样性是生物及其与环境形成的生态复合体以及与此相关的各种生态过程的总和。由于世界上的草地主要分布于干旱、半干旱地区，所以，生物多样性对于草地的生产力、稳定性维持都至关重要。

植物组成的变化是草原退化的明显标志，退化草原由于适口性较好的植物比例降低对草原生产性能的影响很大。退化草原的物种多样性取决于利用方式和强度，并受生境条件的制约。草原退化群落未达到重度退化以前，其物种丰富度与原生群落是比较一致的。但是群落优势种、亚优势种的种群数量却有显著变化。刘钟龄等的研究表明，退化群落中冷蒿成为主要优势种，糙隐子草为亚优势种，但在原生群落中它们是次要成分；此外，放牧扰动不易改变群落的基本组成，只是引起种群的数量消长（刘钟龄等，1998；王炜等，2000）。

国内其他一些研究者对退化草地恢复过程中生物多样性的变化规律，以及促进生物多样性变化的因素进行了相关研究。主要研究结果显示，退化草地恢复过程中，多样性对草地的生产力和系统功能存在正向的关系（臧岳铭等，2009），高的生物多样性更有利于退化草地的恢复（刘洪来等，2006；左小安等，2006）；由于土壤营养状况直接影响物种多样性，退化草地围封更能促进草地的多样性恢复（吕世海等，2008）。

3. 草地恢复或重建模式

草地恢复或重建模式是对退化草地生态系统实施“还原”的技术途径。以往所有对草地的恢复治理都是从草地退化的原因入手开始的。已有的研究清晰地表明，尽管草地退化既有自然成因（如土壤侵蚀、火烧等），也有人为活动（如过度放牧、草地开垦等）（王德利，杨利民，2004），但草地退化主要体现在两个方面：植被的退化，即植被生产力、物种多样性、群落结构的变化；土壤的退化，即土壤的物理性质与化学性质等特征发生了不利于植被生长的变化。对于草地恢复模式，已经研究出多种方式。如果从植被恢复的角度，采用“生物-生态”治理技术，通过实施草地种草可以尽快恢复沙化与盐碱化草地（张宝田，王德利，2009）；如果从土壤恢复角度，则可以实施物理技术（如沙压碱治理盐碱地）、物理化学技术（如施用电场脱硫废渣改变土壤理化性质恢复土壤），或者工程技术（如排水等）。近年来一些学者针对不同类型的草地，给出了具体的恢复方法模式（江立方等，2007；陈文业等，2008；蒋卫平，施建军，2009）。在国外，避免草地恢复的方法主要是通过降低草地的放牧率来实现的，对于重度退化的草地直接采取“围栏封育”是一种简单而有效的技术。

退化草地的治理和恢复方法，可按照恢复生态学的恢复（restoration）、重建（reconstruction）和改建（rehabilitation）三种进行。受损生态系统的恢复研究从20世纪70年代末就已开始（Cairns，1980），发展到今天仍有诸多争论，有待进一步的完善。对草地恢复生态而言，关于恢复的时间和进程，恢复的生态阈限和经济阈值等问题，存在着标准与判断不一致的问题；同时，退化草地的生态恢复不仅要重视草地生产力、物种多样性等的表观恢复，也要关注生态学过程与功能的恢复。退化草地的恢复应遵循生态系统的非加和原理，并结合“3R”工程，因地制宜，使退化的草地生态系统得到恢复。

三、草地生态系统研究展望

总体上看，近 5 年来我国的草地生态学研究取得了长足进展。这些研究成果的获得得益于以下 3 个方面。

(1)生态学者愈加浓厚的科学兴趣。科学兴趣是产生更多科学发现，以及不断完善学科知识体系的重要前提。我国的生态学研究者提出的草地生态学科学问题已经独具特色，某些方面体现了前瞻性；其研究方法也更加成熟，多为长期实验与多尺度的控制实验。

(2)我国设立了较多的各类有关草地的基础与应用科研项目。尤其是，由于研究对象的特殊性，即草地在我国面积分布最广，是北方重要的生态屏障，以及我国主要的畜牧业生产基地，因此，对于草地生态系统的研究将会更加关注，有关基础性与应用性的研究基金的投入也会越来越多。

(3)我国的草地生态学者已经与诸多国际同行开展了愈加频繁的学术交流与科研合作，欧亚大陆草原是世界上面积最大的草原，国际同行期望开展更多与北美、非洲、南美、澳洲、欧洲草地的对比研究，而任何一个全球性的草地研究计划，如果没有体现中国的草地研究问题及成果，都会显得不完整。

可以预见，今后我国草地生态系统的探讨将在以往的研究积淀之上有进一步拓展，具体反映在如下方面。

1. 发展生态学的新概念与新理论

草地是自然界中具有代表性或普遍性的生态系统，因而，能够在草地生态系统中验证、发展生态学的新概念与新理论。例如，“适应性采食行为”概念(Schmitz et al, 2008)表征了草食动物对生态系统环境的响应与适应策略，对于解释复杂生态系统食物网的调节作用可能有突出意义，但是这一概念目前只是在理论上的认识，需要通过更多的实验丰富其内涵；再者，“近中性理论”是我国生态学者对群落物种共存理论的重要发展(Zhou & Zhang 2008; Lin et al, 2009)，而该理论建立的模型及预测的结果需要在各类生态系统进行验证，在草地生态系统的工作可能会获得直接而有效的实验支持。当然草地生态学家们还需要发展更多的生态学概念与理论。

2. 探讨草地生态系统的稳定机制

生态系统的稳定性(生态稳定性)始终是生态学研究的核心问题之一。对于任何生态系统来说，人们期望能够维持其生态稳定性，进而发挥正常的生态系统功能。今后有关生态稳定性的研究，一方面是继续对稳定性机制的探讨，另一方面是对稳定性与其他生态系统属性关系的研究。

我国学者研究通过多种实验(长期观测、大尺度与控制)相结合，已经发现了草地生态系统的稳态机制，即草地植物化学计量内稳态是生态系统结构、功能与稳定性的重要指示，它与物种优势度、群落生产力与稳定性密切相关；草地群落中优势物种的化学计量内稳态决定群落或生态系统的性质(Yu et al, 2011)。这是对草地生态系统稳定性认识的重要突破。

今后的研究，还需要拓宽对草地稳定性的认识尺度，考虑更多的影响或作用因素。例如，以往对于生态稳定性以及稳定性与其他生态系统属性（多样性、生产力等）的研究中，几乎都是源于单一营养级（特别是植物营养级）的研究结果，基于一个营养级的研究结果是否能够推演到整个生态系统还需要考察，因此还需要关注草地多营养的系统稳定性问题。此外，草地的重要而典型的被管理生态系统，草食动物的放牧作用，以及其他草地管理措施不可忽视，放牧对草地稳定性及系统属性的作用趋向及机制问题也是十分重要的，对这些问题的回答既体现其理论价值，也具有草地管理的实践意义。

3. 开展草地生态系统管理的理论基础及技术

对于草地生态系统的概念与理论研究十分重要。然而，由于研究对象——草地的特殊性，使之赋予更多的应用价值。事实上，针对草地开展的生态系统服务功能与健康评价、草地放牧生态、草地碳库、退化草地恢复等问题的研究，都毫无例外地为草地管理（生态系统管理）提供可靠而坚实的支撑。对于草地生态系统健康评价，我国开展的研究仍需要扩展，例如，应该建立广泛认同、并且能够实际操作的指标评价体系与评价方法，尤其是对草地生态系统健康的临界状态——阈值的确定也是其中的关键问题之一。在我国已经发展了退化、盐碱化、沙化草地的不同生态技术，今后还需要发展维持草地碳库、实现草地增汇的草地管理技术。草地生态系统管理的发展趋向是“适应性管理”，由于所有的草地都具有多功能性（Fernaldo et al, 2012），因此，如何实施可操作性的适应性管理，使草地的多功能性进行有效的发挥是生态学家们的艰巨任务！

参考文献

[1] Bagchi S, Ritchie M E. Herbivory and plant tolerance: experimental tests of alternative hypotheses involving non-substitutable resources[J]. Oikos, 2011, 120: 119-127.

[2] Bai Y, Wu J, Pan Q, et al. Positive linear relationship between productivity and diversity: evidence from the Eurasian Steppe[J]. Journal of Applied Ecology, 2007, 44: 1023-1034.

[3] Bailey D W, Gross J E, Laca E A, et al. Mechanisms that result in large herbivore grazing distribution patterns[J]. Journal of Range Management, 1996, 49: 386-400.

[4] Bruce J P, Frome M, Haites E, et al. Carbon sequestration in soils[J]. Journal of Soil and Water Conservation, 1999, 54(1): 382-389.

[5] Chou W W, Silver W L, Jackson R D, et al. The sensitivity of annual grassland carbon cycling to the quantity and timing of rainfall[J]. Global Change Biology, 2008, 14: 1382-1394.

[6] Conant R T, Paustian K, Elliott E T. Grassland management and conversion into grassland: Effects on soil carbon[J]. Ecological Applications, 2001, 11: 343-355.

[7] Costanza R, Daly H E, Natural capital and sustainable development[J]. Conservation Biology, 1992, 6: 37-46.

[8] Dixon R K, Brown S, Houghton R A, et al. Carbon pools and flux of global forest ecosystems[J]. Science, 1994, 263: 185-190.

[9] Fan S, Gloor M, Mahlman J, et al. A large terrestrial carbon sink in North America implied by

atmospheric and oceanic carbon dioxide data and models[J]. Science, 1998,282:442－446.

[10] Fang J Y, Chen A P, Peng C H, et al. Changes in forest biomass carbon storage in China between 1949 and 1998[J]. Science, 2001,292:2320－2322.

[11] Fernando T M, Jose L Q, Nicholas J G, et al. Plant species richness and ecosystem multifunctionality in global drylands[J]. Science, 2012,335:214－218.

[12] Fornoni J. Ecological and evolutionary implications of plant tolerance to herbivory[J]. Functional Ecology, 2011,25:399－407.

[13] Frank A B. Carbon dioxide fluxes over a grazed prairie and seeded pasture in the northern Great Plains[J]. Environmental Pollution, 2002,116(3):397－403.

[14] Gao Ying, Wang Deli, Ba Lei, et al. Interactions between herbivory and resource availability on grazing tolerance of *Leymus chinensis*[J]. Environmental and Experimental Botany, 2008,63:113－122.

[15] Gifford R M. Implications of the globally increasing atmospheric CO_2 concentration and temperature for the Australian terrestrial carbon budget: Integration using a simple－model[J]. Australian Journal of Botany, 1992,40(5):527－543.

[16] Guo L B, Gifford R M. Soil carbon stocks and land use change: a meta analysis[J]. Global Change Biology, 2002,8(4):345－360.

[17] Hamilton E W, Giovannini M S, Moses S A, et al. Biomass and mineral element responses of a Serengeti short－grass species to nitrogen supply and defoliation: compensation requires a critical [J]. Oecologia, 1998,116(3):407－418.

[18] Hodgson J, Illius A W. The Ecology and Management of Grazing Systems[C]. CAB International, Wallingford, 1996.

[19] Jackson L, Lopoukhine N, Hillyard D. Ecological restoration: a definition and comments[J]. Restoration Ecology, 1995,3:71－75.

[20] Jones M B, Donnelly A. Carbon sequestration in temperate grassland ecosystems and the influence of management, climate and elevated CO_2[J]. New Phytologist, 2004,164(3):423－439.

[21] Lee B J. An ecological comparison of the McHarg method with other planning initiatives in the Great Lakes Basin[J]. Landscape and Planning, 1982,9(2):147－169.

[22] Lin K, Zhang D Y, He F. Demographic trade－offs in a neutral model explains death rate－abundance rank relationship[J]. Ecology, 2009,90:31－38.

[23] Ni J. Carbon storage in grasslands of China[J]. Journal of Arid Environments, 2002,50:205－218.

[24] Niu S L, Wu M Y, Han Y, et al. Nitrogen effects on net ecosystem carbon exchange in a temperate steppe. Global Change Biology, 2010,16(1):144－155.

[25] Piao S, Fang J, Ciais P, et al. The carbon balance of terrestrial ecosystems in China[J]. Nature, 2009,458:1009－1013.

[26] Prache S, Peyraud J L. Foraging behaviour and intake in temperate cultivated grasslands[C]. Proceedings of XXI International Grassland Congress, 1996,309－319.

[27] Schaeffer D J. A toxicological perspective on ecosystem characteristics to track sustainable development. VIII. Ecosystem health[J]. Ecotoxicology and Environmental Safety, 1991,22(2):225－239.

[28] Schmitz O J, Grabowski J H, Peckarsky B L. From individuals to ecosystem function: toward an integration of evolutionary and ecosystem ecology[J]. Ecology, 2008,89:2436－2445.

[29] Stephens D W, Krebs J R. Foraging Theory[M]. Princeton: Princeton University Press, 1986.

[30] Stowe K A, Marquis R J, Hochwender C G, et al. The evolutionary ecology of tolerance to consumer

damage[J]. Annual Review of Ecology, Evolution and Systematics, 2000, 31:565－595.

[31] Vleeshouwers L M, Verhagen A. Carbon emission and sequestration by agricultural land use: a model study for Europe[J]. Global Change Biology, 2002, 8(6):519－530.

[32] Wan S Q, Xia J Y, Liu W, et al. Photosynthetic overcompensation under nocturnal warming enhances grassland carbon sequestration[J]. Ecology, 2009,90(10):2700－2710.

[33] Wang Ling, Wang Deli, Bai Yuguang, et al. Spatial distributions of multiple plant species affect herbivore foraging selectivity[J]. Oikos, 2010a, 119:401－408.

[34] Wang Ling, Wang Deli, Bai Yuguang, et al. Spatially complex neighboring relationships among grassland plant species as an effective mechanism of defense against herbivory[J]. Oecologia, 2010c, 164:193－200.

[35] Wang Ling, Wang Deli, He Zhengbiao, et al. Mechanisms linking plant species richness to foraging of a large herbivore[J]. Journal of Applied Ecology, 2010b, 47:868－875.

[36] Wang Ling, Wang Deli, Liu Jushan, et al. Diet selection variation of a large herbivore in a feeding experiment with increasing species numbers and different plant functional group combinations[J]. Acta Oecologica, 2011, 37:263－268.

[37] Whitford W G, de Soyza A G, van Zee J W, et al. Vegetation, soil and animal indicators of rangeland health[J]. Environmental Monitoring and Assessment, 1998, 51:179－200.

[38] Xie Z, Zhu J, Liu G, et al. Soil organic carbon stocks in China and changes from 1980s to 2000s [J]. Global Change Biology, 2007, 13:1989－2007.

[39] Yu Q, Chen Q, Elser J J, et al. Linking stoichiometric homoeostasis with ecosystem structure, functioning and stability[J]. Ecology Letters, 2010,13:1390－1399.

[40] Zhou S R, Zhang D Y. A nearly neutral model of biodiversity[J]. Ecology, 2008, 89:248－258.

[41] 安尼瓦尔·买买提，杨元合，郭兆迪，等．新疆天山中段巴音布鲁克高山草地碳含量[J]. 植物生态学报，2006,30(4):545－552.

[42] 陈文业，郑华平，戚登臣，等．黄河首曲沙化草地恢复重建模式研究[J]. 草业科学，2008,25(6):14－18.

[43] 陈佐忠，汪诗平．中国大型草原生态系统[M]. 北京：科学出版社，2000.

[44] 单贵莲，徐柱，宁发．草地生态系统健康评价的研究进展与发展趋势[J]. 中国草地学报，2008，30(2):98－115.

[45] 方精云，郭兆迪，朴世龙，等．1981—2000 年中国陆地植被碳汇的估算[J]. 中国科学(D 辑)，2007，37(6):804－812.

[46] 方精云，刘国华，徐嵩龄．中国陆地生态系统的碳库[M]. 北京：环境科学出版社，1996:391－397.

[47] 方精云，杨元合，马文红，等．中国草地生态系统碳库及其变化[J]. 中国科学(C 辑)，2010,40:556－576.

[48] 高天明，张瑞强，刘昭，等．灌溉对退化草地的恢复作用[J]. 节水灌溉，2009,9:26－28.

[49] 韩国栋，赵萌莉，红梅，等．草地生态系统健康与服务及适应性管理[M]. 北京：高等教育出版社，2011:217－243.

[50] 韩念勇．草原的逻辑[M]. 北京：北京科学技术出版社，2011.

[51] 洪绂曾．中国草业史[M]. 北京：中国农业出版社，2011.

[52] 侯扶江，李广，常生华．放牧草地健康管理的生理指标[J]. 应用生态学报，2002,13(8):1049－1053.

[53] 侯扶江，徐磊．生态系统健康的研究历史与现状[J]. 草业学报，2009,18(6):210－225.

[54] 侯扶江，于应文，傅华，等．阿拉善草地健康评价的 CVOR 指数[J]. 草业学报，2004,13(4):117－126.

[55] 江立方，陈生会，白从义，等．草地退化后陕北农牧交错带生态系统重建模式的研究[J]. 家畜生态学报，2007,28(4):87－100.

[56] 蒋卫平，施建军．人工草地在“黑土型”退化草地恢复中的作用及其研究现状[J]．青海畜牧兽医杂志，2009,39(3):38－39.

[57] 李博．中国北方草地退化及其防治对策[J]．中国农业科学，1997,30(6):1－9.

[58] 李凌浩．土地利用变化对草原生态系统土壤碳贮量的影响[J]．植物生态学报，1998,22(4):300－303.

[59] 梁存柱，祝廷成，王德利，等．21世纪初我国草地生态学研究展望[J]．应用生态学报，2002,13(6):743－746.

[60] 刘国彬，梁民．黄土高原草地植被恢复与土壤抗冲性形成过程:I草地植被恢复生物量特征[J]．水土保持研究，1997,4(5):102－121.

[61] 刘洪来，朱进忠，靳瑰丽，等．伊犁绢蒿荒漠不同退化阶段草地植物多样性分析[J]．新疆农业科学，2006,44(5):632－636.

[62] 吕世海，冯长松，高吉喜，等．呼伦贝尔沙化草地围封效应及生物多样性变化研究[J]．草地学报，2008,16(5):442－447.

[63] 马文红，韩梅，林鑫，等．内蒙古温带草地植被的碳储量[J]．干旱区资源与环境，2006,20(3):192－195.

[64] 马文红，杨元合，贺金生，等．内蒙古温带草地生物量及其与环境因子的关系[J]．中国科学(C辑)，2008,38(1):84－92.

[65] 任继周，侯扶江，胥刚．草原文化的保持与传承[J]．草业科学，2010,27(12):5－10.

[66] 任继周，南志标，郝敦元．草业系统中的界面论[J]．草业学报，2000,9(1):1－8.

[67] 任继周，朱兴运．农业生态生产力及其生产潜势——兼论“有动物农业”的重要意义[J]．草业学报，1995,4(2):1－5.

[68] 任继周．草地资源的属性、结构与健康评价[M]// 王培，中国草地科学进展．北京:中国农业大学出版社，1997:3－7.

[69] 任继周.草原资源的草业评价指标体系刍议[M]//农牧渔业部经济政策研究中心.中国畜牧业发展战略研究.北京:中国展望出版社，1998，242－261.

[70] 王德利，杨利民．草地生态与管理利用[M]．北京:化学工业出版社，2004.

[71] 王德利．植物与草食动物之间的协同适应及进化[J]．生态学报，2004,24(11):2641－2648.

[72] 王根绪，程国栋，沈永平．青藏高原草地土壤有机碳库及其全球意义[J]．冰川冻土，2002,24(6):693－700.

[73] 王建林，常天军，李鹏，等．西藏草地生态系统植被碳贮量及其空间分布格局[J]．生态学报，2009,29(2):931－938.

[74] 王立新，刘钟龄，刘华民，等．内蒙古典型草原生态系统健康评价[J]．生态学报，2008,28(2):544－550.

[75] 王炜，梁存柱，刘钟龄，等．草原群落退化与恢复演替中的植物个体行为分析[J]．植物生态学报，2000a，24(3):268－274.

[76] 王炜，梁存柱，刘钟龄，等．内蒙古草原退化群落恢复演替研究:Ⅳ．恢复演替过程中植物种群动态分析[J]．干旱区资源与环境，1999,13(4):44－53.

[77] 王炜，梁存柱，刘钟龄，等．羊草＋大针茅草原群落退化演替机理的研究[J]．植物生态学报，2000b，24(4):468－472.

[78] 王炜，刘钟龄，郝敦元，等．内蒙古草原退化群落恢复演替的研究:Ⅰ．退化草原的基本特征与恢复演替动力[J]．植物生态学报，1996a，20(5):449－459.

[79] 王炜，刘钟龄，郝敦元，等．内蒙古草原退化群落恢复演替的研究:Ⅱ．恢复演替时间进程的分析[J]．植物生态学报，1996b，20(5):460－471.

[80] 乌仁曹，布仁吉雅，斯琴毕力格，等．鄂托克前旗退化草地恢复过程中的主要草地型产草量及载畜

量的变化[J]. 内蒙古草业，2008，20(2)：47－49.

[81] 于贵瑞，伏玉玲，孙晓敏，等. 中国陆地生态系统通量观测研究网络(Chinaflux)的研究进展及其发展思路[J]. 中国科学(D辑)，2006，36(增刊I)：1－21.

[82] 臧岳铭，朱志红，李英年，等. 高寒矮蒿草草甸物种多样性与功能多样性对初级生产力的影响[J]. 生态学杂志，2009，28(6)：999－1005.

[83] 张宝田，王德利. 移栽羊草改良松嫩平原碱斑方法的研究[J]. 东北师大学报，2009，41(3)：97－100.

[84] 赵吉，杨劼，邵玉琴. 退化草原土壤健康的微生物学量化评价[J]. 农业环境科学学报，2007，26(6)：2090－2094.

[85] 中国科学院生态与环境领域战略研究组. 中国至2050年生态与环境科技发展路线图[M]. 北京：科学出版社，2009.

[86] 左小安，赵学勇，赵哈林，等. 科尔沁沙地草地退化过程中的物种组成及功能多样性变化特征[J]. 水土保持学报，2006，20(1)：181－185.

撰稿人：王德利　侯扶江　梁存柱　祝廷成

农业生态系统研究

一、引言

现代农业生态学发展的核心是开展农业生态系统研究,并以农业生态系统为切入点来建设生态农业。随着我国社会经济的发展,与农业相关的资源与生态环境事件频繁发生,农业的生态服务功能越来越受到公众与政府的关注。全球变化和极端天气事件对农业的影响威胁着粮食安全,低碳经济和循环经济大潮深刻影响到农业的发展轨迹。食品安全与生态安全呼唤生态农业的发展。农业生态系统研究在近年得到了长足发展。在这里我们先介绍国内农业生态系统的主要研究进展,并通过国内外研究进展的比较分析,了解我国有关研究的特点、优势以及问题与挑战。在此基础上,对我国农业生态学的未来发展进行了讨论。

农业生态系统研究的焦点一方面集中在以系统能物流为基础的循环农业和低碳农业研究方面,另一方面也很重视农业生物多样性的利用和全球变化与农业生物的相互影响。在实践方面,农业可持续发展涉及生态农业、有机农业等不同形式。这些农业形式需要在不同组织水平上进行结构调整和功能控制。这就涉及农业模式与农业技术体系的调整。由于农业生态环境和经济效益的外部性,农业可持续发展又十分依赖政策法规对人们行为的规范和对利益关系的调整。以下将分别介绍这些方向在近年来的主要研究进展。

二、农业生态系统研究的最新进展

现代农业生态学引入中国已经有 30 年了,有关农业生态系统结构功能的基础研究方兴未艾。中国社会经济发展快,生态环境压力巨大,在人均耕地少、农业资源紧缺、社会需求大、农产品安全敏感度高的挑战下,农业生态系统的应用研究也有长足的发展。在很多方面不仅是紧跟国际研究前沿,而且在一些研究领域已经起到引领作用。

(一) 生态农业研究

生态农业是中国发展可持续农业的必由之路。目前中国国内由农业部牵头广泛推广的中国生态农业模式有北方“四位一体”生态模式及配套技术、南方“猪-沼-果”生态模式及配套技术、平原农林牧复合生态模式及配套技术、草地生态恢复与持续利用模式及配套技术、生态种植模式、生态畜牧业生产模式及配套技术、生态渔业模式及配套技术、丘陵山区小流域综合治理利用型生态农业模式及配套技术、设施生态农业模式及配套技术、观光生态农业模式及配套技术等“十大模式与技术”。骆世明(2009)按照生物组织层次把生态农业基本模式分为 5 类:即以农业土地利用布局为核心的景观模式,以农业生态系统组分能物流连结为核心的循环模式,以生物种群结构安排为核心的立体模式,以食物链关系设计为核心的食物链模式和以动植物品种选择为核心的物种与品种搭配模式。不同层次之间的模式是可以相互套叠的。

近年来，各种生态农业模式研究取得不少结果。李克敌（2008）研究广西恭城县黄岭村“猪＋沼＋果＋灯＋鱼”五位一体的生态农业模式表明，该模式能显著提高资源利用率和农业生态系统的综合效益，有效解决南方传统农业经济效益不高、生活能源燃料缺乏等问题。郭俊炜（2010）研究了以家庭为基本单元的“草-畜-沼-果”结构。该模式有效解决了饲草、有机肥料、生活能源等问题，减少了肥料、农药的使用量，提高了果品产量和绿色果率，有效防止了环境污染。扬州大学刘世平等（2009）通过对不同耕作方式的连续定位试验，研究稻麦两熟制下的免耕、轮耕及秸秆还田对农田土壤环境和稻麦生产力的关系，结果表明，在砂壤土上稻麦两熟连续免耕不会明显影响下季作物根系的生长。免耕处理的土壤呼吸速率下降幅度较大；连续免耕和翻耕秸秆直接还田经过 7 年后，土壤性状得到改善，稻麦两季平均增加幅度为土壤有机质 3.2%～13.9%、全 N 9.8%～26.8%、碱解 N 12.1%～26.9%、速效 K1.3%～23.9%。乐美旺等（2009）研究马铃薯覆盖轻简化与传统栽培表明，覆盖处理植株主茎数减少；单薯重量增加，较对照提高幅度为 1.7%～41.7%；覆盖处理增产效果显著，其中板田摆种稻草覆盖、板田摆种玉米秸秆覆盖和翻耕摆种稻草覆盖的产量较对照分别增产 25.7%、32.3%、23.5%，综合效益明显。

在西北半干旱地区，集水技术取得了很大进展，形成了以集水为核心的低成本旱作农业技术体系，为发展中国家和地区提供了技术典范（Liu et al，2009）。压砂技术是我国西北半干旱偏旱地区农民千百年来逐步形成的传统耕作模式。通过改进的覆砂模式和围绕砂＋膜覆盖等方式的研究表明，这些方式有利于改进和提高压砂农田的生产能力和可持续性。研究表明 2～6cm 大小沙砾在总体覆砂材料中少于 30%时，对土壤固持水分和保温最有利（Xie et al，2010）。

我国东北地区土壤退化问题比较突出，目前中度和重度退化土地为 31.4%和 7.9%，年侵蚀土壤厚度为 1.24～2.41mm，如何发展保护性耕作是东北地区生态农业的重点（Liu et al，2010）。在东北地区农业用地边缘造林能够提高土壤碳氮库，对维持农田养分平衡具有重要作用，但是短年限的农田边缘造林对于表层土壤碳氮没有增加作用，进行土地利用长期规划有利于农田-林地互惠格局的形成（Mao et al，2010）。

针对现代农业存在的问题，发达国家一直都在进行替代农业的探讨。自 20 世纪八九十年代开始，欧洲、北美就广泛开展了有机农业的长期定位实验研究，陆续在 *Nature*、*Science*、*Journal of Applied Ecology*、*Agriculture Ecosystem & Environemnt*、*Frontiers in Ecology and the Environemnt* 等重要期刊报道有机农业对生物多样性和农业环境的效应（Kleijn et al，2001；Reganold et al，2001；Mäder et al，2002；Lundkvist et al，2008；Letourneau et al，2008；Norton et al，2009；Taylor et al，2009；Gabriel et al，2009；Smukler et al，2010；Darnhofer et al，2010）。为了研究农业生态系统的能物流关系，新近发展起来的 ECOPATH 模型为生态农业结构和功能研究提供了有用的手段。ECOPATH 模型基于氮流建成，把农业生态系统中常见的 19 个特征因子通过因子分析方法简化成 4 个基本因子：生产效率、多样性、成熟度和水产综合性。Phong 等（2010）利用 ECOPATH 模型对越南湄公河河口地带 3 种农业-水产业综合生态农业体系进行了研究，取得了很好的效果。

（二）农业生物多样性利用研究

2010 年 9 月 9—10 日，农业生物多样性保护与可持续利用国际研讨会在北京召开，与会者一致认为，农业生物多样性是生物多样性的重要组成部分，与人类生存密切相关，保护农业生物多样性将对维护生态平衡、保障粮食安全、促进人类社会可持续发展做出贡献。全世界共有 1200 个栽培种，中国约有 600 个，其中 289 个被认为起源于中国或在中国已栽培超过 2000 年，农业生物多样性保护与利用在中国及世界农业可持续发展中发挥了重要的作用。李华锋(2010)提出完善农业生物多样性保护法律法规，建立非原生环境保护动态监测体系统筹规划，加大种质资源的收集与利用力度，增强宣传培训力度等保护我国农业生物多样性的对策。

当前间作、混作与套种等仍是农业生物多样性利用中研究最多的模式。云南农业大学朱有勇教授领导的团队进行了持续的研究，在“十五”期间他主持了国家重大基础研究项目“利用生物多样性防治病虫害和保护作物种质资源”。在项目执行过程中，有关人员研究和推广了大量的农田间套作模式，例如水稻不同品种间种模式，玉米马铃薯套作模式，甘蔗大豆间作模式，甘蔗玉米间作模式，小麦与蚕豆间作模式，玉米与魔芋间作模式，不同抗性小麦品种混作模式等。研究揭示了间套作防治病虫害的机理，其中涉及物理间隔与小气候变化，作物的营养状况与抗性关系变化，种植季节调整与病虫害关系，作物与昆虫的化学吸引与排斥关系等(朱有勇，2007；李正跃等，2009)。李向东(2010)研究表明，麦棉套种循环模式可充分利用时间、空间和热资源，提高复种指数，发挥小麦、棉花两种作物的边行优势，可以实现一年三熟、四熟甚至六熟，实现低投入、高收益、少污染。蔡国芬(2010)在贵州荔波县开展夏秋番茄套种秋四季豆研究，在番茄生长后期套种秋四季豆后比只种一季夏秋番茄新增纯收入 10500 元/hm^2。陈鑫伟(2010)按 2∶6 比例进行大豆与高粱间作套种，比单纯种植大豆可增加收入 12337 元/hm^2。赵光磊(2010)研究发现杏、棉间作的棉花产量因品种而异。杏与棉间作有利于减少棉花上盲蝽和叶螨发生。棉田天敌瓢虫和食虫蝽受到间作和棉蚜发生量的双重影响，间作还有利于蜘蛛数量的增加。中国农业大学李隆团队研究了间作条件下作物根系相互作用及其对作物营养的影响，揭示了玉米蚕豆间作促进玉米对磷的吸收机制是由于蚕豆根系释放的有机酸活化了土壤中的磷(Li et al, 2007)，该团队的研究还揭示了玉米与蚕豆及其他豆科作物之间对微量金属元素吸收的相互关系，对蚕豆根瘤菌结瘤数量和固氮数量的互相关系等。

稻鸭(鱼)、稻萍共育是目前稻田生态系统研究较多的一种生态农业模式。稻鸭研究方面，徐国忠(2009)等研究稻萍鸭生态系统的主要生态效应为：①抑制稻田杂草的发生和危害；②压低害虫基数，减轻害虫发生和危害，其对稻飞虱、叶蝉的控制效果优良，对螟虫、纵卷叶螟控制效果较好；③控制水稻病害，尤其是水稻纹枯病得到有效控制；④改良土壤；⑤由于鸭的活动刺激了水稻生长；熊国远(2010)探讨稻鸭共生和紫云英轮作，结果表明稻鸭共生和紫云英轮作能使水稻生长更好，水稻产量更高，还解决了大面积稻鸭共生地区养鸭带来的恶臭和水系污染问题。汪金平等(2009)研究稻鸭共育系统稻田水体藻类动态变化规律，随着水稻发育藻类优势种单位生物量增加，在放鸭后 15 天左右藻类密度及生物量显著下降,之后开始上升。与常规对照相比,稻鸭共育藻类密度及生物量较低。放鸭对稻田水体生态系统的影响主要体现在放鸭 45 天以后,表现为水体全磷增加,全氮减少,藻类多样性下降,优势种发生变化。稻鱼研究方面,谢坚等(2009)研究表明稻鱼处理比水稻单独种植的稻飞虱虫口密度下降了 24.6%~37.1%,但均显著高于施用农药的常规种稻处理;稻纵卷叶螟幼虫和蛹的数量没有显著性差异;杂草生物量减少近 90%;水稻产量比种稻处理水稻产量增加了 12.5%。当稻鱼共生系统水深达到 10cm 时就能开展稻田养鱼,田鱼生长早期不受影响,水深 25 cm 时,水稻产量不会受到明显影响(杨星星,2010)。刘某承(2010)综合计算了青田县稻鱼共生系统的效益,结果表明,稻鱼共生系统的净收入比常规稻作系统高 2184 元/hm^2,稻鱼共生系统的生态系统服务价值比常规稻作系统高 7447 元/hm^2,综合价值高 9631 元/hm^2,投入产出比和投资利润率均优于常规稻作系统。李成芳(2009)等人研究稻鱼、稻鸭系统的营养元素动态,发现稻鸭共作可显著提高稻田土壤、田面水全氮含量以及土壤、田面水 NH_4^+ 含量和水稻含氮量,主要是由于鸭活动的搅拌作用和鸭粪便的施肥效应;共作还能显著提高田面水总磷和溶解磷浓度,促进水稻植株对磷的吸收;鸭、鱼的活动促进土壤养分的活化,提高了土壤有效养分的含量,可降低化肥的施用量,进而降低化肥损失造成的环境危害。李成芳(2008)研究发现,与水稻单作体系相比,稻鱼、稻鸭系统均降低了 NH_3 的挥发和 NO_3^- 的淋溶,稻鸭系统可增加 NO_2 的挥发,而稻鱼系统则降低了 NO_2 的挥发,总体上两种共作模式降低了系统中总氮的流失。

在西北地区,基于农业生物多样性原理的草田带状间轮作制度是减缓黄土高原土壤退化、保护生态环境和提高农民收入的重要措施。贾宇等(2007)研究紫花苜蓿与粮食作物轮作的养分消耗过程,表明采用垄沟集雨技术建成的紫花苜蓿种植方式显著提高了紫花苜蓿的干草生产力,提出了生态效益较好的轮作周期和轮作模式。在东北地区,农业生物多样性的应用体现在作物栽培品种上,20 世纪在东北地区 600 个大豆的品种被开发和应用,其主要目标是提高种子产量和含油量,从 1950 年到 2006 年,大豆种子产量与年新品种推出成正相关,每株种子数量是主要的增产贡献因素;与老品种相比,新品种具有高的光合作用能力和植株抗逆性(Jin et al, 2007)。在福建东南沿海地区,以林文雄教授为首的研究团队,运用分子生态学原理与技术,比较系统深入地研究了农田生态系统生物多样性对系统功能的影响及其作用机制,并从宏基因组学和蛋白组水平上研究了不同作物种植结构配置对土壤微生物多样性的影响,从而提出作物连作障碍的发生与其作物结构单一引发的根际微生物多样性变化有关,从植物分泌物诱发的微生物群体效应角度,深入揭示了植物-土壤-微生物的生态学关系(张重义,2009)。近年来,以水稻、药用植物以及烟草等作物化感物质分离鉴定与作用方式为起点深入探索化感作物根际生物学过程与机制及其对农田生物多样性的影响已成为研究的新热点(Wu,2011)。

在发达国家,农业生物多样性利用的研究也相当活跃。DeHaan 等(2010)对 18 种多年生生物燃料作物进行的混植试验发现,总体而言,所有作物地上生物量都与多样性呈显著对数正相关关系,其中含有多年生羽扇豆(*Lupinus perennis*)的两种作物的混合种植地上生物量要比单独种植高出 2 倍以上,表明生物多样性与生产力关系中存在关键种。Smith 等(2008)设计了 6 种作物多样性轮作模式,进行了为期 3 年的研究,发现作物多样性轮作模式可提高作物总产量。Nyfeler 等(2009)报道,将 4 个物种混合种植并结合施肥，可获得持续超高产（overyielding），其机理是不同物种混合种植可提高资源利用效率。Hajjar 等（2008）指出，合理配置作物多样性对抵御病虫害、促进作物授粉和保持土壤（如储存碳）等都有重要作用。Tang 等（2009）报道，水稻品种多样性种植可以通过化感作用和竞争作用减少稗草危害。Snapp 等（2010）进行的一个为期 12 年的田间实验指出，作物多样性并没有提高作物产量，因此如何恰当利用物种之间的生态位互补关系来设计多样性生物组建的农业生态体系是能否获得效益的关键所在。

（三）低碳农业和循环农业研究

循环农业的关键是通过农业生态系统能流和物流规律的研究，通过“reduce, reuse, recycle”（3R）实现低碳、高效、节能、减排。我国在“十一五”期间很重视有关研究，其中国家支撑计划就安排了“南方山丘区沼液生态达标处理型沼气工程示范”、“小麦-玉米两熟农田除草剂减量施用技术研究”和“农田循环高效生产模式关键技术研究与集成示范”等重大项目，并取得重要进展。

潘根兴（2010）提出农作物废弃物生物黑炭转化与农业应用是我国低碳农业途径之一。以南京农业大学宗良纲为首的研究团队对江苏省内的农作物秸秆综合利用还田工程或将作物秸秆先行利用的农业生态环境工程模式进行了归纳，并在该省连云港市大力推广秸秆还田试验，证实该模式可以改善土壤理化性状，提高作物产量。对秸秆回田、秸秆移除和撂荒 11 年后，保护性耕作和撂荒在有机碳和氮水平上比传统移除秸秆的农田高 14.2％和 13.7％（Chen et al, 2009）。宋朝玉（2010）研究夏玉米氮肥减量化配套栽培技术表明，中高肥力条件下适当减少氮肥，通过提高密度，可以实现高产、高效的目标。张刚（2008）在宜兴市研究当减少化肥用量对水稻产量、田面水与渗漏液中氮、磷养分的影响表明，优化施肥后水稻产量差异不显著，但节省 22％氮肥，减少 30％～40％氮素径流损失，减少 32.3％氮素渗漏损失。陈鸿飞（2010）探讨头季稻不同肥料运筹方式对再生稻产量和氮素利用率的影响，头季稻施肥后移提高了氮肥利用率，对再生稻再生季的影响也不显著。

畜禽养殖一直是我国农村重要污染源之一，以沼气为纽带的循环农业成为减轻畜禽养殖污染的重要途径。近年来，随着畜禽养殖规模不断扩大，我国各地常有水华事件发生，如福建的闽江、九龙江、汀江流域等都受到规模化养猪场的污染。郭海波（2010）报道，养猪场通过养殖粪污干湿分离、人猪分离和雨污分离技术，改进饲喂模式、饮水系统及科学的饲养管理，可减少 70％～80％的污水产生量，年出栏万头的规模猪场，日污水产生量可控制在 20 吨以下。金华伊康奶牛场的“奶牛-牧草/玉米”模式，存栏奶牛 2050 头，配套种植 2000 多亩牧草或玉米，牧草作为奶牛的青饲料，奶牛干粪堆积发酵或加工成有机肥用于牧草或玉米基地，奶牛场污水经工程氧化处理后用于牧草或玉米基地，既实现奶牛场排泄物就地消纳或达标排放，又利用有机肥种植的牧草促进牛奶产量和质量的提高，一年还可减少化肥成本 20 万元。

以沼气为纽带的循环农业，如“猪-沼-果”（菜、茶、菌、稻、烟、鱼）等生态农业技术，是当前我国新农村建设主要推广的生态农业技术模式，也是当前养殖场解决达标排放的重要途径（徐庆贤，2010）。杭州的“猪-沼-黑麦草/茶，果/竹” 模式，饲养奶牛 1000 头、生猪存栏 5000 头，建有厌氧消化罐容积为 $600m^3$ 的沼气工程一座，产生的沼液和沼渣作为 200 亩①黑麦草、100 亩茶山、150 亩果园、500 亩竹园的有机肥料，产生的沼气用于场内职工食堂、锅炉的辅助能源及猪场仔猪舍等增温；产生的固体废弃物加工成有机肥，年产量 2500 吨；年可削减 COD278 吨、BOD140 吨、SS153 吨。浙江兴泰农牧科技有限公司的"猪/秸秆-沼气发电/有机肥-作物"模式，建有年存栏生猪 2 万头的养殖场、饲料加工厂、有机肥加工厂、农业园区，建成厌氧池容积 $8500m^3$，贮气柜容积 $1000m^3$，日产沼气 1 万 m^3，通过两台 500 千瓦发电机组发电，发电 2 万 $kW \cdot h^{-1}$，沼渣、沼液经加工年产固态有机肥 2800 吨。上海交通大学朱玉章等研发了一种以奶牛-沼气、沼渣-蚯蚓、鱼、水生植物为循环体的生态工程模式，应用于市郊新型奶牛场，用于解决上海边缘带的环境与能源问题。山东省康集农场将饲养业中的粪便废物全部施入鱼塘和种植园中，鱼塘中再以塘泥和灌溉返回到种植园中，每年加深鱼塘所取底土则用于烧制砖瓦，这一模式被证实提高了农业生态系统的氮素产投比水平和系统的生产效率。华中农大黄璟等团队提出了"大麦/玉米＋ 绿豆-稻-畜禽"的内循环的生态经济模式，它通过物质流、能量流、价格流的内循环实现生物生产的稳态机制。北京蟹岛生态农业度假村也是一个巧妙运用循环农业的典型。该村通过沼气工程，有效将清洁生产、粪污处理、有机食品生产、生态观光、环境保护结合在一起，实现了"资源-产品-消费-再生资源"的闭环式物质循环流程(刘海明，2005)。三峡库区在柑橘、生猪、沼气产业基础上建立的循环农业成功模式"猪-沼-橘"生态农业模式，该模式 2008—2009 年累计在三峡库区的江津、长寿、开县等十余个沿江柑橘重点区县共计推广 $6700hm^2$，合计增收节支 1.2 亿元，解决了 2 万余劳动力就业，对改善三峡水库水质、保护库区生态环境等效果明显(罗雪峰，2010)。近些年来，在我国北方"四位一体"生态农业模式发展和推广较快(张鑫，2007)。我国面对太湖、滇池等湖泊的严重污染问题也开展了大量区域农业面源污染的控制研究。福建省农科院开展了规模化猪场牧草治污及循环利用技术的研究。

在国际上，Luo 等(2010)采用元分析(meta-analysis)手段对全球 69 个传统耕作(CT)和免耕(NT)的对比实验研究表明，NT 对土壤碳固存的作用取决于作物更替的频率，作物更替频率越高，土壤碳的固存能力越强，但其机理仍然不清楚。生物碳(biochar)作为增加土壤碳固存、减少农业肥料使用的潜在手段在近几年得到广泛发展。它不仅有益于土壤质量的提高，而且使农民有机会直接参加到碳贸易中。McHenry(2009)综述了利用农田废物高温分解产生生物碳的潜力、能量平衡、碳固存的能力以及风险分析，表明生物碳具有的增产、能量安全和巨大的环境效益，但同时也表明了目前研究、政策以及资金等方面的不足和缺失。

(四)农业景观生态研究

运用景观生态学原理，在景观水平上通过构建合理的农业土地利用单元的空间结构，协调农业的生态、生产与生活功能是农业景观生态设计的主要目标。在农业景观生态设计理论与实践方面，王锐(2004)提出了农业景观生态规划应遵循的 5 项原则，即提高异质

① 1 亩≐$667m^2$，全文同。

性原则、继承自然原则、关键因子调控原则、因地制宜原则和社会满意原则。张保华(2007)分析了农业景观格局的研究状况,认为农业景观格局研究应加强对农业景观格局及动态、农业景观格局演变驱动力、土地利用/覆被或农业景观变化及农业景观规划设计的研究。王艳(2010)提出,在农业观光园规划时应把握功能的综合性、景观构成元素的多样性、景观外貌的优美性、人为内涵的丰富性等几个基本属性。程炯(2007)在GIS支持下,以生态功能指数作为农业景观生态功能的量度指标,研究福建省漳浦县马坪镇的景观格局、生态功能指数,为农业景观生态设计和规划提供了必要的科学依据。姜鑫(2009)以3S技术为手段,将景观生态学原理延伸到农业生态景观,针对农业生态景观的特点,研究贵州喀斯特山区农业生态景观格局,为贵州省农业生态建设提供科学依据及数据支撑。张晓彤(2010)以北京市11个农业景观特征区域的真实照片为评价资料,通过对46位环境相关专业大学生进行的平衡非完全区组排序评判测试,得到他们对不同景观照片的偏好数值,建立了针对不同景观特征区域构建景观偏好模型,对农业景观规划设计具有一定的借鉴价值。近几年,观光农业的兴起,也为农业景观生态设计提供了重要舞台,周祥杰(2010)分析了我国观光农业的发展,认为我国具备发展观光农业的众多有利条件,农业观光旅游是我国旅游业发展方向之一。台湾休闲观光农业可为大陆农业观光旅游和新农村建设提供重要借鉴经验(汪宁,2010)。以“体验+休闲”为主题的观光农业发展思路,通过构建民俗文化体验区、度假休闲区、康体娱乐区、观光茶园区等相结合的多元化发展模式值得借鉴(甘丹丽,2010)。

在我国西北地区,农业土地景观和利用方式受政策影响较大,以横山县为例,农田在1990—2003年间显著减少,而草地和森林则大幅度增加。在1990—1995,1995—2000,2000—2003年这三个时期农田、果园、林地、建筑用地发生显著变化。果园、草地和建筑用地的变化主要发生在1990—1995年间,而农田变成林地主要发生在2000—2003年,这些景观变化表明,政策和土地经济制度,包括生态保护工程,产业政策在这些年间主导了土地景观和利用格局的变化,从这些变化可以建议,未来可持续的土地利用应该在非农用地上使农民获得更多收益,才能保证土地不被过度利用(Chen et al, 2009)。维持一个生态地理区域原有景观是可持续农业发展中景观管理的重要内容,在东北地区过去开垦的湿地要恢复成原来的湿地对维持湿地、农田动态平衡和水碳平衡具有重要价值。在东北开垦的湿地经过弃耕1年,6年和13年后,土壤有机碳库得到恢复,分别为31 g/kg,44 g/kg和107g/kg,弃耕首先导致轻组碳的恢复,轻组碳对弃耕十分敏感(Zhang et al, 2007)。

(五)全球变化与农业相互关系研究

国内对全球变化影响农业的研究,目前主要集中在对温室气体、增温等对农作物生长发育和产量、品质、种植布局、农业成本的影响及适应对策上。全球变化导致异常气候出现的概率将大大增加,尤其是极端天气现象的增多,区域气候灾害、荒漠化、沙尘暴的加剧,势必导致世界粮食生产的不稳定,从而提高农业成本(熊伟,2008)。

南京农业大学与中国土壤研究所借助我国稻田FACE(Free Air CO_2 Enrichment)试验平台的研究表明:在CO_2浓度的提高的情况下,稻田水体中过滤性铁和总锌的含量提高,细菌数量、大肠菌群数量、总有机碳量和总氮量也分别提高了45.9%、68.8%、

31.2%和25.9%。CO_2 增加会通过改变稻田水质的方式影响到水稻的安全生产。杨连新等(2006)分析近10年水稻FACE系统的试验结果发现,高 CO_2 浓度使稻米品质下降,恶白粒率、恶白度极显著提高,稻米的糊化温度和最高黏度显著提高,整精米率极显著降低,蛋白质和氨基酸含量明显下降。有关研究预测,到2050年气候变暖将使农作物三熟制的北界从长江流域移至黄河流域,两熟制地区将北移至目前一熟制地区的中部,三熟制的面积可能扩大1.5倍,一熟制的面积将减少23%,气候变化将显著影响作物复种指数和种植结构布局(云雅如,2007;何群华,2008;左丽君,2009)。赵秀兰(2010)等研究表明,气候变暖对东北地区粮食总产增加有明显的促进作用,但是对华北、西北和西南地区的粮食总产增加有一定抑制作用,对华东和中南地区的粮食产量的影响不明显。若水分减少1%,则粮食产量减少75亿kg(赵秀兰,2010;刘颖杰,2007)。据推测到2030年,气候变暖和降雨发生的变化将促使西北半干旱区冬小麦产量在低海拔地区增加3.1%,在高海拔地区增加4.0% (Xiao et al, 2008)。

华北目前推广的冬小麦品种(强冬性),将因冬季无法经历足够的寒冷期而不能满足春化作用对低温的要求,将不得不被其他类型的冬小麦品种(如半冬性)所取代,春小麦种植面积减小,玉米、水稻、马铃薯等喜温作物种植面积会扩大(孙云鹏,2010)。东北地区玉米的早熟品种逐渐被中、晚熟品种取代(王长燕,2006)。在 CO_2 浓度加倍条件下,小麦、玉米和水稻最高产量变化幅度在−21%~55%,大豆在−44%~80%,棉花在13%~93%。如果不采取任何适应措施,到2030年,国内种植业产量在总体上会因全球变暖减少5%~10%,其中小麦、水稻和玉米三大作物均以减产为主(林而达,2006)。张建平(2008)等利用WOFOST作物模型模拟分析了未来气候变化情景下东北地区玉米产量变化,研究表明2011—2070年东北玉米产量整体呈下降趋势,中熟玉米平均减产3.3%,晚熟玉米平均减产2.7%。

研究表明,农业中化肥投入量的增加是农业温室气体排放增加的重要原因,稻田是大气中甲烷排放的一个重要来源,在中国约占了总人为来源的20%。针对农业减排的问题,华中农业大学采用免耕和少施复合肥的方式都降低了稻田甲烷的排放。杭州的田间试验表明以免耕代替翻耕、间歇灌溉代替持续淹水也可以实现稻田温室气体的减排。华中农业大学曹凑贵等自2005连续几年对稻鸭和稻鱼系统进行研究,结果表明,两种复合生态系统中甲烷的排放都有所降低,并且还达到了更高的经济效益。中国农业大学和浙江大学等单位也分别在辽宁沈阳和浙江青田建立实验基地以研究和监测稻田温室气体排放的问题。王璐(2010)等认为发展有机农业可以缓解气候变化的作用。福建农林大学以林文雄教授为首的研究团队,研究了UV-B辐射增强对农田生物特别是水稻生长发育的影响及其分子机理,提出了除通过遗传改良外,栽培上通过硅营养来调节其抗性,是有效克服这一气候变化带来不良影响的重要途径。

国际上对未来气候变化背景下进行情景模拟是研究适应性对策常用的方法。Luo等(2009)采用APSIM-Wheat模型和C-CAM大气模型(CSIRO conformal cubic atmospheric model)针对2080年气候进行情景模拟指出,目前75 kg ha^{-1} 的氮用量仍然适用,不会造成氮素限制,但小麦籽粒产量会由于水分限制而降低,而且单独的氮素管理或品种更换不能抵消气候变化所引起的负面影响,但提前播种可能是一项有效的适应策略。

InfoCrop－mustard 模型曾被用于模拟 2080 年印度热带地区芥菜（*Brassica juncea*）生产和印度高粱生产的适应性策略。认为推迟播种或者采用具有长生长季的芥菜品种是缓解气候变化危害的有效适应性策略。到 2020 年、2050 年以及 2080 年，印度冬季高粱将分别减产 7％、11％和 32％，即使降水量倍增也不能抵消 2℃气温升高所带来的负面影响。改进品种和播种时间等适应性措施能够在一定程度上缓解气候变化带来的负面影响（Srivastava et al，2010）。

（六）农业生态服务评价与管理研究

随着近年来全球生态危机和区域环境恶化问题的出现，农业的生态服务功能越来越受关注。祝文烽（2010）等认为国内对农业生态系统服务功能的研究尚处于借鉴国外研究成果的初级探索阶段。目前对生态系统服务价值评估的方法繁多杂乱，不同系统使用的方法和指标也极不统一，未能形成针对具体生态系统类型、特定尺度的生态系统服务价值测算标准（陈源泉，2007）。杨正勇（2009）等指出林地生态系统、草地生态系统以及价值评估方法的研究方面已经取得众多成果，在农田生态系统服务价值的研究方面也取得了一定进展，但农田生态系统和渔业生态系统服务价值、非市场价值评估方法研究等方面需要重点突破。尹飞等（2006）从农田生态系统的非生物环境特征、生物特征、生态过程和人类活动影响等 4 方面对农田生态系统服务功能形成机制的研究现状进行了归纳和分析，提出应加快构建能体现农田生态系统特征的服务功能评价指标体系。王勇（2008）等指出农业生态服务功能评价，应全面考虑生态系统服务功能的实物与非实物形态、静态与动态、数量与结构、过程与结果特征，同时核算正面和负面的价值。为准确评价农业生态服务功能，应该采取严格定义、核定范围、统一指标、直接测定等实施原则和步骤方法。农业生态系统服务的评估指标有三类：第一类经济服务价值，包括农业生态系统产品价值、农业生态系统旅游价值；第二类社会服务价值，包括农业生态系统的美学、艺术、文化教育价值；第三类农业生态系统服务功能，包括农业生态系统的调节气候、涵养水源、保持水土、促进物能顺畅循环、固定二氧化碳、释放氧气、减少气象灾害和病虫害等的价值。中国农业大学董孝斌等对内蒙古地区农牧交错带这一特殊的生态经济系统进行了能值分析研究，发现该系统农业生态经济系统净能值产出率有降低趋势；单位国土面积生产力力低于全国平均水平；农业系统的环境承载力远低于东部地区。何文清的相关研究发现在农牧交错地区，不合理的农业活动致使草地和农田大面积退化、沙化现象十分严重，极大地弱化了农业生态系统的服务价值（何文清，2004）。草地的建设和修复、农田的投入与保护、畜牧业内部生产结构的调整成为该特殊地带需着手推进的措施。南京农业大学与南京大学合作研究，采用 AHP 法的 TOPSIS 法对不同氮处理下不同水稻品种的生态效率进行了评价，说明了施氮量和品种选择对农业生态效率的影响。作者建议在生态效率的具体评价研究中，对不同子系统的指标选择和权重确定可根据重视与需求程度进行有偏好性的调整，从而使评价效果更切合实际，满足不同层面需求（吴小庆，2009）。朱闪闪（2008）等利用自然生态、人类驱动和环境响应系统 3 个一级指标及气候、降水等 19 个二级指标，运用模糊综合评价模型，对江苏省丰县进行了农业生态环境质量评价，提出了充分利用资源、抓好土肥建设和发展生态农业的对策。李俊岭（2009）对东北是农业生产集约型地区农业系统生态服务价值进行评价，估计东北地区的农业系统服务功能总价值大约在18863.48亿元。颉鹏(2009)等研究我国甘肃凉州地区农业系统服务功能价值表明，1949—1970年农业系统资产下降，负债增加，到20世纪80年代后期负债增加更多，但到2000年以后负债有所降低。

在农业生态环境保护的管理政策研究方面，《中华人民共和国环境保护法》对农业环境保护虽有涉及，但未能将农业环境和农业自然资源的保护统一起来；《农业法》仅对农业资源和农业环境保护作了原则性的规定，《农业技术推广法》中涉及农业环境保护技术的内容；《基本农田保护条例》中也有一些有关基本农田环境保护的规定。这些环境法律法规对农村环保事业的发展起到了一定的推动作用，但没有直接涉及农业生态环境保护的内容(张铣涛，2009)。目前，全国大多数省、市都出台了《农业生态环境保护条例》，而且不少省份根据农业生态环境保护的需要，已经对20世纪90年代制定的条例进行了修改(戚道孟，2008)。但我国农业生态环境保护法制建设仍存在法律法规体系不健全执法中遵循的法律依据不够明确，农业生态环境保护与治理中的利益冲突与失衡等诸多问题(张晓文，2008)，尽快制定农业生态环境保护法；加快农业生态环境相关法律法规、标准的制定步伐，填补有关法律空白；修改完善现行农业生态环境保护的相关法律规范；完善农业环境标准；明确农业生态环境违法行为的法律责任；建立有序的农业生态环境保护监督管理体制。健全农业生态环境补偿制度，既是我国长远发展的需要，也是履行对世界贸易组织有关农业协议的承诺。从我国国情出发，建立稳定的补偿资金来源渠道，明确补偿环节、补偿主体、补偿标准和补偿办法，形成有效的激励机制，是我国健全农业生态环境补偿制度的基本方针(王清军，2008)。

国际上，驱动力-压力-状态-影响-反应(driving force - pressure - state - impact - response, DPSIR)模型经常用来对环境政策进行综合评价。Wei等(2009)利用这一模型研究了一套评价复杂自然资源管理政策的方法。方法中链接了经济模型、基于过程的生物物理模型和基于指标的影响评估模型。模型对以水分和氮素管理为核心内容的集约灌溉小麦-玉米系统管理进行了评价。结果表明，经济收益经常以环境为代价，两者存在利益权衡关系。研究还发现，对水价的调控比对氮肥价格的调控对农业生态系统的可持续性更为有利。在水价调高到一定程度时，灌溉的水分利用效率、地下水的可持续性和氮素淋溶抑制作用都会得到加强，而耕地的总利润、粮食自给率及土壤氮平衡不会受到影响。

三、我国农业生态系统研究的优势与不足

我国农业生态系统研究有很多结合中国国情的特点，与国外同学科的研究相比有相似的地方，但是也有不少差距，需要我国农业生态学研究人员根据中国的实际情况，努力赶超。

(一) 中国农业生态学研究特色

我国农业生态学研究也有自己的长处和特色，并且产生越来越重要的影响。

1. 传统农业模式的生态学机制研究

我国农业历史悠久，有很多传统农业模式和技术体系的效果令人惊讶，其能够长盛不衰的“秘密”才刚刚为人们所认识。继 20 世纪 80 年代广州地理所钟功甫开展了有国际影响的珠江三角洲桑基鱼塘循环体系研究以后，在近些年云南农业大学朱有勇团队开展的间套作病虫害防治效应、传统品种对环境变化的遗传缓冲能力方面，中国农业大学李隆的团队研究间套作的养分效应方面都在国际上有重要影响。浙江大学研究联合国粮农组织认可的全球农业文化遗产之一的浙江青田的稻鱼共生体系有了重要进展。我国的鸭稻共作体系也得到了不少人的重视和研究。云南元阳梯田体系能够在大旱年份不愁水的景观布局特点也得到了揭示。我国传统农业体系的机制揭示已经深入到景观布局、循环体系和生物多样性利用等各个方面，并在国际上产生越来越重要的影响。

2. 针对国情需求的农业生态系统研究

中国幅员广阔，人多地少，农业供求关系敏感，社会经济发展与生态环境保护矛盾突出，与世界其他国家相比有很多不同的特点。我国农业生态学工作者已经通过深入农业生产实际，抓住了关键问题，开展了深入持久的研究，正在产生重要的理论和应用成果。不同区域开展的研究比较突出的有兰州大学农业生态学研究团队对我国干旱和半干旱区域的农业生态研究，中国农业大学在华北平原和黄淮海区域盐碱区域开展的间套种和农业生态定位研究，中国科学院沈阳应用生态研究所和东北地理与农业生态研究所在我国东北温带的农业生态系统研究，华南农业大学、福建农林大学和中国科学院长沙亚热带农业生态研究所在我国热带、亚热带区域开展的研究，华中农业大学在长江中下游开展的农业模式研究，云南农业大学针对云南地形多变特点利用农业生物多样性的研究，等等。各地生态农业模式和生态农业技术体系的研究更加显现出浓厚的区域特色。目前农业生产正在向专业化与规模化发展，不少学者也着手研究生态农业发展与现代化经营管理体系的适应性问题。

（二）我国农业生态系统研究与国外研究的相似特点

近年来国内外的农业生态系统研究也有一些共同的特点。

1. 研究的热点

在农业生态系统研究中，可持续发展、生物多样性利用和全球变化仍然是农业生态系统研究的热点。近年国内外农业生物多样性利用方面有不少高水平的研究成果，包括农区中自然景观和非农业物种的效应研究，以及不同农业生物资源组合的效应研究。近年转基因生物生态安全性评价，以及农区入侵生物的研究有上升趋势。国内外都积极开展全球变化对农业影响的研究，特别是温度升高、CO_2 升高、降水模式变化的效应研究，以及农业不同模式与措施对温室气体排放量影响的研究。中国和世界各地一样很重视农业可持续发展的研究，研究涉及有机农业、生态农业、自然农业、免耕、少耕、覆盖等替代农业方式。尽管低碳农业与循环农业成为新的研究热点，但是其基本出发点仍然是针对全球变化。

2. 新方法的应用

在继续运用传统生态学研究方法的同时，国内外农业生态学的研究都积极引入景观生态学、化学生态学、分子生态学等新的研究方法。遥感图像的分析和地理信息系统等景观生态学方法被用于农业景观格局的变化及其驱动因子分析，以及农业景观布局的优化研究等。化学生态学常用的微量化学成分分析方法，包括气象色谱、液相色谱、质谱、红外光谱等已经在农业生态学的农作物化感作用研究、生物胁迫下诱导抗性机制、植物对害虫的吸引和驱赶效应等方面得到了应用并且取得了重要进展。分子生物学手段在农业生态学研究中广泛用于揭示农业生物的生态环境响应制剂研究。

（三）我国农业生态学研究的相对不足

我国农业生态系统研究与发达国家相比还有不少需要追赶的方面。

1. 模拟和数学方法

在国外，不少农业生态学研究使用从流域水平到农田水平甚至作物水平的计算机模型和数学模型。国外研究中利用数学模型的论文比国内论文更加常见。计算机模拟和数学模型在揭示农业生态系统的相互关系、全球变化的农业响应、不同农业应对策略的长期效应等都有其独特的优势。成熟的计算机模型需要多点收集和长期观察的资料支撑，需要同学科背景人员的广泛合作。目前国际上有重要影响的农业生态学研究模型还不是出自我国。即使是利用国外有关模型开展的农业生态学研究，在国内也不算多。

2. 长期定位研究

大系统的很多生态环境参数变化比较缓慢，需要长期资料的累积才能够被揭示。农业生态系统的研究也同样需要长期的定位研究。在发达国家的农业生态学研究中，不难发现那些根据连续进行了十多年、几十年甚至上百年定位研究资料产生的研究成果。在中国由于社会经济环境和科研的具体条件所限，在改革开放后农业生态学的长期定位研究才开始得到重视，但受经济力量的影响，数量一直偏少。直到近些年，随着科研投入的增加和研究团队的稳定，有关定位研究点才得到稳步增长。目前我国仍然存在自然生态系统的定位站多，农业生态系统的定位站少，自然生态系统定位站设置时间长，农业生态系统定位站设置时间短等问题。

3. 引领新方向的创新思维

就像生物多样性、全球变化和可持续发展对农业生态学的影响一样，有关生态服务功能、循环经济、低碳经济概念引申的农业生态服务功能、循环农业、低碳农业等对近年的农业生态学研究也有重要影响。这些概念最先都是由发达国家的研究人员提出。这表明发达国家生态学和农业生态研究领域的思维很活跃。过去，一方面由于我国有全球战略高度的科技创新思维不足，另一方面由于我国在国际科技领域的话语权还很弱，目前能够引领世界农业生态学重要发展的新思想、新概念或新方向还比较缺乏。

四、本学科发展的趋势与展望

我国农业生态学的研究与生态学一样是随着国家的改革开放才开始发展的，至今已经有三十几年了。如果说在最初的十年主要是向发达国家学习有关的概念和引入有关方法，形成自己的学科体系，并在实践中初步尝试生态农业建设；那么在中期的十年则主要是跟踪国际研究热点，并结合中国国情深入开展各项研究。在最近的十年，我国在继续跟踪研究热点的同时，出现部分研究领域的超越，不少成果正在为解决我国的农业实际问题发挥重要作用。然而我国农业生态学面临的挑战仍然是巨大的，农业生态学需要正视挑战，争取在未来10年完成重要方面的超越。

（一）农业生态学与生态农业发展遇到的挑战

法国的 A. Wezel(2009)通过对农业生态的文献综述写了一篇题为《农业生态学是一个学科、一个运动和一种实践》(Agroecology as a science, a movement and a practice)的论文。他认为目前世界各国对于农业生态学的理解有三种类型(图1)，即在农业生态系统水平或农田水平开展研究的一个学科，或者作为环境运动、农村运动和可持续农业运动的一种社会运动形式，或者作为一种减少环境生态负面影响的农业技术体系。他在文章中列举了几个国家的例子：在德国农业生态学更加看重作为一个学科，在拉丁美洲农业生态学是一场自下而上的农村运动，在美国则是从农业技术开始，逐步成为一个学科和一场运动。美国加州大学资深的农业生态学家 Stephen Gliessman(2011)认为农业生态学的三个方面是不能够分开的。他强调农业生态学是一个新的领域和范式(new paradigm)，是把农业的社会、自然与经济联系起来，建立具有弹性、抗性和可持续能力的食品供应体系，彻底改变目前工业化农业范式，并实现接触、沟通和平等。在这个学派的努力下，我们看到加州有机农业、农民市场、农民学校、直销体系和各种非政府组织蓬勃发展，成为工业化农业占统治区域中一股强有力的新生力量。

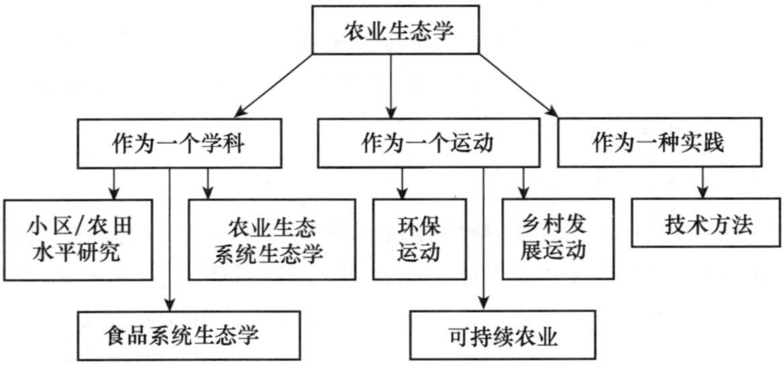

图1　目前农业生态学在各国发展中的各种理解(Wezel, 2009)

相对来说，中国的农业生态学的学科体系是稳定地建立在农业生态系统的基础上的，不仅注意到了把生态学原理引入农业学科，而且注意到把生态学原理应用到生态农业实践中。因此，在中国，农业生态学既是一个学科又是一种农业实践形态，而且一度在政府的重视下，生态农业发展成为很多农村的发展方向，成为一个有相当影响的社会运动。

然而，目前我国农业生态学发展的趋势越来越偏向作为一个科学研究的领域，有脱离农业实践一线的倾向。这里既有社会的原因，也有学科本身的原因。作为学科的原因主要是在具体研究工作开展的时候，组织层次越高的研究，需要花费的时间越长，需要跨越的空间越大，组织成本越高，经费消耗越大，不少研究需要中长期定位研究或者不同时段空间遥感数据的支撑。农业的长期定位研究不仅受到经费与人员的制约，还受到了社会经济、科技发展、政策变动和行为变化的影响，执行起来相当困难。从科研人员角度考虑，很多高校和科研单位建立了年度考核制度，在实际工作中即使开展农业生态系统水平和农业景观水平的研究，很多研究仍然滞留在规模小的或者周期短的方面。大量农业生态学研究转向了分子、生理、生化、个体、种群和群落水平。

作为农业生态学指导下的生态农业至今仍然是不少地方政府指导农业发展的基本思路。然而，目前生态农业的发展显然不如国家 8 个部委在“十五”和“十一五”联合推广生态农业时候的规模和影响力。究其原因可以归纳为两个方面，一方面是近些年成长起来的科技人员不少从学校到学校，或者从学校到科研院所，缺乏对农业生产一线和对农民的长期接触，研究往往针对一个小的领域，对农业全景式的理解比较缺乏。另一方面是由于政府机关比较容易处理一刀切的统一技术规范和发展项目，不容易处理模式与技术体系需要因地制宜、千变万化的生态农业建设事务。加上生态农业建设的长期性和后效性，对于偏重于见效快、易实施的政府行为偏好，生态农业建设不容易得到青睐。

（二）农业生态学研究方向展望

为此，我国农业生态学者需要更加深入农业和农村实际，围绕农业区域的景观生态布局，农业生态系统的循环设计和农业生物多样性关系的构建，继续发掘和研究适合各地的生态农业模式与生态农业技术体系。进一步联合社会经济学科和人文学科，更好地研究生态农业发展需要的政策和法规，并且争取成为政府政策，有力推动生态农业在我国的发展。

正因为农业生态学是一个应用生态学分支，在应用层面上要解决农业实践中出现的生态问题。目前无论是我国还是其他国家，农业生态问题不是减少了，而是增加了，甚至变得更加尖锐和紧迫了。

1. 农业资源短缺与资源节约型农业

为此需要研究开展：①以土地利用为核心，并支持社会经济可持续发展的区域生态规划；②以水平衡为核心的节水农业研究；③以碳和能源平衡为核心的低碳农业和低能耗农业研究；④以物质循环及其利用技术为核心的循环农业研究；⑤在低投入条件下形成的传统农业精华的挖掘和生态学原理探讨。

2. 减少农业环境污染与环境友好型农业

为此需要开展：①充分保护和利用生物多样性，减少外部投入和减少污染的农业体系研究；②农业和农村污染物的循环利用和无害处理方法研究；③受污染农田与水体的修复和利用方式研究;④农区水污染防治的缓冲区设置研究;⑤转基因作物生态安全性及农区入侵生物的研究。

3. 生态脆弱区的农业发展

为此需要开展:①干旱半干旱区的农业生态研究;②水土流失区的农业生态研究;③低洼与盐碱区的农业生态研究;④农用坡地的退耕与保护性利用的农业生态学研究。

4. 支撑农业可持续发展的社会经济政策研究

为此需要开展:①生态环境友好的农业方式获得生态补偿的政策体系研究;②农业生态安全格局构建的法律法规体系研究。

在我国,解决农产品的供求矛盾将长期成为农业的主要目标,涉及农业经营者收益的农业经济效益不会被忽视。对于农业的生态环境效益而言,正如林业生态效益已经成为林业的主要管理目标,相信农业的生态环境效益也将日益为人们所认识和重视,并逐步成为农业管理的主要目标之一。当同时追求社会效益、经济效益和生态环境效益的农业真正成为事实的时候,我国的农业也就在事实上走上了生态农业的道路。我们相信农业生态学将为我国农业发展迈向这个方向提供越来越有力的科学和技术支撑。

致谢

兰州大学的贾宇、郭瑞英和浙江大学的唐建军、谢吴雪、李娜娜等为本文收集了大量文献。华南农业大学的刘敏协助整理了参考文献。南京林业大学的李萍萍和福建农科院的黄毅斌等提供了他们有关的研究成果。在此一并致谢!

参考文献

[1] 蔡国芬,潘桂萍,莫招业. 夏秋番茄套种秋四季豆栽培技术[J]. 耕作与栽培,2010,3:62-63.

[2] 陈鸿飞,杨东,梁义元,等. 头季稻氮肥运筹对再生稻干物质积累、产量及氮素利用率的影响[J]. 中国生态农业学报,2010(1):50-56.

[3] 陈源泉,高旺盛. 基于农业生态服务价值的农业绿色GDP核算——以安塞县为例[J]. 应用生态学报,2007,27(1):250-259.

[4] 程炯,吴志峰,刘平. 农业景观生态功能评价与分区研究——以福建省漳浦县马坪镇为例[J]. 中国生态农业学报,2007,15(2):160-163.

[5] 甘丹丽,田强. 基于体验经济的乡村观光农业发展模式——以湖北省下堡坪乡为例[J]. 中国农学通报,2010,26(15):415-419.

[6] 郭海波,徐盛明,林世光,等. 规模猪场粪污减量化技术[J]. 上海畜牧兽医通讯,2010(3):40-41.

[7] 郭俊炜,王新,阮班录,等."两结合六配套"生态农业模式简析[J]. 陕西农业科学,2010(2):139-141.

[8] 何文清,陈源泉. 农牧交错带风蚀沙化区农业生态系统服务功能的经济价值评估[J]. 生态学杂志,2004,23(3):49-53.

[9] 贾宇,徐炳成,李凤民,等. 半干旱黄土丘陵区苜蓿人工草地土壤磷素有效性及对生产力的响应[J]. 生态学报,2007,27(1):42-47.

[10] 姜鑫,安裕. 3S技术在贵州喀斯特地区农业景观格局分析的应用——以普安县为例[J]. 贵州师范

大学学报(自然科学版),2009,27(3):36－39.

[11] 颉鹏,蔺海明,黄高宝,等.西北内陆区农业生态系统资产负债研究——以甘肃省凉州区为例[J].中国农业生态学报,2009,17(3):593－598.

[12] 乐美旺,饶月亮,颜小文,等.马铃薯覆盖轻简化与传统栽培技术探讨[C].第14届全国农业生态学研讨会论文,2009.

[13] 李成芳,曹凑贵,汪金平,等. 稻鸭、稻鱼工作生态系统中稻田田面水的N素动态变化及淋溶损失[J]. 环境科学学报,2008,10(28):2125－2132.

[14] 李成芳,曹凑贵.稻鸭、稻鱼共作生态系统土壤可溶性有机N的动态和损失[J].生态学报,2009,5(29):2541－2550.

[15] 李华锋.浅论我国农业生物多样性保护[J].生物多样性保护,2010(2):11－13.

[16] 李俊岭.东北多功能农业功能价值实证分析[J].中国农业资源与区划,2009,30(2):32－36.

[17] 李克敌,黎华寿,林学军,等.广西"猪＋沼＋果＋灯＋鱼"生态农业模式关键技术及其效益分析[J].中国农学通报,2008,24(3):329－344.

[18] 李向东,杨铁钢,李彦鹏,等.麦棉多作套种循环农业模式的发展演变与效应分析[J].中国农学通报,2010,19:294－299.

[19] 李正跃,Altieri M A,朱有勇. 生物多样性与害虫综合防治[M].北京:科学出版社,2009.

[20] 刘海明,王宇欣.生态农业度假村的循环经济模式研究[J].农业环境科学学报,2005,24:346－349.

[21] 刘某承,张丹,李文华.稻田养鱼与常规稻田耕作模式的综合效益比较研究——以浙江省青田县为例[J].中国生态农业学报,2010,(1):164－169.

[22] 刘世平,庄恒扬,沈新平,等.江苏稻麦两熟制可持续耕作技术体系的研究[C].第14届全国农业生态学研讨会论文,2009.

[23] 罗雪峰,熊伟,杨灿芳,等.重庆三峡库区特色农业循环经济研究——以"猪-沼-橘"生态农业模式为例[J].中国生态农业学报,2010,18(2):405－409.

[24] 骆世明.论生态农业模式的基本类型[J].中国生态农业学报,2009,17(3):405－409.

[25] 潘根兴,张阿凤,邹建文,等.农业废弃物生物黑炭转化还田作为低碳农业途径的探讨[J].生态与农村环境学报,2010,26(4):394－400.

[26] 宋朝玉,高峻岭,张继余,等.夏玉米氮肥减量化配套栽培技术研究[J].中国土壤与肥料,2010,5:50－53.

[27] 汪金平,曹凑贵,李成芳,等.稻鸭共育稻田水体藻类动态变化研究[J].生态学报,2009,29(8):4353－4360.

[28] 汪宁.借鉴台湾经验发展大陆休闲观光农业[J].重庆科技学院学报(社会科学版),2010,9:98－100.

[29] 王清军. 论农业生态补偿法律制度[J]. 中国地质大学学报(社会科学版),2008,8(6):7－11.

[30] 王艳,秦华,徐倩.农业观光园规划应把握的几个基本属性[J].南方农业,2010,4(4):47－49.

[31] 王勇,骆世明.农业生态服务功能评估的研究进展和实施原则[J].中国生态农业学报,2008,16(1):212－216.

[32] 吴小庆,徐阳春.农业生态效率评价——以盆栽水稻实验为例[J].生态学报,2009,5(29):2481－2488.

[33] 谢坚,唐建军,陈欣.稻田生物多样性控制虫草害的效应[C].第14届全国农业生态学研讨会论文,2009.

[34] 徐国忠,郑向丽,叶花兰,等.稻萍鸭生态系统的主要生态效应探讨[C].第14届全国农业生态学研讨会论文,2009.

[35] 徐庆贤,郭祥冰,林斌,等.福建省畜禽养殖业大中型沼气工程调查研究及实例分析[J].海峡科学,2010,10:245－248.

[36] 杨星星,谢坚,陈欣,等.稻鱼共生系统不同水深对水稻和鱼的效应[J].贵州农业科学,2010,38(2):

73－74.

[37] 杨正勇,杨怀宇,郭宗香.农业生态系统服务价值评估研究进展[J].中国生态农业学报,2009,1 7(5):1045－1050.

[38] 尹飞,毛任钊,傅伯杰,等.农田生态系统服务功能及其形成机制[J].应用生态学报,2006,17(5):929－934.

[39] 张刚,王德建,陈效民.稻田化肥减量施用的环境效应[J].中国生态农业学报,2008,16(2):327－330.

[40] 张铣涛.我国农业生态环境立法现状及对策[J].当代生态农业,2009(1):5－7.

[41] 张晓彤,李良涛,王晓军,等.基于主观偏好和景观空间指标的农业景观特征偏好模型:以北京市11个农业景观特征区域为例[J].中国生态农业学报,2010,19(1):180－184.

[42] 张晓文．我国环境权实现模式的反思与重构[J]．法学杂志,2008,29(4):117－119.

[43] 张晓文．我国农业生态环境保护的法律对策研究[J]．农业经济,2008 (5):23－25.

[44] 张鑫."四位一体"农业生态系统能流与能值分析[D].沈阳农业大学,2007.

[45] 张重义,林文雄.药用植物的化感自毒作用与连作障碍[J].中国生态农业学报,2009,17(1):189－196.

[46] 赵光磊,万群芳,刘春惊,等.杏棉间作复合系统中棉花生长及生产特性的研究[J].中国棉花,2010(7):9－12.

[47] 周祥杰.浅析我国观光农业的发展[J].科技信息,2010(23):446,464.

[48] 祝文烽,王松良,Caldwell C D.农业生态系统服务及其管理学要义[J].中国生态农业学报,2010,18(4):889－896.

[49] 朱闪闪,赵言文．浙江省土地利用变化及社会经济驱动因素[J]．长江流域资源与环境,2008,17(Z1):1－7.

[50] 朱有勇．遗传多样性与作物病害持续控制[M].北京:科学出版社,2007.

[51] Chen T,Lin R Y,Lin W X. The construction of a new rice industrial chain:A case study from the view of circular economy[J]. Resource Economics,2011,2(1):289－299.

[52] Chen Y F,Liu Y S,Wang J, et al. Land use changes of an Aeolian－Loessial soil area northwest China:implications for ecological restoration[J]. Pedosphere,2009,19(3):356－361.

[53] Darnhofer I,Lindenthal T,Bartel－Kratochvil R, et al. Conventionalization of organic farming practices:from structural criteria towards an assessment based on organic principles[J]. Agronomy For Sustainable Development,2010,30:67－81.

[54] DeHaan L R,Weisberg S,Tilman D, et al. Agricultural and biofuel implications of a species diversity experiment with native perennial grassland plants [J]. Agriculture, Ecosystems & Environment,2010,137:33－38.

[55] Gabriel D,Carver S J,Durham H, et al. The spatial aggregation of organic farming in England and its underlying environmental correlates[J]. Journal of Applied Ecology,2009,46:323－333.

[56] Gliessman S R. Agroecology and Food System Change[J]. Journal of Sustainable Agriculture, 2011, 35(4):347－349.

[57] Hajjar R,Jarvis D I,Gemmill－Herren B. The utility of crop genetic diversity in maintaining ecosystem services Agric[J]. Agriculture,Ecosystems & Environment,2008,123:261－270.

[58] Jin J,Liu X B,Wang G H,et al. Agronomic and physiological contributions to the yield improvement of soybean cultivars released from 1950 to 2006 in Northeast China[J]. Field Crops Research,2007,115:116－123.

[59] Kleijn D,Baquero R A,Clough Y, et al. Mixed biodiversity benefits of agri－environment schemes in five European countries[J]. Ecology Letters,2006,9(3):243－254.

[60] Letourneau D K, Bothwell S G. Comparison of organic and conventional farms: challenging ecologists to make biodiversity functional[J]. Frontiers In Ecology And The Environment, 2008, 6:430－438.

[61] Li L, Li S M, Sun J H, et al. Diversity enhances agricultural productivity via rhizosphere phosphorus facilitation on phosphorus－defincient soils[J]. PNAS, 2007, 104:11192－11196.

[62] Liu Chang'an, Zhou Limin, Li Fengmin, et al. 2009. Effects of plastic film mulch and tillage on maize productivity and soil parameters[J]. European Journal of Agronomy, 2009, 31(4):241－249.

[63] Liu X B, Zhang X Y, Wang Y X, et al. Soil degradation: a problem threatening the sustainable development of agriculture in Northeast China[J]. Plant Soil Environment, 2010, 56(2):87－97.

[64] Luo Q, Bellotti W, Williams M, et al. Adaptation to climate change of wheat growing in South Australia: Analysis of management and breeding strategies [J]. Agriculture, Ecosystems & Environment, 2009, 129:261－267.

[65] Lundkvist A, Salomonsson L, Karlsson L, et al. Effects of organic farming on weed flora composition in a long term perspective[J]. European Journal of Agronomy, 2008, 28:570－578.

[66] Luo Z, Wang E, Sun O J. Can no-tillage stimulate carbon sequestration in agricultural soils ? A meta－analysis of paired experiments[J]. Agriculture, Ecosystems & Environment, 2010, 139:224－231.

[67] Mäder P, Fließbach A, Dubois D, et al. Soil fertility and biodiversity in organic farming[J]. Science, 2002, 296:1694－1697.

[68] Mao R, Zeng D H, Hu Y L, et al. Soil organic carbon and nitrogen stocks in an age－sequence of poplar stands planted on marginal agricultural land in Northeast China[J]. Plant Soil, 2010, 332: 277－287

[69] Norton L, Johnson P, Joys A, et al. Consequences of organic and non－organic farming practices for field, farm and landscape complexity[J]. Agriculture, Ecosystems & Environment, 2009, 129: 221－227.

[70] Nyfeler D, Elie H O, Suter M, et al. Strong mixture effects among four species in fertilized agricultural grassland led to persistent and consistent transgressive overyielding[J]. Journal of Applied Ecology, 2009, 46:683－691.

[71] Reganold J P, Glover J D, Andrews P K, et al. Sustainability of three apple production systems[J]. Nature, 2001, 410:926－930.

[72] Smith R G, Gross K L, Robertson G P. Effects of crop diversity on agroecosystem function: Crop yield response[J]. Ecosystems, 2008, 11:355－366.

[73] Smukler S M, Sánchez－Moreno S, Fonte S J, et al. Biodiversity and multiple ecosystem functions in an organic farmscape[J]. Agriculture, Ecosystems & Environment, 2010, 139(1－2):80－97.

[74] Snapp S S, Gentry L E, Harwood R. Management intensity － not biodiversity － the driver of ecosystem services in a long － term row crop experiment [J]. Agriculture, Ecosystems & Environment, 2010, 138:242－248.

[75] Srivastava A, Naresh Kumar S, Aggarwal P K. Assessment on vulnerability of sorghum to climate change in India[J]. Agriculture, Ecosystems & Environment, 2010, 138:160－169.

[76] Tang J, Xie J, Chen X, et al. Can rice genetic diversity reduce *Echinochloa crus －galli* infestation [J]? Weed Research, 2009, 49:47－54.

[77] Wei Y, Davidson B, Chen D, et al. Balancing the economic, social and environmental dimensions of agro－ecosystems: An integrated modeling approach[J]. Agriculture, Ecosystems & Environment, 2009, 131:263－273.

[78] Wezel A, Bellon S, Dore T, et al. Agroecology as a science, a movement and a practice[J].

Agronomy for Sustainable Development, 2009:1－13.

[79] Wu L K, Wang H B, Lin W X, et al. Comparative metaproteomic analysis on consecutively *rehmannia glutinosa* － monocultured rhizosphere soil[J]. Plos One,2011,6(5):e20611.

[80] Xie Z K, Wang Y J, Cheng G D, et al. Particle － size effects on soil temperature, evaporation, water use efficiency and watermelon yield in fields mulched with gravel and sand in semi － arid Loess plateau of northwest China[J]. Agricultural Water Management, 2010,97:917－923.

[81] Zhang J B, Song C C, Wang S M. Dynamics of soil organic carbon and its fractions after abandonment of cultivated wetlands in Northeast China[J]. Soil & Tillage Research,2007,96(1－2):350－360.

撰稿人:骆世明　李凤民　林文雄　陈　欣　林瑞余

湿地生态系统研究

一、引言

湿地处于陆地与水生态系统之间的过渡带，是长期水陆交互作用下形成的具有类型多样、结构复杂、功能强大的复杂生态系统，这种复杂性不仅表现为水圈、土壤圈、生物圈三个圈层的交叉，水文要素、生物要素和土壤要素三个要素的耦合，还表现为不同于森林、草原等陆地生态系统和海洋、河流生态系统的特殊生态过程，从而形成了“地球之肾”、“生物超市”、“碳库”、“水库”等生态系统功能，在全球生态系统中占有日益重要的地位。湿地科学研究越来越受到科学界、社会公众、非政府组织和政府管理部门的关注和重视。

从 1960 年 4 月，中国科学院长春地理研究所（现名“中国科学院东北地理与农业生态研究所”）和东北师范大学在长春召开首次沼泽研究协作会议，邀请苏联沼泽专家 K. E. 伊万诺夫讲学开始，到第一部《沼泽学概论》、第一幅《中国沼泽图》、第一部《中国沼泽志》、第一部《中国湿地植被》、第一部《中国湿地与湿地研究》、第一个“中国湿地植物标本馆”和第一个“中国沼泽湿地数据库”等湿地研究系列成果问世，标志着本学科在我国的发展经历了从无到有、从探索到创建新学科的艰苦历程。

近年来，湿地科学研究热持续升温，目前已发表相关科研论文 26.2 万余篇。20 世纪 50 年代以前，国内外湿地相关论文发表量每年约为 100 篇，1977 年论文发表量首次突破 1000 篇，1990 年超过 2000 篇，2001 年超过 10000 篇，到 2010 年，已达 18000 篇。我国居全球湿地科研论文发表量的第 8 位。其中，中国科学院为全球湿地科研论文发表数量最多的研究机构。

二、我国湿地学科发展现状

随着《国家中长期科学和技术发展规划纲要（2006—2020）》《国家“十二五”科学技术发展规划》的进一步实施，我国在资源、环境领域投入不断增大，国家和地方等许多部门都先后增设了多个湿地科学研究计划和项目，将湿地科学基本理论应用到景观设计、污水处理和生物多样性保护等方面的湿地工程也越建越多。

（一）我国湿地生态系统研究的主要进展

湿地科学本身就是一门综合、多学科、交叉性学科，其研究内容也极为丰富。在“结构-过程-功能”的研究框架下，近年来的湿地研究更集中于湿地生态系统的演化、物质循环、生物多样性、生态功能评价、生态价值评估及湿地保护和恢复等方面。

1. 湿地演化过程及其环境效应

湿地形成、发育与演化是湿地理论研究的核心问题之一。我国湿地类型多样,为研究不同类型湿地的形成、发育和演化过程,从时间系列和空间系列探讨其规律并分析其区域环境效应提供了可能。在当前的全球变化研究热潮中,大尺度的整合性研究要求湿地科学着重探讨气候变化背景下的湿地形成、发育与演化的一般模式,特别是利用高分辨率与高精度手段研究人类活动影响下的湿地形成、发育与演化过程及其适应性。近年来,研究者在内陆湖泊湿地和内陆盐碱湿地开展的湿地演化研究成果丰富,先后获得了国家自然科学奖二等奖和国家科技进步奖二等奖。

2. 湿地物质循环

湿地物质循环过程是各种化学物质通过湿地环境中一系列自然发生的物理、化学和生物过程,在活的有机体和环境之间进行的生物地球化学循环,可分为系统内和系统外两个过程,其中系统外过程则指湿地与相邻生态系统之间进行的物质交换过程,包括物质输入和输出,通过气象、水文和生物等主要途径来实现。湿地物质循环在湿地结构和功能上起着决定性作用,相关研究是揭示湿地环境过程、机制和功能的关键。

目前,我国的湿地物质循环研究占据了湿地过程研究的主流,在水循环、碳循环、氮循环、磷循环、硫循环、铁、汞等金属和持久性有机污染物(POPs)等循环,以及不同物质、不同元素循环之间的耦合过程等方面已取得了突出成果,相关研究者和研究项目也不断涌现。过程导向的湿地结构和功能研究已逐渐成为我国湿地科学研究的热点和优势领域。

(1)湿地水循环。

水是湿地生态系统最敏感的因子,水分动态平衡为湿地创造了有别于陆地和水体生态系统的独特物理化学条件。湿地水循环研究主要包括:湿地-大气界面水文过程(净降水、降雨截流、径流和蒸散发)、湿地地表径流-地下水流及其相互作用过程(明渠流、片流及地下水与地表之间的水文联系)、外来压力对湿地循环的影响(气候变化和人类活动对湿地水循环的影响)以及湿地水循环模型等。湿地水文过程异常复杂,不同区域,不同环境特征,不同水文地貌背景下的水文过程,都存在着显著差别。由于水文过程在湿地中的特殊地位,深入研究湿地水文过程在流域水资源管理、生物多样性保护、全球气候变化等方面有极其重要的意义。从目前国内研究趋势和研究成果等方面来看,湿地水文过程与植被的生态响应、湿地生态需水估算、沼泽性河流降雨径流模型包括植物水分传输在内的水平衡方程等研究内容,在目前以及未来一段时间内仍将是湿地水循环研究领域的热点问题。

(2)湿地碳循环。

主要包括碳的累积和释放两个方面,分别对应于湿地的"碳源"和"碳汇"过程。湿地是一个非常重要的碳库,储藏在不同类型湿地中的碳约占地球陆地碳总量的15%,单位面积储藏着比其他陆地生态系统更多的碳。来自地上和地下的有机物质生产构成了湿地系统土壤碳积累的主要来源,由于环境因素的限制,湿地系统植物残体分解和转化的速度缓慢,通常表现为有机碳的积累。湿地土壤碳储存的规模、组分以及水平和垂直分布是整个湿地碳循环研究的一个重要环节,但是,目前关于湿地土壤碳储存多只涉及总碳库的测定，对于碳库中不同组分，如可溶性有机碳、微生物碳及轻、重组碳的研究很少见报道。此外，关于土地利用形式转化对于湿地碳库的影响也需要加强研究。湿地碳输出的主要方式包括形成 CO_2、CH_4 气体排放及可溶性有机碳(DOC)的输出。湿地系统是向大气输出温室气体甲烷的最大自然源，因此，甲烷排放及其影响控制因子的研究一直是全球气候变化和生物地球化学循环研究的一个热点领域。随着研究的深入，目前除了继续研究不同湿地类型甲烷排放的时空变化规律以外，更多的研究涉及影响到湿地甲烷排放的人为和自然因素，如酸沉降、氮输入、外来物种入侵、湿地土地利用转化对甲烷排放的影响以及受海水影响的潮间带湿地、森林湿地、高山湿地和人造湿地的甲烷排放。目前，全国尺度的湿地温室气体(CH_4 和 N_2O)排放规律研究已基本完成，并获国家自然科学奖二等奖。

(3)湿地氮循环。

氮循环是湿地系统中最复杂的生物地球化学循环之一，不仅是因为这个过程中涉及多种类群的生物，而是由于每个环节都有特殊的微生物参与。一般而言，湿地生态系统中氮循环过程主要包括：氮进入湿地系统；含氮有机化合物在微生物矿化作用下分解为可溶性无机氮；植物吸收可溶性无机氮并同化为有机氮；植物体内的有机氮被动物摄取并转移；植物和动物的残体沉积到湿地中，含有的有机氮又可被微生物分解为无机氮并继续循环下去。其中，固氮作用、矿化(氨化)作用、硝化作用、反硝化作用是其重要环节。湿地生态系统中氮循环是水、土壤和生物共同作用的结果。国内有关湿地生态系统中氮循环的研究取得了很多研究成果，但仍存在一些问题有待进一步深入研究和探讨。湿地生态系统作为一个有机的整体，氮循环在湿地生态系统中只是其中的一个重要组成部分。在湿地水体—土壤—植物复杂体系中，存在着碳、氮、磷等元素的迁移与转化、累积与分解，以及与外部环境的物质交换与循环等，湿地系统中氮与碳、磷生物地球化学过程的基本规律有待进一步探讨，揭示人类活动对湿地生态系统碳、氮、磷循环过程的影响机理，需要通过长期的试验，对碳、氮、磷的迁移转化与湿地功能的关系进行探索，量化碳与氮、碳与磷质量比的变化和湿地氮、磷循环的关系，建立氮循环与环境要素(pH 值、Eh 等)之间的关系，解决氮循环在湿地系统各子系统间以及子系统内的迁移量及其与不同环境要素间的关系，以便提出维持湿地系统稳定和健康的优化调控与管理模式。此外，氮循环的地域差异性规律、氮蓄积和排放量及其区域差异特征、对气候变化和人为活动的响应特征、氮循环与生态系统结构和功能的演替态势等科学问题还有待进一步研究。2010 年 10 月 5 日，中国科学院生态环境研究中心的张丽梅和贺纪正在美国科学院院刊上撰文报道了土壤自养古细菌 thaumarchaea 的氨氧化过程。

此外，国内关于湿地磷、硫、铁、锰、汞、POPS 等方面的研究也取得了一定的成绩。2011 年 1 月 10 日，中国科学院南京土壤所的卞永荣和蒋新在美国科学院院刊(PNAS)上与国外专家共同撰文报道了湿地厌氧环境下汞被天然有机物还原和络合的过程。

3. 湿地生物多样性研究

湿地生物多样性是所有的湿地生物种类、种内遗传变异和它们生存环境的总称。过去主要侧重湿地动、植物研究；现在有加强湿地浮游生物、无脊椎动物和微生物研究的趋势。2010 年是联合国确定的“国际生物多样性年”，各国政府积极响应，我国政府也专门成立了“国际生物多样性年”中国国家委员会。同年2月2日,第十四个世界湿地日将主题定为:“湿地、生物多样性与气候变化”;11月10日至12日,由中国科学院东北地理与农业生态研究所、中国生态学学会湿地专业委员会、中国科学院湿地研究中心及广西科学院等主办、广西红树林研究中心承办的“湿地生物多样性与气候变化暨中国生态学学会湿地专业委员会2010年年会”在广西北海顺利召开。

目前,我国湿地生物多样性主要进行的是不同湿地、不同流域,乃至不同省(市、区)的多尺度生物多样性调查、编目、评价以及利用保护等方面的工作,同时对湿地生物与栖息地之间的关系进行了深入探讨,包括生物与湿地水环境化学因子、水深、基质、沉积物积累等。也开展了物种种群在不同湿地间的差异研究,而这种差异主要来自于水环境化学因子和生物间的相互关系,如资源竞争、化感、共生等。对湿地植物也开展了不同水平的研究,从遗传基因、生理、分子等水平上研究了湿地厌氧环境中的植物生活,如湿地显花植物根部的通气组织的发育及结构等。

2009年5月26日,北京大学的胡建英、张照斌等在美国国家科学院院刊证明了一种名为TPT的含锡有机物可以进入鲟的卵,而且造成了眼畸形和骨骼缺损。TPT很可能是造成中华鲟畸形的原因,而且可能影响了这一物种的迅速衰退。同年7月9日,中国科技大学的曹垒与国外专家共同在 *Nature* 发表了通讯,呼吁各界共同关注和保护中国湿地和水鸟,科学地维持湿地生产力和生物多样性的生态过程,加强区域生态功能区规划和湿地网络的建设。

4. 湿地生态功能评估

湿地功能评价是湿地研究的核心内容之一,也是开展湿地管理工作的重要工具。我国湿地生态系统功能价值评价工作的系统性研究始于20世纪90年代中期,寻求湿地生态系统功能量化指标业已成为当前生态学与经济生态学等学科研究的前沿课题。相关研究主要集中在以下方面:不同程度的自然和人类活动对湿地中的生物多样性影响的研究;流域管理在湿地和水资源保护中的作用研究;海岸带湿地中的调整管理过程、影响和重建;大型湿地的生物多样性价值认识和差距;湿地的植被生物多样性管理;海岸带湿地的潜在威胁和调整性管理;湿地的文化和生态问题、政策目标、湿地合理利用和功能评价等内容。

5. 湿地保护、恢复、构建与明智利用

天然湿地保护、退化湿地恢复和人工湿地构建研究是湿地研究的又一个热点。相关研究已经不局限于各类保护区中,并在全国城乡各地蓬勃发展。我国退耕还湿、退田换湖和城镇污水处理等政策的实施为相关研究提供了广阔研究平台。近年来在低洼盐碱地池塘的规模化养殖取得重要进展,并获国家科技进步奖二等奖。2009年5月21日,潘绪斌和王斌在 *Nature* 上发表通讯,认为中国恢复天然湿地的时机已到,建议政府加大湿地水资源保护和利用的投资,并且充分利用可以提供较高生态系统服务价值的人工湿地;2011年3月17日,中国科学院遥感应用研究所宫鹏和牛振国在 *Nature* 上发表通讯,就中国湿地状况进行了分析并呼吁加大对中国湿地的保护。

根据目前国内外对各类湿地恢复项目研究的进展来看,可概括出以下三种方法:①自然恢复方法。通过恢复湿地环境流，主要是采用恢复自然水文模式，如水体的流量、流速、水位季节波动和年际波动等来恢复湿地的生态功能。②人工辅助恢复方法。主要是采取生物措施及其技术对湿地进行恢复如土壤种子库引入技术。③工程恢复方法。采取工程措施，如补水工程、水利工程改造、水土保持、湿地生态监测措施等。

2005 年 6 月 10 日，《湿地公约》缔约方大会常务委员会经投票决定将三年一度的国际湿地科学研究的最高奖——“湿地保护科学奖”授予中国科学院测量与地球物理研究所的蔡述明，以奖励他在湿地保护和合理利用的科学研究中所做出的杰出贡献。2011 年，国家林业局提名广西红树林研究中心范航清等开展的“地埋式管网红树林原位生态养殖系统”参与角逐 2012 年的“湿地保护科学奖”。

(二)湿地生态系统研究的重大应用和成果

基于湿地生态学研究的发展，我国湿地保护工作所取得的成果主要体现在以保护区为点的国家湿地保护网络的不断完善；通过湿地公园、湿地博物馆等多种形式发展湿地旅游业，推动湿地的宣传与保护；以构造人工湿地为主的水质净化工程的推广；湿地保护法制建设的不断完善等方面。

1. 湿地保护和恢复成果显著

《全国湿地保护工程实施规划》实施两年来，国家林业局和有关部门已审批湿地项目近 200 个，《青海三江源自然保护区生态保护和建设总体规划》等专项规划顺利实施。

2007 年 8 月 17 日，国家林业局实施了三峡库区湿地保护与恢复项目，先后在三峡库区建立了两个湿地保护区。其中，开县澎溪河湿地自然保护区成立于 2008 年 5 月 14 日，保护区在库区具有代表性和典型性，是研究原生演替的理想基地，是开展消落带湿地生态恢复、重建和湿地生态资源合理利用的科学研究和生态工程示范。2008 年 10 月 24 日，*Science* 发表了由 Mitsch 和国内湿地科学家华东师范大学的陆健健等在该区域合作的研究成果“Optimizing Ecosystem Services in China”，凸显了国内外对区域生态产业发展模式的重视与肯定。另一个是位于重庆市忠县中部的长江三峡忠州湿地自然保护区，此项目建设将从湿地保护工程、湿地恢复工程和能力建设工程三个方面进行。

在湿地保护网络建设方面也取得了可喜成果，2009 年我国新增国际重要湿地 1 块，总数达到 37 块；2010 年全国建立各级湿地类型自然保护区达到 550 多处，并启动了湿地生态效益补偿试点；2011 年国家湿地公园总数达到 145 个，目前基本形成了以湿地自然保护区为主体，国际重要湿地、湿地公园等相结合的湿地保护网络体系，使 1795 万 hm^2、近 50%的自然湿地得到较为有效保护。2007 年 6 月 5 日，世界自然基金会向中国国家林业局局长贾治邦授予“自然保护杰出领导奖”，对国家林业局多年来在森林、湿地和荒漠自然保护工作中付出的努力与取得的成就表示高度赞赏。2011 年 8 月，《关于开展首届“湖北湿地保护奖”评选及表彰活动的工作方案》在全国率先为保护湿地设立奖项。湖北湿地保护奖分设“湖北湿地保护科技奖”、“湖北湿地保护宣传教育奖”、“湖北湿地保护贡献奖”三个奖项，分别用于表彰在湖北湿地保护的科技研究、宣传教育和募捐资金等方面做出突出贡献的单位与个人。

2. 湿地生态旅游快速发展

截至 2008 年，我国新建国家湿地公园 20 个，总数达到 38 个。2009 年 5 月 1 日，国家林业局批建的“中国湿地博物馆”在位于浙江省杭州西溪国家湿地公园内正式对游人开放。目前，我国北方湿地博物馆主要有吉林莫莫格国家级自然保护区湿地博物馆、北京野鸭湖湿地博物馆、黄河口湿地博物馆、三江平原湿地宣教馆、宁夏沙湖湿地博物馆等。湿地博物馆的建立促进了我国生态文化建设，进一步推动了我国湿地保护事业的发展。

3. 湿地水质净化功能广泛应用

水质净化是湿地的主要服务功能之一，构造人工湿地或恢复一定面积的自然湿地，发挥其净化水质的功能是缓减水体污染问题的途径之一。我国的湿地水质净化工程主要集中在经济发达的大城市周边或围绕重大水利工程开展。2009 年，在武汉汉口西北湖畔建成 7000m^2 人工湿地，污水被水生植物净化后，清水回渗沟槽，汇集后经泵站重新抽入湖中达到净化湖水的目的。辽宁省建成国内水质净化工程面积最大的人工湿地，是迄今为止全国第六个，北方第一个国家湿地公园试点。为保证南水北调东线工程的顺利实施，南四湖新薛河人工湿地水质净化工程是山东段治污工程的重点项目之一。

4. 湿地保护法制体系基本成形

我国湿地保护区数量逐年提高，湿地保护与管理已经成为湿地研究中的一个热点领域。2008 年，我国湿地保护事业在湿地立法工作方面取得新进展。全国湿地保护条例起草工作稳步推进，完成了 11 个专题论证报告和立法草案说明的起草工作。地方湿地法制建设不断加强，已有黑龙江、内蒙古、宁夏等 8 个省级湿地保护条例相继颁布实施。另外，在湿地公园建设方面，国家林业局湿地保护管理中心于 2009 年 8 月 30—31 日召开座谈会，组织研究讨论“国家湿地公园建设规范”和“国家湿地公园评估标准”两个林业行业标准，并形成修改稿。国家林业局出台了符合我国国情的重要湿地标准。根据湿地功能和效益的重要性，制订了 7 条国家重要意义湿地标准，凡符合任一标准均可认证为具有国家重要意义的湿地。

5. 湿地研究平台建设加快

基础研究平台建设和人才培养是湿地科学发展的重要基石，也是湿地发展水平的重要支撑。据初步统计，以湿地生态系统为研究对象的省、部级重点实验室主要有：中国科学院湿地生态与环境重点实验室（中国科学院东北地理与农业生态研究所）、中国科学院海岸带环境过程重点实验室（中国科学院烟台海岸带研究所）、国家环境保护部湿地生态与植被恢复重点实验室（东北师范大学）、滨海湿地生态系统教育部重点实验室（厦门大学）、鄱阳湖湿地与流域研究教育部重点实验室（江西师范大学）、湿地与恢复生态学重点实验室（黑龙江省科学院）等。2009 年，东北林业大学还率先设立了全国第一个湿地科学本科专业。我国湿地科学研究已经成为全球湿地研究队伍中的一支重要的组成力量。

三、国内外湿地学科发展比较

(一)国际湿地学科发展的机遇与挑战

1. 湿地碳、氮过程与全球变化

20世纪70年代以来,以全球环境问题为对象的全球变化研究成为当代重要的科学前沿之一。湿地与全球变化是相互作用、互相影响的。长期定位研究湿地生态系统的碳、氮收支格局、变率与关键过程,气温升高和土地利用方式变化对湿地生态系统碳、氮过程的影响及其区域效应、湿地生态系统对全球变化的响应和适应机制研究、泥炭和湿地沉积物环境记录重建的方法研究、多手段、高时空分辨率数据集的重建和数据库建设,研究湿地系统对全球变化的影响与响应,及如何适应和应对气候变化成为当前国内外湿地研究的前沿领域。

2. 湿地生态系统演化及其对全球变化响应

鉴于全球变化因素以及湿地生态系统维持与驱动因素的复杂性,通过建立生态模型模拟预测湿地生态系统演化。全球变化会在不同时空尺度上对生态系统产生深刻影响,需要加强全球变化背景下关键生态因子及其不同尺度的湿地生态系统相互影响的研究,揭示湿地生态系统适应全球变化的机理。重点加强:①生物对全球变化在不同层次(个体、种群、群落、生态系统、区域)上的响应过程及其相互关系;②全球变化对湿地生态系统碳收支变化的影响及其机理;③多因子协同作用下的生态系统调控机理;④适合全球变化背景下湿地复杂水文过程的不同区域湖泊湿地生态系统演化模型。

3. 湿地水循环过程与区域水安全

从目前国内外研究趋势和研究成果等来看,湿地水文过程与植被的生态响应、湿地生态需水估算、沼泽性河流降雨径流模型包括植物水分传输在内的水平衡方程等研究内容,在目前以及未来一段时间内仍将是湿地水文过程研究的热点领域。研究自然不同尺度湿地生态系统“大气水—地表水—土壤水—地下水”的水生态过程的时空变化与循环过程,全球和人类活动驱动的变化环境下的水循环变异响应及其对区域水安全的影响;揭示湿地系统水生态格局与过程的耦合规律、基于生态水文过程的湿地系统生态需水规律和湿地水循环要素对环境变化的时空变异,阐明湿地系统形成、发育和演变的水生态驱动机制,湿地生态系统对全球气候变化和人类活动影响的响应机制及适应性对策,构建湿地水文功能定量模型,建立湿地系统功能退化表征指标体系。综合模拟湿地水文过程的模型还非常少,主要有WETLANDS(多维水流和溶质迁移数值模型),Jorge - MODFLOW湿地模型和MIKE SHE模型等。近年来随着生态环境间问题的日益显现,不合理的水资源利用导致天然湿地的退化和丧失,因而湿地生态需水和用水配置研究受到人们的关注。

4. 湿地景观格局的区域环境效应与湿地资源可持续利用

湿地景观格局的形成是在一定地域内各种自然环境条件与社会因素共同作用的产

物，是湿地景观异质性的重要表现，也是各种生态过程在不同尺度上相互作用的结果。从景观尺度上研究其形成机制和演化过程，在不同尺度上研究和推移湿地景观格局与生态过程关系。研究湿地农田化、城市化过程中湿地景观格局变化过程及其对生态系统主要生态过程的影响，提出区域湿地景观优化格局；研究湿地景观生态功能变化的环境效应，建立天然湿地可持续利用的生态工程模式，提供湿地资源可持续利用的相关技术体系。

5. 湿地生物多样性与生态系统功能

湿地高度丰富的生物多样性是湿地受到普遍关注的重要原因之一。继续进行国际重要湿地的生物多样性调查、编目与评估，珍稀、濒危和衰退物种的保护与种群恢复研究，加强弥补湿地无脊椎动物的薄弱研究；研究湿地生物多样性形成、维持和演化机制与变化环境效应；从生态系统稳定性、生产力、养分动态和资源利用效率等方面加强生物过程研究，揭示生物多样性与生态系统功能的关系研究；研究湿地生态系统内物种间、物种与土壤、水文等环境要素间的相互作用的方式与机制及协同进化，揭示物种和生境多样性格局的自然变化和对人为干扰的反应，为湿地生物多样性保护和受损湿地生态系统的恢复重建提供服务。

6. 湿地功能综合评价模型

湿地生态系统功能是指其执行基本生态系统过程的能力，包括水分的流动和储存、生物生产力、生物地球化学循环和生物多样性的维持等。由于湿地系统的特殊性，特别湿地水文、地貌条件的多变性，目前还缺少较为成熟的湿地水文、生物地球化学循环模型。通过野外定位观测、综合 RS/GIS、模型模拟和同位素示踪等技术，如建立流域自然与人为驱动下湖泊营养演化过程的湖泊环境同位素模型，识别不同人类活动方式与强度对湖泊营养状况的影响程度，为湖泊-流域综合管理决策提供科学依据。高精度深入研究不同尺度内湿地结构和过程及其内部关系，研究湿地结构和过程变化的生态效应，筛选不同功能表达的关键指示指标体系、响应阈值和功能空间尺度转换方法，建立基于结构和过程的功能综合评价模型。

(二)我国湿地学科发展存在的问题

1. 湿地基础理论研究薄弱

湿地科学体系不健全，作为一门学科来说，还处于发展初级阶段。目前许多关于湿地的研究散布于其他学科中，与其他学科交织在一起，经常是其他学科的研究案例，缺少自己的理论体系与专门的研究方法。缺少适合中国自然环境特点的湿地分类系统。

2. 湿地生态系统长期定位观测不足

目前，我国仍未建成湿地生态实验站和湿地监测台站网络，缺少长期连续观测数据，不能深入理解不同类型、不同区域湿地的演化过程、湿地结构与功能，阻碍了对湿地生态过程与机理的研究。

四、我国湿地学科发展建议

（一）进一步完善湿地科学理论框架

湿地研究已成为国际生态学研究的热点领域，也出现了 *Wetlands*、*Wetlands Ecology and Management* 和《湿地科学》等学术期刊和 *Journal of Wetlands Ecology* 等相关网络期刊。湿地科学是研究湿地类型和分布，形成条件、发育阶段和演化规律，系统结构、过程和功能，退化、恢复和管理，监测和评价等理论和技术的学科。湿地生态系统研究要综合地理学、水文学、生态学、土壤学、生物学、环境学和地球化学等学科的理论和方法。目前，湿地生态系统研究还处于起步和综合研究阶段，各个分支学科还没有形成。研究工作和成果主要集中在沼泽湿地生态系统上，对其他系统的研究相对较少。

（二）关注国际研究计划和国内科学研究战略规划，促进湿地科学发展

国际上许多科学计划与湿地研究相关。国际水文计划（IHP）第六阶段计划（2002—2007）曾将湿地作为重要研究领域，评估湿地作为水文循环调节器的重要性，湿地恢复方法与开展监测。1996 年 IGBP 湿地研讨会后，为进一步推动全球湿地的分布研究和发展，全球分析、解析与建模计划（GAIM）、水循环的生物学方面计划（BAHC）、IGBP 的数据信息系统（IGBP－DIS）、国际全球大气化学计划（IGAC）、LUCC 计划联合建立了湿地功能特征方案。2005 年，千年生态系统评估（MA）对湿地与水的综合报告，为合理利用湿地的理念提供了有利的理论依据的同时，也提出了众多科学问题。这些国际研究计划为湿地研究提供了理想场所、契机和平台。我国《国家中长期科学和技术发展规划纲要（2006—2020 年）》、国家重点基础研究发展计划（973）和国家自然科学基金委“十二五”重点研究方向中全球变化与地球圈层相互作用、人类活动对环境影响的机理、陆地表层系统变化过程与机理、我国典型地区区域圈层相互作用及资源环境效应等为湿地科学众多问题的研究提供了空间。

（三）构建国际交流平台，加强湿地科学国内外合作研究

自 1971 年《湿地公约》签署以来，湿地保护和研究日益受到国际关注。目前《湿地公约》已成为国际重要的自然保护公约之一，缔约方达 158 个，全球有 1831 块湿地被列入国际重要湿地名录。国际生态学会（INTECOL）已于 2008 年在巴西召开第 8 届国际湿地会议，第 9 届将于 2012 年 6 月在美国奥兰多举行，主题为“wetlands in a complex world”。湿地科学家协会（SWS）作为进行湿地科学、教育和管理的专门学术研究学会，每年召开年会。中国生态学会湿地生态专业委员会与国际湿地科学家学会于 2009 年 5 月签署了关于湿地知识管理、湿地保护与合理利用的合作协议，为共同开展和推进合作研究奠定了基础。

(四)服务国家和地方需求,在解决实际问题中发展学科理论

服务于国家商品粮基地建设和千亿斤粮食增产计划需求。目前国家已批准在吉林省新增100亿斤粮食生产能力建设和黑龙江省新增200亿斤粮食生产能力建设规划。开展湿地科学研究,加强湿地开垦后的低产农田水土调控技术及提高粮食生产能力研究、盐碱化湿地综合治理与水稻高产技术研究,将为区域商品粮基地建设、生态与环境保护提供相关的理论与关键技术。

湿地对营养物、重金属等物质具有很强的吸附、降解及转化作用,因此在水质净化方面的应用潜力巨大。目前用于污水净化的人工湿地构建理论、方法及应用实践研究将极大地丰富湿地科学研究理论。

参考文献

[1] 吕宪国.中国湿地与湿地研究[M].石家庄:河北科学技术出版社,2008.

[2] 秦胜金. 三江平原小叶章湿地系统磷的迁移转化过程研究[D]. 北京:中国科学院研究生院,2008.

[3] 孙志高. 三江平原小叶章湿地系统氮素生物地球化学过程研究[D].北京:中国科学院研究生院,2007.

[4] 佟守正,吕宪国.松嫩平原重要湿地恢复研究进展[J].地理科学,2007,27(1):127－128.

[5] 赵魁义,何舜平,李伟. 中国湿地生物多样性研究[J].中国科学院院刊,2010,25(6):659－667.

[6] 周念清,王燕,钱家忠,等. 湿地氮循环及其对环境变化影响研究进展[J].同济大学学报(自然科学版),2010,38(6):865－869.

[7] Cao L, Fox A D. Birds and people both depend on China's wetlands[J]. Nature, 2009, 460(7252):173.

[8] Gu B H, Bian Y R, Miller C L, et al. Mercury reduction and complexation by natural organic matter in anoxic environments[J]. Proceedings of the National Academy of Sciences of the United States of America, 2011, 108(4):1479－1483.

[9] Hu J Y, Zhang Z B, Wei Q W, et al. Malformations of the endangered Chinese sturgeon, Acipenser sinensis, and its causal agent[J]. Proceedings of the National Academy of Sciences of the United States of America, 2009, 106(23):9339－9344.

[10] Kumar M, Kumar P. Valuation of the ecosystem services: a psycho－cultural perspective[J]. Ecological Economics, 2008, 64(4):808－819.

[11] Liu X H, Lu X G, Jiang M. Value estimation of greenhouse gases exchange in wetland ecosystem of Sanjiang Plain, China[J]. Chinese Geographical Science, 2009, 19(1):55－61.

[12] Mitsch W J, Gosselink J G. Wetlands (4th edition)[M]. New York: John Wiley & Sons, Inc., 2007.

[13] Mitsch W J, Lu J J, Yuan X Z, et al. Optimizing ecosystem services in China[J]. Science, 2008, 322(5901):528.

[14] Niu Z G, Zhang H Y, Gong P. More protection for China's wetlands[J]. Nature, 2011, 471

(7338):305.

[15] Pan X B, Wang B. Time for China to restore its natural wetlands[J]. Nature, 2009, 459 (7245):321.

[16] Reddy K R, DeLaune R D. Biogeochemistry of Wetlands: Science and Applications[M]. Boca Raton:CRC Press, 2008.

[17] Yu X F, Zou Y C,Jiang M, et al. Response of soil constituents to freezeethaw cycles in wetland soil solution[J]. Soil Biology &Biochemistry, 2011, 43:1308－1320.

[18] Zhang L M, Offre P R, He J Z, et al. Autotrophic ammonia oxidation by soil thaumarchaea[J]. Proceedings of the National Academy of Sciences of the United States of America, 2010, 107(40): 17240－17245.

[19] Zou Y C, Jiang M, Yu X F, et al. Distribution and biological cycle of iron in freshwater peatlands of Sanjiang Plain[J]. Northeast China Geoderma, 2011, 164:238－248.

撰稿人:吕宪国　于君宝　王学雷　邹元春

海洋生态系统研究

一、引言

海洋覆盖着地球表面71%的面积，以其巨大的能力调节着全球的环境，支撑着人类的生存和发展。海洋吸收80%的太阳能，年产360亿吨氧，提供大气70%的氧气；年蒸发44万立方千米的淡水；年生产1350亿吨有机碳；为全球提供22%的动物蛋白；每年为全人类提供40多万亿海洋生态系统服务价值；而且在缓解海洋环境的污染、缓冲气候变化的扰动，维持海洋生物多样性和海洋生物资源可持续发展等方面发挥着巨大的作用。海洋生态系统与人类社会经济发展休戚相关。海洋生态系统已经成为当今自然科学研究领域的研究热点。

我国海域跨越热带、亚热带和温带三个气候带，拥有6500多个500平方米以上的岛屿，大陆和海岛岸线32000多千米，海洋生态系统复杂多样。2008年我国近海19.31万平方千米海域提供了海洋生态系统服务价值1.03万亿元；2010年我国海洋生产总值38439亿，占我国国内生产总值9.7%；海洋产业提供涉海就业人员3350万人。海洋生态系统为我国社会经济的高速发展发挥着重要的支撑作用，然而也面临着前所未有的环境污染压力和挑战。在本专题中我们收集了近五年来国内外海洋生态系统研究的文献，从海洋生态调查与研究、近海生态系统食物产出的可持续利用、海洋生态系统服务功能、海洋污染与富营养化、海洋濒危动物的保护、流域-河口区生态系统管理和海洋生态系统的恢复等不同的角度客观地回顾了我国海洋生态系统研究最新进展，总结取得的成果，比较国内外发展动态，并展望发展趋势，提出今后的研究方向。

二、最新研究进展

(一)海洋生态调查与研究

日益加剧的人类活动与全球气候变化正在影响着全球不同海域的生态系统，对海洋环境和生物资源状况的了解有利于国家的根本利益，有利于加快建设海洋生态文明与和谐社会的宏伟目标。近年来，海洋生态调查与研究受到了前所未有的关注，调查研究的方法、技术、内容和深度等方面均取得重大进展。

在海洋生态调查与观测新技术和新方法的研究与应用方面，国内外学者对浮游植物自动识别和显微图像处理进行不断探索，研发了海洋赤潮浮游植物自动识别系统，建立了藻类显微图像轮廓提取方法和基于轮廓标记图的硅藻特征描述及分类方法；流式影像术和分子生物学技术在海洋微型浮游植物物种鉴定、系统发生学、群落组成、生态适应与生态功能等方面进一步得到广泛应用。更多地使用新技术探讨底栖生物在沉积物-海水界面(SWI)中的作用是水层-底栖系统耦合研究的重要内容,从中揭示生源要素的生物地球化学循环途径和机制,对探讨海洋生态系统动力学研究具有重要作用。分子生物学方法在小型底栖生物的生物学和生态学,特别是在系统发育分析和遗传多样性方面得到了广泛应用,有助于揭示生物膜的生物信息效应并最终阐明幼虫附着的机理。分子生物学多样性研究正在兴起,广泛应用于小型底栖动物提取的 Ludox 液被引入到微型底栖生物的定量提取中,最终形成既能广泛应用于生态学研究,又能获得生物高分辨率的密度梯度离心结合定量蛋白银染色法(Ludox - QPS)。多元统计技术和计算机的广泛应用,促进了对底栖生物生物指数的研究。

在研究内容与范围方面,粒径谱和微食物网的重大发现已使科学家认识到海洋微型浮游植物在海洋生态系统的物质循环和能量流动中的重要意义,微型浮游生物的研究越来越受到重视,粒径谱一直是过去 30 年海洋生态学的研究热点[1]。当前底栖生物研究的时空尺度明显扩大,空间范围扩展到全球,年际和十年际的时间系列成为重点。大型底栖生物研究更加成熟,小型底栖生物和微型底栖生物研究正在兴起。国内对微型底栖生物各类群的种类组成、现存量、分布等分别有少量研究,但缺乏近岸海域大面积的调查研究结果。厦门大学近海海洋环境科学国家重点实验室"海洋初级生产力结构及微型生物生态学研究"成果获得我国 2006 年度国家自然科学二等奖。该成果针对初级生产力这个核心问题,瞄准"海洋微型生物"这一新近崛起的国际前沿科学问题,通过方法创新、理论深化以及 10 年来系统的现场实测研究,获取了我国东海、南海等代表性海区大量的第一手资料。形成了关于海洋初级生产力形成机制、微型生物在海洋生态系统中地位和作用的系统成果。该研究使我国海洋微型生物研究在理论和方法上都取得了突破性进展,填补了"新生产力"、"原绿球藻"、"好氧不产氧光合异养菌"等前沿空白。引发和带动了此后若干基金项目的后续研究,形成了"海洋微型生物生态学"新学科方向。2008 年国际海洋科学委员会(SCOR)为此设立了专门的科学工作组(由焦念志院士和 Farooq Azam 教授为共同主席)。该成果于 2010 年被美国 *Science* 杂志报道,并 3 次被邀请在英国 *Nature* 微生物学综述上发表论文。该成果还入选 2010 年度中国高等学校十大科技进展。

在研究方法与手段方面,数学模型在研究浮游生态系统食物网途径和营养动力学方面扮演着重要角色。随着资源卫星、遥感、地理信息系统和计算机的广泛使用,使浮游生物的生态学研究发展到以生物群落和海洋环境作为一个整体的生态学研究。国内目前应用遥感和常规观测等数据,采用三维变分同化技术,构建三维物理-化学-生物耦合模型,模拟海洋浮游生态系统主要状态变量的变化特征[2,3]。此外,浮游生物多联网(MULTI-NET)和生态浮标的投放使用使监测手段现代化。基于全球气候变化,结合现场观测和受控试验,以气候异常和人类活动影响为切入点,探讨底栖生物的功能响应成了一个重要的研究热点。

1. 近海生态调查与研究

2003 年 9 月,"我国近海海洋综合调查与评价"专项(简称"908"专项)获国务院批准立项。"908"专项采用传统调查和最新生物技术相结合的方法,开展了我国至今为止调查区域最广泛、内容最全面的海洋生物生态调查,不仅发现了一批新种和国内新记录种,而且对我国的海洋生物多样性、丰度和分布规律有了比较全面系统的了解,为科学评价我国海域的生物资源和生态环境，探索海洋生物对全球气候变化的响应，以及海洋生物多样性保护和生物资源可持续利用提供了科学依据。其主要工作亮点及创新如下。

(1)海洋生物调查的内容丰富，技术手段先进。

与以往全国海洋综合调查、海岸带资源综合调查等相比，本次调查新增了生物遗传多样性、微生物病毒、微微型生物、小型底栖生物、污损生物、濒危生物等，大大丰富了海洋生物调查的内容。此外，本次调查还首次将分子生物学手段引入大规模的生态调查中，尤其在遗传多样性方面，对小黄鱼、玉筋鱼、花鲈、黄姑鱼、斑海豹、中华绒螯蟹、栉孔扇贝、皱纹盘鲍、海蜇、鼠尾藻、虾夷扇贝、圆斑星鲽、江蓠等多种生物进行了研究，取得了丰富的资料和成果。

(2)发现了多个新种和国内新记录种。

福建近海发现了浮游生物水母类 25 个新种；在我国首次对小型底栖桡足类进行较为系统地分类研究，其中 63 种底栖桡足类为我国首次发现；东海至台湾海峡有 90 种鱼类为首次记录；潮间带调查发现中国硬毛藻属新记录种——强壮硬毛藻；辽东海域新发现截形麦海螂和绿鳍鱼；长江口海区也发现多种浮游生物新记录。

(3)对我国海洋生物的分布规律有了新的认识。

通过本次调查，进一步揭示了中国近海海洋生物种类分布特征：随着纬度降低，生物多样性明显上升，海洋生物种数量明显增加。中国近海各海区叶绿素 a 含量比较接近，渤海稍高一些，初级生产力水平东海明显高于其他海域。微型浮游生物丰度的平面分布趋势与初级生产力的分布相一致。小型浮游生物丰度在黄海明显高于其他海域。大型浮游生物生物量以黄海为最高，其余 3 个海区比较接近。仔鱼丰度在渤海和南海较高。浮游动物一些暖水种(如：小齿海樽)的分布界限有北移趋势。大型底栖生物的群落组成趋向小型化。与历史资料相比，渤、黄、东、南海浮游动物生物量均出现上升趋势，浮游动物丰度的上升尤其明显。

“908”专项中的海洋化学调查，开展了 4 个季度 9 个国家级调查区块和 11 个省市级调查区的海水化学、海洋沉积物化学、海洋大气化学、海洋生物质量和海洋放射性化学调查工作，初步摸清我国海水水质、大气环境质量、沉积环境质量以及生物生态环境质量现状，并对海陆相互作用与我国近海海洋环境问题进行探讨，为我国海陆统筹、海洋经济与环境保护协调发展、防灾减灾提供决策服务。其取得的主要成果及创新如下。

(1)分析探讨了我国近海区域海洋化学的重要问题。

借助专项的调查成果，探讨近海区域性海洋化学中的相关研究热点，包括我国东海长江口外和南海珠江口外海域夏季底层存在的低氧区以及低氧区的形成机制；我国沿岸流的环境特征与演变规律以及对沿岸海洋环境的影响；黄海冷水团在黄海生源要素生物地球化学循环中的作用和地位等，加深对我国近海海洋环境的认识。

(2)全面分析研究了我国近海海洋环境状况。

首次分析了我国近海海域陆源和海源金属成分的富集程度和污染特征，结果表明陆源元素铝在北方的浓度略高于南方；钠则无明显的季节和区域性特征；钙在北方受到陆源物质和海源物质共同影响；镁在渤海湾受到陆源物质和海源物质共同影响外，其他海域都以海源物质输入为主；铜、铅、镉、钒、锌在所有海域对钠显示出高度富集，但对铝的富集程度略低于钠，基本上各种重金属浓度随着离海岸线距离的增加而降低，近海海域均受到人类活动的污染。我国近海各种重金属浓度基本低于国内城市重金属浓度，总体上高于北欧的丹麦。对比我国工业分布，经济发达的长三角、珠三角和东北渤黄海工业区重金属污染高于其他海区。

全面评估了我国近岸河口港湾富营养化和重金属污染的致害因素及其引起的各种可能的富营养化、持久性有机污染和重金属污染状况，对我国近岸河口港湾富营养化状态、持久性有机污染和重金属污染程度做出了科学合理的评价。①黄河口沉积物中汞的污染程度较高，达到中等污染程度，铜、镉也是主要的污染物来源，但铜的生态毒性较小，因此镉、汞成为该河口区主要的潜在生态风险元素，总体上该河口区属于中等潜在生态风险；长江口沉积物中锌的污染略高，但均属于低污染程度；汞、镉同样是潜在生态风险的主要来源，总体上属于低潜在生态风险；珠江口沉积物中镉、汞、砷属于中等污染水平，镉、汞的潜在生态风险较高，总体上属于中等潜在生态风险，该河口区需要关注镉的污染程度和潜在生态风险局部激增的特点。②黄河口的富营养化评价状况为良；长江口的富营养化评价状况为劣；珠江口的富营养化评价状况为中。③渤海海域沉积物中 PCBs 污染程度没有明显的变化趋势，DDTs 污染明显加重，说明尽管已经禁止使用 DDT，但渤海海域近年来仍存在新的 DDTs 污染源，PAHs 污染加重，这与天津等发达城市和地区的社会经济高速发展密切相关；黄海海域沉积物中 DDTs 的污染不能忽视，更为重要的是该海域新型污染物的污染加剧，达到生态毒理风险，主要污染物是二、三环芴、菲、蒽、萘；东海海域沉积物中 DDTs 存在一定生态风险，尤其是厦门海域存在较高的生态风险，福建和上海沿海检出强致癌物苯并[a]芘，应关注其生态危害；南海沉积物中主要污染物为 DDT，达到生态毒理风险水平，广西的 DDT 污染较重，尤其是北部湾海域。

(3)提出了我国近海海洋环境问题对策。

针对“908”专项海洋化学调查研究发现的问题，提出我国近海海洋环境问题对策，包括建立入海污染物总量控制制度；加强近海水体底层缺氧区的监控与管理；加强河口港湾富营养化监控与管理；加强陆源污染物输入对沉积物质量影响的评估与管理；应对气候变化、加强温室气体的监测与削减；加强持久性有机物的监测、控制污染源和规范产业布局；强化对海上石油开采、海上油污染、油库的监控和规范管理；加强重金属污染总量控制、规范产业布局与整治的管理办法；加强海洋生态环境常态化调查与污染治理措施；统筹经济建设与海洋环境保护协调发展；完善和健全海洋保护法规体系、加强海洋生态保护引导与管理；加强法律法规的宣传教育、加大海洋生态环境保护力度等各项环境问题对策。

国家海洋局在“908”专项海洋生物生态调查的基础上，组织开展了国家科技计划——“中国海及邻近西北太平洋海洋生物物种编目和分布图集编制”(2006FY220700)，“908”专项——“中国海洋生物种类名录和图谱”(908－ZC－Ⅱ－02)和“908 专项海洋生物样品库建设”研究工作。参考黄宗国[4]和刘瑞玉[5]研究团队的研究成果，通过对我国及西北太平洋开阔洋区海洋生物样品(标本)鉴定分类、实测数据的分析和文献资料的收集研究，发现、记录和收录了我国海域海洋生物 59 门类 26180 种，海洋生物形态图 18000 种 26000 种次，形成了中国海域海洋生物种名与形态图相配套的集成性创新成果[6,7]，近期拟出版《中国海洋物种多样性上册》、《中国海洋物种多样性下册》、《中国海洋生物图集第一册》、

《中国海洋生物图集第二册》、《中国海洋生物图集第三册》、《中国海洋生物图集第四册》、《中国海洋生物图集第五册》、《中国海洋生物图集第六册》、《中国海洋生物图集第七册》和《中国海洋生物图集第八册》等十册海洋生物多样性基础知识专著；西北太平洋浮游植物、浮游动物、寄生桡足类和小型底栖生物的物种 6363 种(含亚种和变种)，其中有 2419 种是我国以往尚未收录的西北太平洋海洋生物物种，较以往增加了 61%，研制了西北太平洋海洋生物分布图件 225 幅，其中微微型浮游生物 40 幅，浮游动物 131 幅，小型底栖生物 54 幅，形成了我国首部原创性的西北太平洋生物多样性知识基础研究典籍；通过海洋生物样品的收集和整理整合，保藏了我国海域和西北太平洋海洋生物样品 44000 份，标本 2000 号，模式标本 100 号，建立了海洋生物样品库[8]，初步形了海洋生物样品(标本)保藏和综合利用体系，为海洋科学研究提供样品实物及相关信息服务。研究工作在新分类阶元(新属新种)创立，分类阶元新分布的发现(新记录种)，分类阶元的组合与重构，新分类系统的应用，系统发育关系的重建，生物栖息生境和生态习性的提出，已知物种排序及其分布分析，种类丰度(生物量)时空分布图的研制，海洋生物生态文献资料编目，海洋生物样品(标本)收集、保藏和利用等方面获得了丰硕成果，加强了我国海洋生物分类和生物多样性基础研究的能力建设，在稳定海洋生物分类研究队伍，留住人才，开展区域合作和国际学术交流、构建数据共享和分类资源平台等方面起了关键作用，提升了我国在海洋生物多样性研究和保护方面的话语权，适应国家对海洋资源与权益的需求。

近年来，全球气候变化背景下的我国浮游生物生态响应研究报道日益广泛，尤其是胶州湾、长江口、台湾海峡及邻近海域，工作不断由初始状态走向深入。从大气和海洋学科交叉的角度出发，以我国近海若干典型海域为对象，较为系统地开展了气候变化对中国近海环境与生态影响的研究和评估，并提出了我国近海生态系统的气候变化适应性对策措施。研究东海近海浮游动物对全球变暖的响应，发现长江口暖温种真刺唇角水蚤、拟长脚蛾等的丰度比历史同期明显下降[9]；温水种和多数暖温种地理分布北移，广温性暖温种中华哲水蚤高丰度峰值提早消退[10]。比较分析全球气候变化背景下台湾海峡浮游植物的长期变化趋势，发现台湾海峡浮游植物物种多样性指数和均匀度下降，细胞丰度增加，暖水种比例提高，主要优势种组成趋于简单和小型化[11]。台湾海峡上升流区浮游植物生长的营养盐限制因子研究表明浮游植物总细胞密度呈增加趋势，优势种的组成和排序出现了年代际变化[12]。

大海洋生态系概念自 20 世纪 80 年代提出，受到了广泛关注与支持。目前，全球已划出 64 个大海洋生态系统，覆盖海域面积超过 20 万平方千米，提供了全球 95%的渔业产出[13]。"减轻黄海大海洋生态系环境压力项目"由全球环境基金(GEF)资助、联合国开发计划署(UNDP)实施，目的是减轻黄海周边国家高速发展给黄海生态环境造成的压力，促进生态系统的可持续发展。项目于 2005 年正式启动，设污染、生物多样性、生态系统、渔业和投资 5 个工作组，通过跨边界诊断分析[14]，确定黄海大海洋生态系所面临的问题，形成国家和区域的黄海战略行动计划[15]，并推动区域战略行动计划的实施。目的是为了有效地减轻该海域所承受的社会、经济发展所带来的压力，推进对黄海大海洋生态系的可持续利用和管理，促进黄海周边国家社会、经济的发展。

中国东部陆架边缘海是我国重要的经济海域，其重要的战略地位及经济贡献对我国发展至关重要。对海洋环境和生物资源的了解有利于国家的根本利益，有利于加快创建和谐社会的宏伟目标。为此，“973”计划项目“中国东部陆架边缘海海洋物理环境演变及其环境效应(2005—2010)”，针对中国东部陆架边缘海这样一个层化结构多变、多种运动形态耦合的复杂动力学系统中的物理环境的演变及其环境效应开展了深入研究。项目获得了我国典型海域长达60年之久的浮游植物种类多样性和群落结构的长期演变特征与模式，发现浮游植物种类呈现多样性下降、个体小型化、暖水性种类和赤潮种类增加的趋势；从细胞、生理、生化与分子水平等多层面探讨了中国东部边缘海浮游植物群落结构和多样性对环境演变的响应机制；初步揭示了黄、东海夏季浮游动物群落结构特征及其与水系分布的关系；在分子水平上初步揭示了黄、东海常见浮游动物中华哲水蚤等地理分布的连续性；探讨了桡足类在个体水平、生化水平上对环境变化的响应机制；研究总结了长江口及其邻近海域重要浮游生物类群——水螅水母类的物种多样性，为确定指示种并分析其对物理环境变化的响应奠定了基础；初步阐明蓝点马鲛渔场动态对水温的响应关系；初步揭示乳山口带鱼产卵场消失的环境与生物学机制；在国内首次将鱼类耳石形态学分析用于不同地理区域的鱼类种群识别；开展了西北太平洋梭鱼、花鲈等海洋鱼类遗传多样性及空间分布研究，在国际上首次揭示了不同的系统地理格局及不同时间尺度上海洋物理环境变迁对其的影响，同时发现这些地质与气候的变迁对不同的鱼类产生的影响并不完全相同。该项目为西北太平洋海洋鱼类分子生物地理学研究奠定了良好的基础，是我国海洋鱼类分子地理学与系统资源学研究的新突破。

2. 大洋生态调查与研究

大洋生态系统是地球上最大的生态系统，在全球生物地球化学循环、全球变化和生态学过程中起着十分重要的作用。但当前人们对大洋生物及生态系统的了解十分有限，仍有90%以上的深海区未被深入调查与研究，难以满足保护与大洋资源可持续开发利用的要求，急需加强对大洋生态系统的调查与研究。

近年来，我国“大洋一号”远洋科考船分别对东太平洋海隆区、南太平洋劳盆地、西南印度洋和南大西洋深海热液区进行了调查，在上述各个调查区都发现了海底热液喷口。获得少量热液生物样品，已初步对腔肠动物的海葵、甲壳动物的蔓足类、铠甲虾及蟹类等样品进行了分类鉴定，并对部分样品进行分子系统发育研究[16]。初步结果表明西南印度洋热液生物群落介于西太平洋与大西洋之间，但与西太平洋更为接近。此外，在太平洋海盆和海山区及印度洋热液区发现了多个微生物新种[17—20]。

在我国“大洋环境基线及自然变化”(NaVaBa)计划研究期间，通过El Nino和La Niña年与正常年份太平洋深海区的物理环境(温、盐、流等)、生源要素、微型食物环和生物生产过程的对比研究，表明La Niña是上层海洋化学和生物环境年间变化的主要控制因子。

2010年5月31日—7月18日，“蛟龙”号载人潜水器在中国南海3000米级海上试验中取得巨大成功，这标志着我国继美、法、俄、日之后，成为世界上第五个掌握3500米以上大深度载人深潜技术的国家。2011年7月28日，“蛟龙”号载人潜水器顺利完成潜水5188米海试任务。“蛟龙”号载人潜水器5000米级海试成功，是中国海洋科技发展的又一个里程碑，是各有关部门、参试单位通力合作的典范，为有效执行海洋地球化学、海洋地球环境和海洋生物等海洋生态科学考察提供了坚实的保障。国家海洋局表示，通过本次海试，“蛟龙”号载人潜水器各项指标得到进一步检验，实现了中国载人深潜的新突破，标志着中国具备了到达全球 70% 以上海洋深处进行作业的能力，极大增强了中国科技工作者进军深海大洋、探索海洋奥秘的信心和决心。“蛟龙”号设计潜水深度为世界第一的 7000 米，预计 2012 年将进行 7000 米级海试。

3. 极地海洋生态调查与研究

近年来极地生态调查与研究取得如下进展[21—23]。

(1)用高速采集器采集南极海域浮游动物和磷虾样品；调查普里兹湾内浮游动物和磷虾、浮游植物；收集了普里兹湾底栖生物样品、中山站和戴维斯站附近潮间带生物样品；调查了埃默里冰架前缘的浮游生物和磷虾；研究了表层叶绿素浓度和温度等环境因素；开展了普里兹湾浮游动物群落研究。

(2)2006 年度北极黄河站考察期间，对监测断面 5 个站位 200 米水深温度、盐度、叶绿素、光量剖面进行了现场测定，并开展了荧光标记摄食实验、系列稀释实验和暗适应实验。分离出 100 余株微藻样品，其中有近一半为鞭毛类。研究分析验证了北极王湾也存在着混合营养型浮游生物，但其丰度较低。

(3)极地海区浮游动物卵库结构、年龄及其进化记录的研究分别在北极黄河站和南极长城站进行了现场采样与分析。

(4)我国历次北极科学考察成果丰硕，发现了位于北冰洋、大西洋扇区的北极涛动核心区；揭示了北太平洋海冰变化与西伯利亚变暖现象以及东亚气候变化的可预测性；改进了现有冰-海耦合气候模式；重建了白令海千年尺度的气候变化历史，证实了冰期亚北极太平洋中层水的来源。

(5)2010 年我国第四次北极科学考察是历次北极考察中时间最长和调查范围最广的一次。雪龙船和船载直升机分别抵达北纬 88 度 26 分和北纬 90 度的站点，取得了一批重要的科考成果。在北极高纬度地区利用生物垂直分层采集器进行了 3000 米水深至表层的深水精确分层采集浮游生物样品；成功采集到我国迄今在地球最北海域的鱼类生物样品；在北极点海域投放了 XCTD，采集了冰芯样品和布放了冰漂移浮标，开展了海洋学和海冰生态学考察，填补了我国在极点海域科学考察的空白。

(6)开展了南极长城站和北极黄河站生态环境监测与研究，获得了南极长城站和北极黄河站近岸海域 20 个长期站位的温度、盐度、叶绿素和营养盐剖面，以及微型、小型浮游生物丰度和群落结构等数据资料；证实了微型生物在极地海洋浮游生态系统中的重要生态地位；完成了长城湾和阿德雷湾两条断面的生态调查工作，开展了站区环境影响评价研究。

(二)近海生态系统食物产出的可持续利用

作为养殖大国，当前我国面临着海洋渔业生态环境遭受破坏，渔业资源过度开发，渔业协定的执行使得我国可捕渔业资源下降，可作业水域大为缩小的局面，近海生态系统食物产出的可持续利用研究受到了前所未有的关注。

“十一五”期间，农业部先后启动了农业行业科研专项和现代农业产业技术体系建设，选择重点养殖品种如大黄鱼、鳗鲡、鳝鱼等建立现代产业技术体系。在水产育种技术方面，在世界上首次提出了适用于鱼类育种的多基因、多性状综合分析选种技术方法，并研发出相应的选择育种软件，解决了基因研究结果无法直接用于育种研究的国际性技术难题等。

在欧盟第六框架计划和科技部国际合作研究基金资助下开展了“海岸带复合系统中的生态海水养殖研究”(简称SPEAR，2005—2008)和关联研究“河口和近海富营养化评价方法研究”(2007—2008)。项目分别以山东省的桑沟湾和浙江省的黄墩港为研究海区，借助经典和现代手段进行了周年的现场调查、实验测定和土地利用观测等，获得了两个海区的理化、生物、生态学基础数据[24,25]和流域的自然环境与社会经济学基础数据，建立了数据管理和服务平台，建立了多种模型，这些成果不仅可以研究预测养殖生物的生长[26]，而且可以对养殖生产模式的规划调整进行综合研究与评估[27—31]，为海岸带可持续利用提供科学依据，为评估海湾可持续利用方式提供服务。

2008年12月，“半滑舌鳎分子标记辅助性别控制”研究成果被“Nature China(自然中国)”列为来自中国内地和香港地区的突出科学研究成果和研究亮点。2009年3月，“十一五”科技支撑计划专题“篮子鱼苗种规模化繁育技术研究”项目通过验收。该项目在国内率先实现了长鳍篮子鱼和点篮子鱼的人工繁殖，缓解了我国目前海水养殖鱼类以肉食性鱼类为主对环境造成的压力，改善“捕小鱼喂大鱼”的现象，具有生态和经济双重重大意义。2010年11月，“973”计划“我国近海生态系统食物产出的关键过程及其可持续机理研究”项目通过验收，项目不仅在陆架环境的生态系统动力学、生物地球化学与生态系统整合研究等基础研究领域取得了丰硕的研究成果，进入学科发展的国际前沿，而且在探索可持续发展产业模式的技术需求方面取得了重要突破。构建了多营养层次综合养殖新生产模式，实现了海水养殖的生态系统水平管理(EBM)，具有明显的创新性和引领性。

2010年6月，中国工程院唐启升院士在第四届中国生物产业大会作了题为“碳汇渔业与海水养殖业——一个战略性的新兴产业”的主题报告，首次正式提出“碳汇渔业”概念。2010年11月，由中国工程院主办，中国水产科学研究院和中国工程院农业学部共同承办的中国工程院第109场工程科技论坛“碳汇渔业与渔业低碳技术”在北京成功召开。2011年2月，我国首个碳汇渔业养殖基地落户连江，面积266.7 hm^2。2011年5月，在“低碳之道”环保沙龙第七期活动上，环保专家透露，东海今年将建设一个新型海洋牧场示范区暨碳汇渔业实验区，开始蓝色碳汇的发展与实践探索海洋碳汇与碳汇渔业技术。

在国家“863”计划资助的“半滑舌鳎生殖调控和人工繁育技术”、“海水养殖种苗培育技术标准的平台技术”、“重要海水养殖鱼类性别控制及全雌苗种制种技术研究”、“海水鱼虾性别控制技术研究”及国家自然科学基金资助的“半滑舌鳎种质资源及分子标记”等项目完成的“半滑舌鳎苗种规模化繁育及健康养殖技术开发与应用”项目成果获得2010年度国家科技进步二等奖。

2011年4月，“十一五”国家“863”计划现代农业技术领域“海水养殖种子工程”重大项目通过验收，该项目培育了3个国家审定的水产新品种并进行了产业推广，有效提升了我国海洋生物种质创新的能力。国家“863”计划“牙鲆高产抗逆品种培育”、国家科技支撑计划“牙鲆速生抗病品种培育”等项目培育的牙鲆杂交新品种“鲆优 1 号”生长速度快、养殖成活率高，目前已在福建推广。

（三）海洋生态系统服务功能

海洋生态系统是人类社会重要的生命支持系统，为人类福利提供了大量的服务。海洋生态系统服务研究属于生态学和环境经济学交叉学科前沿的研究热点。我国科学家在海洋生态系统服务领域开展了系统深入的研究，取得了创新的成果。

1. 开展大量案例研究，不断完善海洋生态系统服务理论框架

明确界定了海洋生态系统服务的概念、分类体系、价值构成、评估指标、评估方法、计算模型。评估了我国四大海区的近海生态系统服务价值，揭示了我国近海生态系统服务价值的空间分布规律。

全国近海 19.31 万平方千米的海域，2008 年提供的生态系统服务价值为 1.03 万亿元，平均每平方千米海域每年产出 557.44 万元。其中，渤海近海提供服务价值为 2152.40 亿元，平均 626.43 万元/平方千米；黄海近海产出的服务价值为 3288.58 亿元，平均 755.28 万元/平方千米；东海近海产出的服务价值为 1914.84 亿元，平均 337.60 万元/平方千米；南海北部近海产出的服务价值为 2986.02 亿元，平均 510.44 万元/平方千米。

全国近海生态系统服务价值的空间分布呈现如下三个特征：①在全国尺度，近海生态系统服务价值的分布密度基本遵守从海岸线向外海总体上呈现减少的规律。②在局部海域，服务价值的空间分布格局主要取决于养殖区的分布。养殖生产面积大、产值高的海域，服务价值分布密度较高。③在海洋旅游区分布的局部海域，其服务价值分布密度显著高于其他海域。生态系统服务价值分布的高值区集中分布于辽东半岛近海、福州—厦门近海、珠江口及其邻近海域、北部湾近海海域；中值区主要分布于胶东半岛近海、浙江近海、琼州海峡两侧海域；其他海域的服务价值分布密度较低。

全国 11 个沿海省、市、自治区比较，辽宁、山东、广西和海南 4 省近海属于供给服务利用主导型；河北和天津属于文化服务利用主导型；江苏、上海、浙江、福建和广东属于供给和文化服务综合利用型。供给服务主导型的利用模式对海洋生态资源的依赖较大，文化服务主导型的利用模式对海洋环境质量的依赖较大。

2. 建立了海洋生态资本评估框架

综合运用自然资本理论、生态系统服务理论和生态经济学理论，提出海洋生态资本的概念体系、结构要素、价值构成、评估指标体系、评估方法、计算模型。所建立的评估方法在多个空间尺度上得到验证和应用。在万平方千米尺度（海盆尺度）开展验证，编写了渤海、黄海、东海和南海的近海海洋生态资本价值评估报告；在千平方千米尺度（地级市尺度）开展验证，编写了山东近海生态资本评估报告；在百平方千米尺度（海湾尺度）开展验证，编写了福建罗源湾和东山湾生态资本评估报告。在上述验证的基础上，编写了《海洋生态资本评估技术导则》，为环境评价业务提供了计算生态补偿费的技术与方法。

（四）海洋污染与富营养化

污染生态学是近年来新兴的一门学科，是研究污染物、生物与环境三者的相互关系以

及污染物在生物与环境之间的迁移、转化、累积的规律和污染物生物生态效应的学科。海洋污染生态学的研究主要包括：污染物在海洋环境中的迁移、转化、积累及其规律；污染物对海洋生物的毒性效应以及生物标志物的应用；污染物对海洋生态系统结构与功能的影响及其生态风险评价；富营养化与赤潮的形成过程、机制和危害等。

近年来，我国开展了持久性有机污染物（persistent organic pollutants，POPs）和新型污染物在不同环境介质中的分布情况及其迁移转化的研究；探讨了单一污染和复合污染的生物毒性效应及其作用机制，并应用生物标志物的方法开展海区污染效应监测和评价研究；根据监测结果进行生态风险评价，并进行了生态风险评价新方法的研究和应用；从赤潮等有害藻华入手，重点研究了过量营养盐输入近海导致的富营养化问题及其生态安全效应。

1. 污染物在海洋环境中的迁移、转化、积累及其规律

2009年5月4—8日在瑞士日内瓦举行的缔约方大会第四届会议决定将全氟辛基磺酸及其盐类、全氟辛基磺酰氟、商用五溴联苯醚、商用八溴联苯醚、开蓬、林丹、五氯苯、α-六六六、β-六六六和六溴联苯等九种新增化学物质列入公约附件A、B或C的受控范围。目前，相关领域专家正在进行包括短链氯化石蜡（short chain chlorinated paraffins，SCCPs）、硫丹（endosulfans）及六溴环十二烷（hexabromocyclododecanes，HBCDs）等化学品的评估以决定是否在下次会上讨论并最终进入受控名单。斯德哥尔摩公约新增POPs是目前国际环境科学也是海洋污染生态学研究的热点领域，同时其所引起的环境污染问题也是影响我国环境安全的一个重要因素。

2007年，国务院批准了《中国履行〈关于持久性有机污染物的斯德哥尔摩公约〉国家实施计划》。针对新增POPs，近年来，我国已陆续启动了相关的研究项目，围绕其含量的年代变化、不同海域的空间分布、海水和沉积物中的迁移、光解和生物降解、生物富集及其沿食物链（网）生物放大效应等开展了大量的调查和研究[32]。

2. 污染物对海洋生物的毒性效应以及生物标志物的应用

在我国，针对目前备受关注的石油类、POPs、重金属和环境内分泌干扰物等开展的污染物对海洋生物的毒性效应及其生物标志物研究多停留于实验室研究，在海洋环境中进行污染监测和评价的研究较少。

在生物标志物的海洋监测应用研究方面，林忠胜等（2007）在大连大长山岛海域研究了季节变化对海洋鱼类EROD活性的影响[33]。张玉生研究员领导的研究小组在多年研究的基础上，进一步开展了比较系统的石油类污染鱼肝微粒体EROD、鱼鳃EROD和鱼胆汁FACs生物标志物监测技术的研究，在实验室条件下研究和优化了测定条件[34,35]，并成功地应用于实际海区污染生化效应监测中[36]。

3. 污染物对海洋生态系统结构与功能的影响及其生态风险评价

2006年以来，我国的科研工作者对辽宁锦州湾、山东双岛湾、唐岛湾、长江口及其邻近海域、福建各主要海湾、广东红海湾、珠江口、深圳湾近岸海域、海南小海等海域进行了突发性溢油、重金属、有机污染的现场调查，根据监测结果进行生态风险评价，结果表明，我国近岸局部海域的污染相对严重，潜在生态风险较高，应引起重视。

4. 近海富营养化与赤潮

我国的赤潮研究开始于20世纪70年代末。90年代后，通过国家自然科学基金重大项目的支持，对我国近海赤潮生物分类、生态生理特征、赤潮与富营养化的关系、藻毒素生态毒理学以及赤潮防治对策进行了比较系统的研究，取得了一批重要成果。在此基础上由周名江研究员和朱明远研究员共同主持的“973”计划项目“我国近海有害赤潮发生的生态学、海洋学机制及预测防治”于2002—2007年进行[37,38]。项目主要围绕我国重要有害赤潮种的生物学特征及生态适应策略、我国近海赤潮高发区有害赤潮与富营养化的关系、我国近海赤潮高发区有害赤潮生消关键物理过程、数值模拟与预测、我国近海有害赤潮的危害机理及防治机理等内容开展研究，基本阐明了大规模甲藻赤潮形成的生物学与生态学机制，为东海大规模甲藻赤潮的预测奠定了生物学基础；揭示了东海赤潮区主要营养盐的动态变化与大规模赤潮生消过程的关系，查明了东海大规模赤潮原因种对营养盐的特殊适应能力；基本明确了大规模甲藻赤潮发生的物理海洋学机制，为赤潮的模拟和预测奠定了良好的基础[39]；为东海大规模赤潮的监测和预测提供了重要的方法学手段；为东海大规模赤潮的灾害预警与防灾减灾提供了基础理论依据和应用方法体系。

(五)海洋濒危动物的保护

我国现有的海洋生物中有许多是中国特有种或世界珍稀物种，如国家一级保护动物中华白海豚(*Sousa chinensis*)、儒艮(*Dugong dugong*)和中华鲟(*Acipenser sturio*)等。我国丰富的海洋生物多样性不仅具有世界范围内的保护价值，更是我国人民长期开发利用的重要自然资源。然而，目前由于人类活动对海洋生态环境的过度干扰，约37%的濒危、渐危和稀有的脊椎动物受到过度捕捞的威胁，许多物种已处于濒危状态。

1. 海洋动物濒危机制的研究

近年来，我国开展了“中国生物多样性保护生态学”、“濒危植物保护生态学”和“生物多样性保育与持续利用的生物学基础”等一系列重大科研项目研究，初步查明了我国主要珊瑚礁生态系统的受损现状及其原因，一些濒危物种的分布及其致危因素，并通过种群生存力分析和DNA序列分析等方法，评估了一些重要濒危物种的受威胁状态及其机制。

不同海洋动物的濒危机制有所不同，但基本上都是人类活动直接或间接造成的，如过度捕捞(或误捕误伤)、栖息地丧失和环境污染等[40]。近年来，我国已经取得了宽吻海豚(*Tursiops truncatus*)、斑海豹(*Phoca largha*)、绿海龟(*Chelonia mydas*)、中华鲟、文昌鱼(*Branchiostoma belcheri*)、中国鲎(*Tachypleus tridentatus*)等海洋濒危动物人工饲养和繁殖的成功，使得这些物种摆脱了灭绝的命运[41,42]。

2. 海洋濒危动物自然保护区的建设和管理

我国在海洋保护区研究方面，主要对保护区的面积大小和数量多少，保护区功能区的划定等问题进行了探讨，并借鉴了国外的一些先进经验，这对促进我国海洋自然保护区的建设和管理起到积极的作用[43]。到目前为止，我国建立的各级别海洋保护区(包括海洋自然保护区和海洋特别保护区)近150个，面积约470万hm^2。仅2011年就建立5个国家级海洋特别保护区和7个国家级海洋公园。此外，国家还颁布了《中华人民共和国自然保护区条例》,各保护区也出台了针对各自保护区管理的保护区管理条例或管理办法。这些保护区的建立和相应法律法规的颁布对我国海洋濒危动物的保护起到了重要的作用。

中国南部沿海生物多样性管理项目(Biodiversity Management in the Coastal Area of China's South Sea, SCCBD,以下简称SCCBD项目)是由全球环境基金(GEF)资助、联合国开发计划署(UNDP)执行、国家海洋局(SOA)实施的一项国别项目。1994年开始筹备,2002年获得GEF理事会的批准,2005年2月签署项目合同书,经过近7年的实践,项目完成了各项既定活动,取得了一系列的成果,受到了国内外验收专家的高度评价。其中,参与式的社区共管是SCCBD项目在广西示范区的重要实践活动和关键性产出,旨在通过倡导和实践自然保护区社区共管,更新自然保护区管理理念和对策,提高自然保护区的管理效能,促进自然保护区和周边社区的协调发展,向实现自然资源保护和社区社会经济发展共赢的目标迈进。基于社区的海洋保护区的管理必须始于利益相关者的分析,其管理的每一个环节均需利益相关者的参与。参与式的社区共管促进了可替代性生计的发展,使不同的利益相关者在环境权益方面达成共识。广西示范区社区共管已形成了以下特点和效果:社区共管有效而正当,公开信息、平等交流、参与决策,民间智慧和权益受到尊重,责任共担、利益分享。

3. 高度洄游物种的保护

在SCCBD项目中,在具有"洄游通道"之称的福建东山—广东南澳水域(东山—南澳示范区)开展了中华白海豚、中国鲎、海龟等重要洄游物种的保护行动计划,包括丰富重要物种洄游通道基线信息、推进公众参与保护行动以及洄游物种联合监测行动等,取得了显著的成效——①示范区内中华白海豚、中国鲎、海龟栖息地环境得到较大改善;②海洋珍稀物种资源正逐步恢复;③公众的保护与参与意识得到了较大提高。省际合作保护高度珍稀洄游物种经验模式在2008年由GEF评估办公室确定为向全球推广的最佳经验模式。

4. 海洋濒危动物增殖放流

开展增殖放流是养护海洋生物资源和保护海洋珍稀濒危动物的有效措施之一,对于增殖渔业资源和海洋珍稀濒危动物、修复海洋生态、促进渔业增效和渔民增收都具有重要意义。到目前为止,我国先后开展了中华鲟、绿海龟、中国鲎、文昌鱼等海洋濒危物种的人工增殖放流。仅2007—2008年全国就累计投入增殖放流资金5.7亿元,放流苗种达392亿尾,放流水域涵盖了近海海域及内陆重要江河湖泊,增殖对象包括鱼、虾、蟹、贝等重要水产苗种和少量濒危水生野生动物,取得了一定的生态效益、经济效益和社会效益。但目前我国用于海洋濒危动物增殖放流的物种种类和可用资金都很少,主要集中在文昌鱼、绿海龟、中国鲎等极少数物种上,而且,对放流后动物的生存状况及其对生态系统的影响缺少进一步的跟踪研究,对放流效果也缺少必要的评估工作。

(六)基于生态系统的海岸带综合管理

1. 河口生态系统管理

河口区域的重要性和特殊性已引起了广泛的关注。河口区域生态安全问题,受到流域陆源物质输入以及其他压力因子的影响;同时,河口生态系统服务功能的改变,也将对近海海洋生态系统以及海岸带地区的生态安全带来威胁。

2008 年启动的海洋公益性行业重点项目“流域-河口区生态安全评价与调控技术研究”,从生态系统管理的视角,在深入研究流域对河口生态系统影响过程及生态效应的基础上,建立了河口区生态安全评价理论与技术体系,提出流域-河口区域生态调控及生态修复关键技术与策略,构建基于河口生态安全的流域-河口生态系统管理模式,为保障河口区域生态安全,正常发挥河口区域生态系统服务功能提供了科学理论及应用示范。项目研究突出了生物、化学、水文、地质、遥感、环境管理等多学科交叉的特点,对流域物质输入(淡水、泥沙、营养盐、污染物)影响河口区生态安全的关键问题进行了探讨,提出了一套基于生态系统服务的河口生态安全评价方法与途径,对河口生态安全调控目标的制定和调控途径的选取提供科学技术支撑,在河口自然生态系统研究与河口可持续利用管理之间架设了桥梁;课题研究综合了流域-海岸带综合管理理论思想,提出了基于生态系统管理的流域-河口生态安全调控途径,为促进多部门、多专业以及各利益相关方的协作,解决当前流域-河口的复杂环境问题,维护流域-河口的生态安全提供了系统方法。项目注重理论结合实际,强调项目研究过程中的利益相关方参与,项目成果已在相关的环境管理决策过程中提供了科技支撑。

2. 跨行政边界的海岸带综合管理

跨越行政管理界限,推进以生态系统为基础的海洋综合管理是目前海洋管理的趋势和方向。在 SCCBD 项目中,广东省和福建省建立了省际间项目协调委员会(IPCC),项目执行期间共召开了 8 次协调会议。2006 年 1 月 6 日,在广东南澳县召开了中国南部沿海生物多样性管理项目——“东山-南澳示范区海岸带综合管理和生物多样性保护省际合作项目”启动仪式暨省际间项目协调委员会(IPCC)和地方指导委员会(LPSC)第一次会议。会议明确了省际间项目协调委员会(IPCC)、地方项目指导委员会(LPSC)、项目咨询委员会(AC)和地方项目办(SIU)的人员组成,构建了以地方项目办为常务工作机构的项目组织实施管理框架体系,建立了广东省、福建省利益相关者咨询委员会,通过了《东山-南澳示范区省际间协调委员会章程》和《中国南部沿海生物多样性管理:东山-南澳项目区工作计划》。同时,地方项目办分别聘请了地方项目专家共同参与示范区的各项工作。经过多次协调,《东山-南澳海洋生物多样性保护省际行动计划纲要》得到了广东和福建地方项目办和省际协调委员会的通过,并经福建省和广东省人民政府共同签署,示范区组织实施。全面而系统地总结示范区在海洋生物多样性保护和海岸带综合管理方面实践与经验的《高度洄游物种的省际间保护实践与经验》(暂定名)一书也已经编写完成。

(七)海洋生态系统的恢复

1988 年,国际恢复生态学会的成立标志着恢复生态学学科的形成。与陆域、淡水生态系统相比,海洋恢复生态学的研究起步相对较晚[44]。

近年来,随着我国海洋生态环境问题的日益突出,受损生态系统的恢复也逐渐受到重视,沿海各地纷纷开展了受损海洋生态系统恢复的实践与研究。从生态系统而言,我国的海洋生态恢复研究与实践主要集中于红树林人工种植、水体富营养化治理、人工鱼礁和增殖放流的渔业资源恢复、珊瑚礁恢复等。红树林生态恢复是我国主要的海洋生态恢复类型之一，我国沿海各地纷纷开展了有组织的较大规模的红树林人工种植，如珠江口淇澳岛、深圳福田、福建泉州湾、福建九龙江口等。我国珊瑚礁生态恢复工作主要在海南三亚、广东徐闻、福建东山等地，如中科院南海海洋研究所和中国水产科学研究院南海水产研究所于2006年和2007年对大亚湾的珊瑚礁成功进行了移植[45]。水体污染恢复研究主要集中于大型海藻对水体富营养化的恢复。海草床的恢复研究处于初步探索阶段，其中较大的海草床恢复研究是SCCBD项目进行的广西合浦海草床的恢复。

我国学者对海洋生态恢复的经验进行了总结，但其主要集中于红树林生态恢复方面，如刘荣成总结泉州湾红树林种植的技术并汇编了《中国惠安洛阳江红树林》[46]、廖宝文等汇编了《中国红树林恢复与重建技术》等[47]。

三、国内外研究比较

（一）海洋生态调查与研究

水层-底栖界面耦合过程研究，建立了一批生物扰动模型，如颗粒输运扩散模型、箱式模型、信号处理模型、液体输运的扩散-反应模型和平流模型，代表了新的发展动向[48]。在研究方法上引入“标准生物”概念来描述不同的功能群获得成功。我国在该领域的研究尚处于起步阶段，加上技术方法较落后，一直未能取得突破性进展。国外底栖生物粒径谱已经取得重大进展，如成体—幼虫的相互作用、幼虫定着，次级生产力的预测和深海粒径谱的研究，国内在21世纪初才引进底栖生物粒径谱这个概念并有所研究。国内底栖生物研究距国际先进水平还有相当的差距，这主要表现在现场观测和实验的手段有待于改进，现有的研究力量规模较小，后备人才不足，多学科合作研究有待于进一步加强等。

2010年完成的“国际海洋生物普查计划”（Census of Marine Life, CoML）是一项全球性的海洋生物普查，该计划为期10年，其普查的领域涵盖了从潮间带到大洋深渊底部的一切海域，由微生物到海洋脊椎动物的各种海洋生物类型，是人类对海洋生物多样性进行的一次最系统的也是规模最大的一次普查计划。该计划有10多个子计划，其中涉及大洋海洋生物多样性研究的子计划就有6个。目的是评估与阐明深海大洋海洋生物的多样性、生物地理分布及丰度，从生态系统、物种和基因三个层次对海洋生物多样性进行系统的研究，为海洋生物多样性的保护、利用和科学管理提供科学依据。调查中已发现近6000多个新物种，随着调查的深入将会有更多新物种被发现。研究还证明深海生态系统机能与深海物种数量紧密相关，深海生态系统的健康程度依赖于深海物种的多样性[49]。我国在开展大洋生态调查方面的工作还十分薄弱，深海热液生物取样技术较落后，主要依靠电视抓斗。

自从深海热泉生物群落发现以来，热液生物在东太平洋洋隆、大西洋中脊、印度洋中脊、弧后盆地和北冰洋洋脊热液区等区域均有发现。近年来对热液生物生理、生态、演化和生物地理学的认识也有了很大的提高。我国自首次环球大洋科考在西南印度洋首次获得热泉生物标本以来[50]，先后在西南印度洋、劳海盆、东太平洋海隆和南大西洋获得了多种热泉生物，而对热泉生物地理分布及基因流研究刚刚起步[51,52]。

多金属结核区主要开展了底栖生物多样性和基因流的研究，而海山区的研究主要是针对底栖生物种类多样性及地理分布。我国主要进行了沉积物微生物多样性和底栖生物丰度时空变化的研究。

深海生态系统对全球气候变化响应的大部分研究主要聚焦于全球变暖、海洋酸化和ENSO事件等海洋学事件的生态响应结果。此外，关于10年尺度气候变化对大洋生态系统影响的研究也引起了广泛的关注[53]。我国主要开展了热带东太平洋环境基线及其年间变化机理研究[54]。

(二)近海生态系统食物产出的可持续利用

国际上对于近海生态系统食物产出的可持续利用研究已经向远期、精细化养殖和低碳方向发展。

2009年9月，英国发布制定渔业2027年远景计划草案，该草案包括重建鱼类资源并合理设定捕捞限额、调研渔场适时禁渔等八方面内容。

2009年11月，澳大利亚金枪鱼繁殖被时代周刊评为“2009世界五十佳”发明之一，该突破性繁殖项目把南方蓝鳍金枪鱼在陆地水池内进行繁殖，该技术将成为世界未来提供可持续的食物来源的一个主要方法和手段。

2010年7月，加拿大发布有机水产养殖标准草案，该标准禁止使用转基因动物和合成色素等，并修改放养密度的推荐限值等。

2010年8月，智利鲑鱼养殖业开始测算碳足迹，该测算目的是为适应出口需求，因为法国的新环境与卫生法“Grenelle Ⅱ”要求在法国出售的所有产品都必须具有注明其碳排放量的标签。

我国则在培育和改良养殖品种上取得了突出的成果；在海洋生态系统动力学研究国际前沿领域占据了一席之地；同时，发展海水养殖与控制富营养化相结合，不仅是中国面临的科学议题，也是欧洲希望借鉴的重要经验。

(三)海洋生态系统服务功能

国外对海洋生态系统服务的研究较多。Martínez(2007)研究表明海岸带生态系统贡献了全球生态系统服务价值的77%，支撑着全球44%的人口。Beaumont(2007)等[55]分析发现西欧7个海区生物多样性支撑着12项生态系统服务，认为人类从生物多样性获得的效益完全依赖于整个生态系统状态的好坏，实际从整个生态系统获得的效益比所评估的各项生态系统服务价值之和要高。Beaumont(2008)逐项讨论了英国海洋生物多样性提供的13项生态系统服务，并就如何汇总计算进行了探讨，指出生物多样性下降引起海洋环境健康退化、渔业潜力降低、娱乐机会丧失等服务功能减弱。

国内关于海洋生态系统服务研究较少。彭本荣等(2006)比较系统研究了海岸带生态系统服务价值，进行了理论和方法的改进。马育军等(2006)研究了江苏沿海区域生态系统服务价值对三种滩涂开发利用行为的生态敏感性大小。滩涂开发成建设用地的敏感性最强，开发为耕地次之，开发成养殖水面最小。韩秋影等(2007a)研究表明广西合浦海草床生态系统服务价值为 6.29×10^5 元/a·hm^2,其中间接利用价值占 70.97%。1980—2005 年,合浦海草床由于人类活动造成的服务价值损失为 34657.95 万元,损失率为 71.97%。但是,直接利用价值增加了 4452.88 万元,间接利用价值损失为 39110.83 万元,损失率高达 81.82%(韩秋影,2007b)。

2005 年,国家海洋局批准为期 5 年的全国海洋生态系统服务价值评估项目,开展了海洋生态系统服务理论研究,建立了我国四大海区海洋生态系统服务功能分类体系[56]和服务价值评估方法[57],评估了桑沟湾(张朝晖,2007b)、连云港海岸带[58]、全国 11 个沿海省、市、自治区的近海生态系统服务价值,开发了海洋生态系统服务价值评估软件,开展四大海区(渤海、黄海、东海、南海)生态系统服务价值评估,揭示其分布规律。基于生态系统服务等理论,构建海洋生态资本评估技术方法体系,正在开展围填海工程造成生态价值损失评估的技术体系构建等。缩小了该研究领域我国与国际先进水平的差距。

(四)海洋污染与富营养化

目前,我国海洋环境中普通污染物迁移、转化及其机制的研究已经具有较强的基础,然而对于新型污染物(如 POPs 和环境激素),包括一些新增 POPs 污染物种类如 PBDEs、全氟辛基磺酸盐(perfluorooctanesulphonate, PFOS)等已有一定的数据基础,除了个别研究机构外,整体上研究水平还较低,相对滞后。

欧洲海洋生态系统环境污染生物效应计划(Biological Effects of Environmental Pollution in marine Ecosystems, BEEP)(2006)[59]用生物标志物的方法,通过围隔实验研究主要环境污染物(如 PAHs,双酚 A 和 PBDEs 等)的毒性效应,并通过野外监测实验验证这些生物标志物的有效性。在该项目中,新型的分子生物标志物如调节基因的数量和表达在实验室和野外研究中都得到应用;细胞骨架成分评价被认为是一种贝类有机污染监测的有效的生物标志物并被建议深入研究;关键酶的活性(如 17β-羟类固醇脱氢酶、P450 芳香化酶、葡萄糖醛酸脱氢酶等)被认为是环境内分泌干扰物的有效生物标志物。另外,CYP1A 生物标志物[包括鱼肝 7-乙氧基异吩恶唑-O-脱乙基酶(7-Ethoxyresorufin-*O*-deethylase, EROD)]、鳃丝 EROD、CYP1A 蛋白、CYP1A mRNA、金属硫蛋白(Metallothionein, MT)/MT mRNA,胆汁荧光芳烃组分(fluorescent aromatic compounds, FACs)、溶酶体膜稳定性和乙酰胆碱酯酶被认为是进行海洋环境污染物效应监测的五种核心生物标志物监测技术,在污染物环境风险评价中的应用是可行的,受到有关国际组织、瑞典、挪威、美国和加拿大等国的推广和应用。而我国在这一领域的研究相对薄弱,亟需加强研究和推广应用,纳入或形成如一些欧美国家那样的国家监测计划。

国际经济合作与发展组织(OECD)围绕有机物结构—活性关系(SAR)和定量结构—活性关系(QSAR)技术[合并简写为(Q)SAR 技术][60]在现有和新化学品管理中的应用,组织开展了案例研究,涉及的国家和地区组织包括澳大利亚、加拿大、捷克、丹麦、德国、意大利、日本、荷兰、美国、英国和欧盟委员会。2006 年 8 月,OECD 发布了该案例研究的报告[61]。2007 年 2 月,OECD 发布了关于确认和验证(Q)SAR 模型的指导文件。我国的近岸局部海域的污染生态风险评价研究之间相对独立,有待于形成规范的生态风险评价方法。

富营养化和有害赤潮问题是当前国际上密切关注的海洋环境问题。联合国“千年生态系统评估”报告指出，氮、磷营养盐污染是导致近海生态系统发生显著改变的重要驱动因子，它使得近海生态系统退化，出现缺氧、赤潮等问题的风险增加。针对有害赤潮问题，当前国际上的研究更加强调赤潮形成的生态学和海洋学机制，以及富营养化和全球变化等因素对有害赤潮形成的影响。由联合国政府间海委会(IOC)和国际海洋研究科学委员会(SCOR)发起组织“全球有害赤潮的生态学和海洋学(GEOHAB)”研究计划[62]，标志着赤潮研究成为全球海洋研究的一个新热点。富营养化和有害赤潮也是我国近海当前面临的主要环境问题，近年来，围绕近海富营养化的形成原因、演化过程、评价方法、生态效应和防控对策开展了较为系统的研究，特别是针对富营养化驱动下有害藻华的形成、演变机理及生态安全效应开展了深入的研究，在国际上的富营养化和有害藻华研究中已占有重要的一席之地。

(五)海洋濒危动物的保护

我国海域辽阔，海洋生态系统脆弱，海洋濒危动物的野外种群生存状况不容乐观。我国自然保护区的建立和管理由于起步较晚，缺少必要的资金保障和技术支撑，自然保护区的建设和管理尚缺乏生态系统完整性的理念，与国外相比仍有不小差距，急需加强这方面的研究力度。

目前，国内外对海洋濒危动物人工增殖放流尚无完整的效果评价体系和指标，并且增殖放流整体效果的累积效应一般需要在多年、连续的放流基础上才能体现。效果评价技术手段十分有限，放流后管理力量不足，可能导致放流苗种被过早利用，削弱了放流效果。

与国外相比，我国还有一些海洋濒危动物的基本信息，如分布范围、栖息地状况、摄食地、繁育场、洄游路线等还不清楚，一些大洋性物种(如大型鲸类)的研究仅仅来自搁浅个体。由于时间与基线信息不充分，对于海洋生态系统以及洄游物种的了解还比较欠缺，限制了目前所采取的技术与管理手段的科学性与产出率，因此，需要采取适应性的方法，进一步的实践验证、提升并逐步推广。

(六)基于生态系统的海岸带综合管理

世界许多沿海国家都把海岸带综合管理推进到流域。2006 年，第四届世界水论坛，把淡水与海水的联系作为会议主题；澳大利亚发布了《海岸带综合管理国家执行计划》把流域-海岸-海洋统一体列为优先领域。2008 年，第四届海洋、海岸带和海岛全球论坛重点讨论淡水与海洋、海岸带之间的联系问题。2008 年 10 月，海湾环境管理学会第八届国际大会在上海召开，与会的中外专家学者围绕全球变暖背景下的流域-河口环境脆弱性、流域环境变迁和城市化过程问题、水环境污染物总量控制和综合管理、河口海岸湖泊水环境治理以及政策调整、大河流域物质输移入海过程以及响应等议题展开深入研讨。

我国引进海岸带综合管理理念始于 20 世纪 90 年代初在厦门实施的“UNDP 东亚海域海洋污染预防和管理项目—厦门海域示范区”，经过数年的努力，创建的厦门海岸带综合管理模式获得国际组织的高度评价，并向东南亚推广。近年来，基于生态系统的海岸带综合管理研究和实践在我国虽然取得了一定的成果，但是基本上处于起步阶段。

(七)海洋生态系统的恢复

早期的海洋生态恢复主要以单个项目形式进行的,而近年来,一些国家将重心转向区域性的海洋生态恢复,例如美国的旧金山海湾、路易斯安那州滨海湿地等的恢复。从研究内容而言,近年来的研究已从传统的生态恢复技术措施的单方面研究转向生态恢复的系统化研究,涵盖了生态恢复目标制定、生态恢复监测与评估、生态恢复方法措施、生态恢复管理等内容。例如,Bell 等(2008)[63]研究了坦帕湾附近海草 *Halodule wrightii* 恢复的监测与评估过程。Boesch(2006)[64]介绍了生态系统管理在切萨皮克湾和路易斯安那湿地生态恢复中的科学原则,及其提出了生态系统管理在生态恢复中应用的几点建议。

近些年,我国海洋生态恢复理论与技术得到迅速发展,但与国际相比,我国海洋生态恢复研究起步较晚,也相对薄弱,其主要体现在:①研究对象较狭窄,主要集中于受损的滨海湿地、红树林、珊瑚礁等典型生态系统类型的恢复及污染水体的恢复;②空间尺度仍集中于对单个生境或生态系统或群落或物种的恢复,区域或大尺度的海洋生态恢复的研究与实践较为缺乏;③生态恢复的研究内容方面,大多集中于生态恢复技术措施的研究,而对于生态恢复的其他环节,如退化诊断、生态恢复监测、生态恢复效果评估等方面的研究较为薄弱。

近年来,国外一些学者系统总结了海洋生态恢复的成败经验,并在红树林生态恢复、珊瑚礁恢复、海草床恢复、盐沼生态恢复等方面已形成了具有重要指导意义的手册或专著,如珊瑚礁目标研究及管理能力建设项目制订的《珊瑚礁修复手册》(2010)[65]、《珊瑚礁恢复手册》(Precht,2006)[66]、《沙滩和砂丘恢复》(Nordstrom,2008)[67]、《海草恢复》(Campbell,2010)[68]、《大尺度的生态系统恢复》(Doyle and Drew,2008)[69]等。与国际相比,我国海洋生态恢复的研究起步较晚,恢复的技术方法大部分还停留在理论探讨或小规模的试验方面,较少系统地整理关于海洋生态恢复的相关成败与经验教训。

四、未来发展趋势研究

(一)海洋生态调查与研究

未来一个时期,海洋生态调查和研究应加强和开展以下工作。

(1)当前人们特别关注的是大海洋生态系统的动力学过程和全球变化,而生态系统动力学过程的关键又是浮游生物的生物学和生态学过程,因此深入开展浮游生物种群动态和群落结构研究已经成为当前海洋生态学研究的核心问题之一。

(2)与欧美发达国家相比,我国海洋底栖生物研究应加强海洋底栖生物长期、连续、同步调查和观测资料以及资料的多学科交叉集成;结合自然生态、现场实验和实验室模拟等基础手段的研究和应用;种群动态和摄食生态的基础研究;在形态分类、分布图形的描述性工作的基础上,深入探讨海洋底栖生物多样性功能的定量工作和底栖生物遗传多样性等方面的研究。

(3)加强鱼类生物学基础研究和重点水域鱼类资源监测调查;深入探讨沿岸大型水利

工程对海洋和河口鱼类资源及其生态系统的影响;加强重要鱼类早期生活史及补充机制的研究;进一步开展深海和极地鱼类多样性调查和研究等。

(4)海洋生态系统对气候变化有一定的适应能力,但是这种适应和调节能力是有限的,如果气候变化幅度过大、胁迫时间过长,或短期的干扰过强,超出了生态系统本身的调节和修复能力,生态系统的结构功能和稳定性就会遭到破坏。因此,应开展海洋生态系统对气候变化响应的脆弱性研究与评价[70]。

(5)深海研究是一项高风险、高投入的事业,即使是发达国家对深海生态系统的了解也是很有限的。而我国对大洋生态系统的研究起步晚、研究力量薄弱,更应该增加投入,构建研究平台、加强国际合作与人才培养。未来一段时期应围绕深海生物多样性与生物地理学、深海生态系统对全球气候变化的响应和深海生态系统在生物地球化学过程的作用开展调查或研究。

(6)我国的极地海洋生态调查与研究应围绕极地海洋生态系统综合考察与研究、加强极地海洋生态监测与研究、极地主要海洋生物资源和生态过程监测与评估技术研究、南大洋微生物和微型浮游生物群落结构和生物多样性调查与研究等。

(二)近海生态系统食物产出的可持续利用

在今后一段时期,应加强以下方面的研究。

(1)重点研究近海渔业资源的补充、群落演替规律以及海洋生态系统的结构、功能、过程和机制,对主要渔业资源动态进行监测,评估其年生物量与可捕量。

(2)对现有渔业资源管理措施效果进行评价,研究渔业资源可持续利用的管理技术。

(3)继续开展近海渔业资源增殖放流和新品种遗传选育,实行高效健康养殖模式。

(4)借鉴国内外成功经验,开展人工鱼礁、海洋牧场等方面的研究,优化水域生物群落结构,恢复和重建业已退化的鱼类资源和生态系统。

(5)研究的对象也必须从单一品种转向多品种、群落和生态系统方面的多学科交叉整合研究;从纯粹的探察开发新品种转向资源的合理开发和养护研究。

(6)研究海域从近海逐步扩展到深海、大洋和极地。

(三)海洋生态系统服务功能

我国海洋生态系统服务研究今后主要应集中在四个方面。

(1)海洋生态系统服务理论和评估方法的完善与改进。对海洋生态系统和生态环境如何定价,对自然-社会-经济复合系统的再认识问题,也是经济学界和生态学界共同面临的伟大科学挑战,牵涉到人类的用海方式、生态意识、价值认识,还需要从理论层面、方法层面、应用层面进行深入研究。海洋生态系统服务在不同尺度(海湾、地级市、海盆、大洋、全球)的转换并不是简单线性关系,简单加总忽略了生态系统服务的异地实现事实,存在重复计算的可能。不同海洋生态类型,尤其是海岛、珊瑚礁、红树林、草滩湿地、海藻(草)床等复杂生态系统的服务如何准确计算,还有待改进。需要进一步阐明支撑海洋生态系统服务与关键生态过程的关系。加强对支撑海洋生态系统提供各项服务的机理与过程的分析,才能更准确地计算特定海域生态系统服务的物质量,为货币化评估提供更真实的基础数据。

(2)针对我国管辖海域开展全海域评估，全面查清我国海域生态系统服务价值的家底。现有的评估主要在局部海域开展，我国绝大部分海域还没有开展全面的评估。绘制完整的我国海洋生态系统服务分布图，还需要政府的大力投入和科学家的踏实工作，在县、市、省、海区等尺度开展海洋生态系统服务价值评估。另外，有必要基于 PSR 模型分析用海活动对我国重要海域生态系统服务时空格局的长期影响，阐明其背后的驱动因素，提出主动干预措施的建议。

(3)积极开展海洋生态系统服务研究成果的应用。生态系统服务就是站在人类需求的角度研究海洋为我们人类的贡献。基于海洋生态系统服务最大化原理改造我国海洋管理理论、流程和方式，提出优化生态系统服务利用的技术、经济和管理对策。把掌握的近海生态系统服务的知识转化为政府的决策，不仅要为地方海洋主管部门的环保工作提供决策建议，更要为地方规划部门、经济部门提供海洋对经济增长的贡献率分析，尽可能地让决策部门和管理部门在日程业务中考虑海洋生态的价值。

(4)积极宣传海洋生态系统服务价值，提高利益相关者的海洋意识和生态保护意识。鼓励政府部门和公众积极保护海洋环境，有效地制止企业的环境污染行为。

(四)海洋污染与富营养化

海洋污染生态学研究是支持海洋可持续发展的重要课题，今后的研究，建议从以下几方面开展。

(1)加强新型污染物(Q)SAR 技术研究，准确评估我国新型污染物污染现状，确定环境中污染物的安全浓度，合理使用和控制污染物以保护环境和人类的健康，加快对新型污染物有关迁移转化、食物链传递和毒理效应及其机制的研究。

(2)加强多种污染物对海洋生物的联合毒性效应及其作用机制研究；深入开展海洋环境污染物效应监测的有效生物标志物的筛选，在海洋污染生物效应监测、评价和预警中加以推广应用，并纳入我国海洋环境监测计划。

(3)不断完善并形成规范化的污染物对海洋生态系统的生态风险评价体系。

(4)深入研究我国近海不同类型藻华灾害形成与分布态势的关键控制因素，富营养化进程对藻华灾害演变的驱动机制，以及藻华灾害引发近海生态系统退化的途径和机理，建立和发展我国赤潮监测、预警和实时预报系统，针对性地提出对陆源营养物质的调控对策。

(五)海洋濒危动物的保护

海洋濒危动物的保护研究是一项耗资巨大而又纷繁复杂的工作，需要整合社会科学和自然科学的综合手段来完成。海洋濒危动物的保护和管理是我国实施可持续发展战略的重要内容之一，必须予以高度重视，需要全社会的共同努力。针对现阶段的进展，提出本学科今后研究工作的展望。

(1)我国濒危动物的保护应兼顾动物的保护和生物多样性的生态系统功能两个方面。

(2)加强人类活动对海洋濒危动物影响的评估，为海洋濒危动物保护中的一些重大问题提出合理建议，为管理部门制定相应的保护方案和策略提供科学依据。

(3)提升保护区的管护能力，创新因地制宜的管理模式；建立海洋濒危动物搁浅网络和保护区网络，增进信息共享和经验交流。

(4)建立海洋濒危动物的繁殖种群。对很难在自然状态恢复种群增长的濒危动物，当务之急是加强人工饲养和人工饲养条件下的繁殖研究，这是我国许多濒危动物种群再建的一种切实可行或唯一的办法。

(六)基于生态系统的海岸带综合管理

海岸带综合管理是一项复杂的系统工程，仅靠单一学科和部门无法实现科学的海岸带综合管理。需要来自管理学、社会学、经济学、法学、生态学、地理学、化学、水文学、环境学、海洋学、信息科学等多学科的共同研究。无论是理论的丰富完善，还是成功经验的普及，仍需对以下方面进行深入探索。

(1)深入开展基于生态系统的海岸带综合管理方法体系的研究，不断完善生态系统综合评价指标体系。

(2)有待深入自然与人文过程及海岸带响应的定量研究和机制分析，为基于生态系统的海岸带综合管理提供有效的决策依据。

(3)扩展海岸带规划和综合管理的时空尺度，应特别注重规划方法和依据、社会需求与系统演替预测、规划和政策的战略环境评价以及适应性管理、公众参与等方面的研究。

(4)加强重点区域(如河口、港湾和保护区等)和跨行政边界的基于生态系统的海岸带综合管理。

(七)海洋生态系统的恢复

海洋生态系统退化已成为我国当前重要的生态问题之一，海洋生态系统的保护与恢复研究是国际上生态学领域的热点。今后我国海洋生态恢复研究主要应集中于以下几个方面。

(1)海洋恢复生态学的基础理论研究。恢复生态学是一门新学科，尤其是海洋恢复生态学理论的研究更为薄弱，因此，海洋生态系统的结构理论、生态适宜性原理、生物群落演替理论等基础理论将会是海洋恢复生态学研究的重点之一。

(2)海洋生态恢复的系统化、区域化研究。在研究内容上，将从传统的生态恢复技术措施研究转向生态恢复的系统化研究，其涵盖生态调查、退化诊断与分析、目标确定、生态恢复措施、生态恢复跟踪监测、成效评估和管理等整个过程的研究。在研究尺度上，将从小尺度的局部、某物种或某生态类型的研究转向大尺度的景观或区域的生态恢复研究；同时，强调区域生态恢复规划的研究，以利于更合理、科学、有序地开展海洋生态恢复行动，提高生态修复成效。

(3)全面开展各种受损典型海洋生态系统(如红树林、珊瑚礁和海草床等生态系统)的生态恢复研究与实践。在研究对象方面，将更广泛并更深入地开展沙滩、海岛、滨海湿地等各类海洋生态系统的生态恢复研究。

(4)海洋生态恢复的生态系统管理。将陆域和海域作为一个综合单元进行研究，以消除海洋生态退化的根源；在强调生态恢复的自然科学研究的同时，强调社会科学在生态恢复中的作用，强调不同利益相关者的合作与参与，注重当地政府、科学工作者、民众等多方面的充分合作。

参考文献

[1] Chen B Z, Liu H B, Wang Z L. Trophic interactions within the microbial food web in the South China Sea revealed by size－fraction method[J]. Journal of Experimental Marine Biology and Ecology, 2009, 368:59－66.

[2] 杨清良，林更铭．厦门海域浮游植物夏季赤潮期间分布变异的多元分析[J]. 生态学报，2007，27(2):465－476.

[3] 张志华，张人禾，黄刚．用 OPA9 全球海洋环流模式模拟不同类型 El Nino 事件[J]. 南京气象学院学报，2009，32(1):164－171.

[4] 黄宗国．中国海洋生物种类与分布[M]. 增订版．北京:海洋出版社，2008.

[5] 刘瑞玉．中国海洋生物名录[M]. 北京:科学出版社，2008.

[6] 林茂，王春光，王彦国，等．我国及邻近西北太平洋海洋生物物种编目和分布图集编制研究报告[R]. 2010.

[7] 林茂，黄宗国，王春光，等．中国海洋生物种类名录和图谱研究报告[R]. 2010.

[8] 林茂，王春光，王彦国，等．908 专项海洋生物样品整理整合和样品库建设工作研究报告[R]. 2010.

[9] 周进，徐兆礼，马增岭．长江口拟长脚蛾数量变化和对环境变暖的响应[J]. 应用生态学报，2009，29(11):5758－5765.

[10] 徐兆礼，高倩．长江口海域真刺唇角水蚤的分布及其对全球变暖的响应[J]. 应用生态学报，2009，20(5):1196－1201.

[11] 林更铭，杨清良．全球气候变化背景下的台湾海峡浮游植物的长期变化[J]. 应用与环境生物学报，2011，17(5):1－9.

[12] 林茂，王雨．近海营养盐要素对浮游生物种群结构的影响研究报告[R]. 2010.

[13] Jorge B, Arismendez S. National Oceanic and Atmospheric Administration(Content source), Mark McGinley(Topic Editor). "Large marine ecosystems." In:Encyclopedia of Earth[R]. Eds. Cutler J. Cleveland (Washington, D. C.: Environmental Information Coalition, National Council for Science and the Environment), 2009.

[14] UNDP/GEF. The Yellow Sea:Analysis of Environmental Status and Trends[R]. 2007, 1:1－3.

[15] Seasonal Variation of the Major Environment Parameters in the Yellow Sea Basin: UNDP/GEF Yellow Sea Project's Co－operative Cruises Reports[R]. UNDP.

[16] 王春生，陈建芳，杨伟锋，等．国际海底区域研究开发"十一五"子项目"多金属结核和富钴结壳区环境研究"报告(内部)[R]. 2011.

[17] Wu Y H, Wu M, Wang C S, et al. *Microbacterium profundi* sp. nov., isolated from deep－sea sediment of polymetallic nodule environments[J]. Int J Syst Evol Microbiol, 2008, 58(12):2930－2934.

[18] Xu Xuewei, Wu Yuehong, Wang Chunsheng, et al. *Croceicoccus marinus* gen. nov., sp. nov., a

yellow - pigmented bacterium from deep - sea sediment, and emended description of the family Erythrobacteraceae[J]. Int J Syst Evol Microbiol, 2009, 59(9):2247 - 2253.

[19] Yuan Jun, Lai Qiliang, Wang Baojiang, et al. *Oceanicola pacificus* sp. nov. , isolated from a deep sea pyrene - degrading consortium[J]. Int J Syst Evol Microbiol, 2009, 59(9):1158 - 1161.

[20] Lai Qiliang, Yuan Jun, Gu Li, et al. *Marispirillum indicum* gen. nov. , sp. Nov. , isolated from deep sea environment[J]. Int J Syst Evol Microbiol, 2009, 59(9):1278 - 1281.

[21] 2006 年度中国极地考察报告[R]. 国家海洋局, 2006.

[22] 2007 年度中国极地考察报告[R]. 国家海洋局, 2007.

[23] 2008 年度中国极地考察报告[R]. 国家海洋局, 2008.

[24] Zhang Xuelei, Zhu Mingyuan, Li Ruixiang, et al. Density-dependent mortality of the scallop Chlamys farreri(Jones & Preston)in grow-out culture[J]. Aquaculture Research, 2006, 37:842 - 844.

[25] 张莉红, 张学雷, 朱明远. 栉孔扇贝对硅藻和甲藻细胞的选择性摄食初探[J]. 海洋科学进展, 2008, 26(3):372 - 376.

[26] 吴荣军, 张学雷, 朱明远, 等. 养殖海带的生长模型研究[J]. 海洋通报, 2009, 28(2):34 - 40.

[27] Xiao Y, Ferreira J G, Bricker S B, et al. Trophic Assessment in Chinese Coastal Systems - Review of methodologies and application to the Changjiang (Yangtze) Estuary and Jiaozhou Bay [J]. Estuaries and Coasts, 2007, 30(6), 901 - 918.

[28] Assessment of Estuarine Trophic Status[EB/OL]. http://www. eutro. org/methods. aspx.

[29] Ferreira J G, Sequeira A, Hawkins, A J S, et al. Bricker Analysis of coastal and offshore aquaculture: Application of the FARM model to multiple systems and shellfish species [J]. Aquaculture, 2009, 292:129 - 138.

[30] Sequeira A, Ferreira J G, Hawkins A J, et al. Trade - offs between shellfish aquaculture and benthic biodiversity: A modelling approach for sustainable management[J]. Aquaculture, 2008, 274:313 - 328.

[31] Nobre A M, Ferreira J G. Integration of ecosystem-based tools to support coastal zone management [J]. Journal of Coastal Research, 2009, 56:1676 - 1680.

[32] 王亚韡, 蔡亚岐, 江桂斌. 斯德哥尔摩公约新增持久性有机污染物的一些研究进展[J]. 中国科学:化学, 2010, 40(2):99 - 123.

[33] 林忠胜, 霍传林, 韩庚辰. 季节变化对海洋鱼体内 EROD 活性的影响[J]. 海洋环境科学, 2007, 26(3):280 - 282.

[34] 郑榕辉, 张玉生, 陈清福. 原油 WSF 对三种海洋鱼类肝微粒体 EROD 活性的诱导和恢复的比较[J]. 海洋学报, 2010, 32(5):60 - 66.

[35] 陈清福, 张玉生, 郑榕辉. 褐菖鲉鳃丝 EROD 生物标志物监测技术的研究与应用[J]. 台湾海峡, 2010, 29(3):414 - 421.

[36] 张玉生, 郑榕辉, 陈清福. 褐菖鲉肝 CYP 1A 生物标志物监测厦门海域石油污染状况[J]. 生态学报, 2011, 31(19):5851 - 5859.

[37] 周名江, 朱明远. "我国近海有害赤潮发生的生态学、海洋学机制及预测防治"研究进展[J]. 2006, 21(7):673 - 679.

[38] 国家"973"计划资源环境领域立项项目[EB/OL]. http://www. 973. gov. cn/Areahem. aspx? rid=04, 2001.

[39] 周名江, 颜天, 邹景忠. 长江口邻近海域赤潮发生区基本特征初探[J]. 应用生态学报, 2003, 14(7):1031 - 1038.

[40] 郝玉江，王克雄，韩加波，等．中国海兽研究概述[J]．兽类学报，2011，31(1)：20－26.

[41] 韩家波，于长哲，杨勇，等．斑海豹的人工繁殖和饲养管理[J]．野生动物，2011，32(1)：14－17.

[42] 刘鉴毅，危起伟，杜浩，等．中华鲟人工繁殖关键技术的改进效果研究[J]．经济动物学报，2006，10(2)：96－100.

[43] 赵曾春．美国国家海洋自然保护区监测及其对我国的启示[J]．海洋环境科学，2006，25(4)：100－102.

[44] Perrow M R，Davy A J. Handbook of Ecological Restoration：Volume 2，Restoration in Practice [M]. Kamblidge：Cambridge University Press，2008.

[45] 李元超，黄晖，董志军，等．珊瑚礁生态修复研究进展[J]．生态学报，2008，28(10)：5047－5054.

[46] 刘荣成．中国惠安洛阳江红树林[M]．北京：中国林业出版社，2010.

[47] 廖宝文，李玫，陈玉军，等．中国红树林恢复与重建技术[M]．北京：科学出版社，2010.

[48] 孙刚，盛连喜，千贺裕太郎．生物扰动在水层-底栖界面耦合中的作用[J]．生态环境，2006，15(5)：1106－1110.

[49] Danovaro R，Gambi C，Anno A D，et al. Exponential Decline of Deep－Sea Ecosystem Functioning Linked to Benthic Biodiversity Loss[J]. Current Biology，2008，18(1)：1－8.

[50] 王春生．中国首次环球大洋科学考察[J]．科学，2006，58(4)：5－7.

[51] 林荣澄，王春生．中国大洋 DY115－19 航次调查报告-生物特征(内部)[R]．2009.

[52] 陶春辉等．中国大洋 DY115－20 航次调查报告(内部)[R]．2011.

[53] Fiedler P C. Environmental change in the eastern tropical Pacific Ocean：review of ENSO and decadal variability[J]. Marine Ecology Progress Series，2002，244：265－283.

[54] Zhou Huaiyang，Wang Chunsheng. Interannual variability of deep-sea ecosystems and environmental impact assessment of potential seabed mining. In：Prospects for international collaboration in marine environmental research to enhance understanding of the deep sea environment[C]. International Seabed Authority，Kingston，Jamaica，2006：149－157.

[55] Beaumont N J，Austen M C，Atkins J P，et al. Identification，definition and quantification of goods and services provided by marine biodiversity：Implications for the ecosystem approach[J]. Marine Pollution Bulletin，2007，54：253－265.

[56] 陈尚，张朝晖，马艳，等．我国海洋生态系统服务功能及其价值评估研究计划[J]．地球科学进展，2006. 21(11)：59－65.

[57] 张朝晖，叶属峰，朱明远．典型海洋生态系统服务及价值评估[M]．北京：海洋出版社，2007.

[58] Wang Q X，Ma A Q，Chen S，et al. Ecosystem service value assessment of coastal area in Lianyungang City using LANDSAT images[J/OL]. Proceedings of SPIE，Remote Sensing of the Marine Environment，6406，64061G1 － 64061G11. Goa，India. Published online on Nov. 28，2006，doi：10.1117/12.693272.

[59] Pampanin D M，Viarengo A，Garrigues P，et al. An overview of the BEEP Stavanger workshop [J]. Aquatic Toxicology，2006，78S：124－126.

[60] 陈景文，李雪花，于海瀛，等．面向毒害有机物生态风险评价的(Q)SAR 技术：进展与展望[J]．中国科学 B辑：化学，2008，38(6)：461－474.

[61] Organisation for Economic Co-Operation and Development(OECD). Testing and assessment Report on the regulatory uses and applications in OECD member countries of (Quantitative) Structure-Activity Relationship [(Q)SARs] models in the assessment of new and existing chemicals，2006 [EB/OL]. Available online at：http://appli1.oecd.org/olis/2006doc.nsf/linkto/env-jm-mono(2006)25.

[62] GEOHAB. Global Ecology and Oceanography of Harmful Algal Blooms, Science Plan[M]. P. Glibert and G. Pitcher(eds). SCOR and IOC, Baltimore and Paris, 2001, 87.

[63] Bell S S, Texfik A, Hall M O, et al. Evaluation of seagrass planting and monitoring techniques: implications for assessing restoration success and habitat equivalency[J]. Restoration Ecology, 2008, 16(3):407－416.

[64] Boesch D F. Scientific requirements for ecosystem－based management in the restoration of Chesapeake Bay and Coastal Louisiana[J]. Ecological Engineering, 2006, 26:6－26.

[65] Edwards A J. Reef Rehabilitation Manual [R]. St Lucia, Australia:Coral Reef Targeted Research & Capacity Building for Management Program,2010.

[66] Precht W F. Coral reef restoration handbook [M]. CRC Press, 2006.

[67] Nordstrom K F. Beach and dune restoration [M]. Cambridge University Press, 2008.

[68] Campbell M. Seagrass restoration [M]. Lambert Academic Publishing, 2010.

[69] Doyle M, Drew C A. Large－scale ecosystem restoration:five case studies from the United States [M]. Island Press, 2008.

[70] 赵慧霞，吴绍洪，姜鲁光．自然生态系统响应气候变化的脆弱性评价研究进展[J]．应用生态学报，2007，18(2):445－450.

撰稿人：余兴光　张玉生　郑榕辉　陈　彬　林　茂　祝　茜
唐森铭　刘正华　林龙山　林更铭　林俊辉　俞炜炜
王春生　仝　龄　刘光兴　陈　敏　于仁成　张学雷
陈　尚　毛　勇　林　彩　林荣澄　王先艳　欧丹云

荒漠生态系统研究

一、引言

荒漠生态系统是整个生物圈中分布较广的一个系统，荒漠生态系统以干旱多风的气候、植被稀疏、生物量和生物多样性相对较低以及食物链结构简单为特征，是陆地生态系统中最为脆弱的系统。荒漠生态系统作为陆地生态系统的重要组成部分，与其他类型的生态系统一样在维持全球生态健康和安全中起着重要的作用。

随着人口不断增加和全球经济一体化进程的加快，荒漠这一独特的景观生态类型所面临着前所未有的机遇和挑战。荒漠区优越的光、热条件和特有的动植物资源、生物多样性组合以及丰富的矿藏、天然气等自然资源，使之成为地球上可供扩大人类生存和发展空间的最具潜力和充满希望的区域。同时，对荒漠生态系统特殊的生态功能（包括生态价值、生态服务等方面）的充分认识，以及生态环境退化的现实使人们更加意识到保护的重要性。荒漠生态系统的保育和可持续发展事关人类的生存和发展。

据有关方面统计，我国受荒漠化影响的土地面积约 332.7 万平方千米，占国土面积的 34%，有近 4 亿人受到荒漠化的危害，不仅如此，荒漠化的速度还在增加，面积还在扩大。我国的八大沙漠，即塔克拉玛干沙漠、库姆塔格沙漠、柴达木盆地沙漠、古尔班通古特沙漠、巴旦吉林沙漠、腾格里沙漠、乌兰布和沙漠及库布齐沙漠均分布于干旱、半干旱荒漠区，沙漠面积为 59.3 万平方千米。在这些区域，大面积沙漠裸露，风沙活动频繁，土地沙漠化、风沙化程度严重，已对国土资源造成了越来越严重的威胁。我国人口多，耕地少，人口与耕地的矛盾日益尖锐，西北广大的荒漠地区将成为今后我国开发建设的重点，从这一广大区域经济发展和生态环境建设的需要出发，开展荒漠生态研究具有重要的现实意义。

二、本学科近几年发展现状、动态和趋势

（一）学科发展现状及动态

以荒漠环境学、荒漠生态学、荒漠水文学、荒漠绿洲学、恢复生态学等为主要内容的荒漠科学发展势头迅猛，成为过去几年地理学、生态学、环境科学以及水文学等学科关注和研究的热点。初步统计，在过去 7 年里（图 1），在国内外学术刊物上刊登的有关荒漠科学的研究论文达 5244 篇（2011 年统计到 8 月份），成为过去 7 年从事区域生态学、水文学、环境学以及地理学最为活跃的领域。众多学者从微观到宏观，从个体、群落到系统，从部分到整体，对荒漠环境、荒漠化过程、植被恢复与荒漠生态系统保育、荒漠生态系统服务功能、荒漠绿洲化过程以及内陆河流域荒漠河岸林抗逆性等方面，从不同角度进行了不同层次的研究，构成了近年荒漠生态系统研究的主要方向，并且在研究方法和技术手段上也不

断更新。总的来说可以概括为以下几方面。

1. 干旱胁迫下的荒漠植被退化与演替

对干旱胁迫下荒漠植物群落的退化特征及退化机理研究发现，不同生活型的植物类群盖度受损不相同，草本植物盖度受损过程为锐减过程，而乔木植物为缓慢下降的过程，灌木则表现出先略升高后又逐渐降低的变化。荒漠生态系统受损是其自身脆弱的生态基质和外界干扰共同作用的结果。系统本身的脆弱和不稳定性是退化的内因，人为干扰则是其退化发生的驱动力，在此过程中导致植被受损的环境主导因子是水，植被退化是人类干扰作用于植被赖以生存的环境主导因子所致。在地下水位下降的过程中，不同植物类群对环境的适应性及其生存对策不相同，草本植物对环境变化较敏感，可以作为植被受损程度的指示体。在植被退化和逆向演替过程中，以胡杨林为优势种的群落类型的变化为：乔木灌丛草本群落阶段→乔木、灌丛群落阶段→乔木群落阶段或灌丛群落阶段。这一研究结果对认识干旱区自然植被演替和进行受损生态系统的恢复重建有重要科学意义（Liu et al，2005；Zhang et al，2005）。

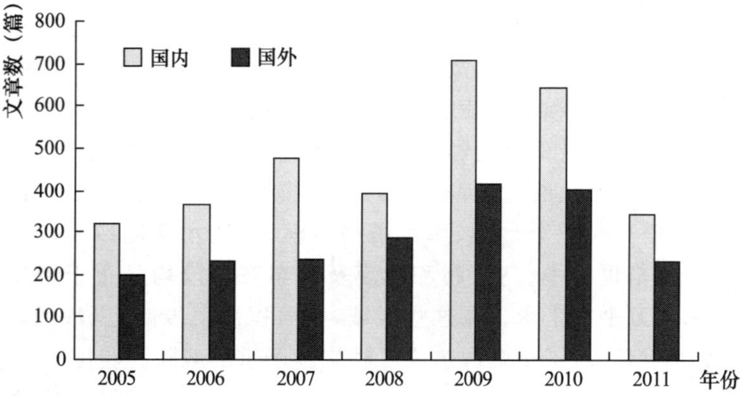

图 1　近 7 年荒漠科学领域发表的论文统计

2. 荒漠河岸林植物对干旱胁迫的响应与适应性

研究荒漠植被在干旱胁迫下的生理生态响应，探索荒漠河岸林植物的抗旱机理，可以为确立生态恢复策略提供依据。胡杨、柽柳等作为荒漠河岸林群落的主要建群种，在维系荒漠生态系统稳定中具有重要的生态意义。地下水是维系荒漠植被的重要水源，研究发现，当地下水位急剧下降、植被遭受严重干旱胁迫时，胡杨体内的脯氨酸（Pro）、内脱落酸（ABA）等生理指标含量会出现迅速积累现象，胡杨通过体内 Pro、ABA 的累积抵御干旱胁迫，胡杨通过降低生长速度，促进其体内同化物质的积累，提高胡杨保水能力，增强其自身对干旱逆境的适应能力，这是胡杨对干旱胁迫的一种主动有效的自保护机制。不仅如此，还对干旱胁迫下的胡杨、柽柳等植物的叶绿素、可溶性糖、渗透调节物质等各种生理指标变化进行了研究，揭示荒漠河岸林植被对干旱胁迫的响应与适应问题，分析了塔里木河荒漠环境下植物生理生态过程与地下水资源的关系，探讨了荒漠河岸林植物生理代谢、光合、水势以及植物多样性、优势度等指标对地下水、盐变化的响应特征。同时，以胡杨为例将植物个体抗旱结构与土壤微生物特殊作用相联系，解析菌根对胡杨抗旱性的影响，系统揭示荒漠河岸林植物抗旱的机制。

在对不同地下水位胁迫下的植物组织结构、生理、生化特性分析发现，地下水位变化直接影响植物个体生理特性和植物群落生态特征，为此，结合植物生理生态变化与荒漠植物遭受干旱胁迫程度的研究，提出了胡杨、柽柳、芦苇等荒漠植物遭受水分胁迫的临界指标，并结合植被生态学数据确定了胡杨、柽柳、芦苇等荒漠植物的合理/胁迫/临界地下水位（Chen et al，2006a；Zhuang et al，2006）；研究提出了荒漠河岸林植物对逆境的适应性策略（Chen et al，2006；2009）。揭示了在全球变化与人类活动的大背景下，荒漠植物（或植被）的演替过程与适应策略。研究表明，荒漠植物对水分条件改变的个体适应远比生理响应重要，其地下部分的适应性改变又比地上部分重要（Xu et al，2006；2007）。关于植物导水系统形态性适应的研究，验证了关于根-土界面水分传导的一个重要科学假说（Li et al，2005）。该成果在某些方面促进了植物水分传导理论的进步，部分的揭示了在全球变化与人类活动的双重影响下荒漠植被的未来，提出了基于植物水分生理特性的节水灌溉模式。

在内陆河流域地下水位与植被系统的研究方面，阐述了干旱区内陆河流域以植被-土壤-地下水、盐的变化过程、荒漠河岸林植被群落与水文过程相互作用等为主要内容的地下水与荒漠河岸林植被系统，揭示了干旱环境下植物的生态响应过程，结合对自然水文过程和人为调控水文过程下的荒漠河岸林植被格局以及不同地下水埋深条件下植物的干旱胁迫程度、蒸腾耗水机理等分析，研究提出了荒漠河岸林植物对地下水埋深的生态阈值（Chen et al，2008）。

对于干旱荒漠生态系统植被与土壤水分的关系研究方面，过去多侧重于植物本身的水分利用方式、水分利用效率及其植物根系对水分的吸收等，进入 20 世纪 80 年代后期，植物生理生态学研究人员开始将注意力转移到植物根系对土壤水分的调节作用，即水分再分配 HR（hydraulic redistribution）作用。水分再分配过程会对植物间水分关系产生一定的影响（Querejueta et al，2007；Hao et al，2010）。在我国干旱半干旱区、季节性干旱的森林区或其他 HR 过程可能具有潜在重要性的生态系统中展开相关的实验研究，同时探索将 HR 过程适当结合到生态系统模型和水文模型中，从而更准确地研究和预测群落和生态系统的植被和水分动态。此外，结合农林生态设计、植被恢复、生态需水量估算和农业节水等方面进行水分再分配的研究也值得尝试或深入进行。

3. 荒漠生态系统功能的研究

生态系统服务是生态系统功能的表现。对于生态系统功能的研究也主要集中在生态系统服务功能的研究上。国外对于森林生态系统或植物生态的研究较多，但专门研究荒漠生态系统的资料并不多见，涉及荒漠生态的研究主要是从草原生态和资源环境的角度出发。从草原生态角度研究：如苏联，早在 20 世纪 20 年代就在卡拉库姆沙漠建立了捷别列克生态定位研究站开展研究，50 年代又在俄罗斯大草原建立了生态研究站。美国自 20 世纪 60 年代初期将辽阔的北美草原划分为高草原、杂草草原和低草原进行生态定位研究。低草原中包括半干旱荒漠草原。还有非洲的马格里布半荒漠草原以及澳大利亚的荒漠草原的生态研究等。从环境资源的角度研究：如蒙古，20 世纪 60 年代与苏联组成了俄罗斯—蒙古生态学综合考察队，对蒙古的各类生态系统进行了长期的考察以及定位、半定位研究，结合遥感技术于 1991 年完成了《蒙古生态系统环境图》。除此之外，也有从植被（植物）、气候、土壤等角度研究荒漠生态的。

从 20 世纪 90 年代中期至今，生态系统服务功能研究在国内逐渐发展起来。最初的研究更多集中在对国外生态系统服务概念、内涵、评估方法的介绍以及对生态系统服务功能理论的探讨方面。其中，Costanza 等(1997)有关全球生态系统服务功能经济价值的研究引起了国内学者的注意。近些年，众多专家和学者开始对全球、区域、城市以及单一生态系统或者单个物种生态系统服务及其价值评估理论与方法进行积极探讨，从理论方面进行生态系统服务功能的研究。国内学者主要从荒漠生态气候、植被、水文、土壤、物候以及自然分布特征、演替规律和人工防风固沙林的防风固沙效益等方面的研究已经很多，但对于关于荒漠生态系统服务功能的系统研究还比较少，李有斌等(2006)以“中国生态系统生态服务价值当量因子表”为基础，通过生物量等因子的校正，评价民勤荒漠绿洲植被的生态服务功能价值及其变化，并分析其变化原因。黄湘等(2006)以塔里木河流域荒漠河岸林生态系统为研究对象，对荒漠生态系统服务功能及其价值进行了初步研究。近年来，一些学者结合 GIS 技术和遥感影像数据解译，研究荒漠生态系统各类型服务功能的价值及其变化。赵军等(2011)基于 GIS 技术量化了石羊河流域森林涵养水源、保持水土等生态功能，并直观反映了研究区森林生态系统服务功能的空间分布状况。黄湘等(2011)利用遥感影像解译对比研究了干旱荒漠区典型流域生态系统服务功能的价值及其时空变化情况。这些研究加强了生态系统服务功能与社会经济发展之间的联系，为生态系统服务功能基础研究成果的推广做出了贡献。

4. 荒漠生态系统的稳定性研究

我国荒漠区有别于世界上其他地区的荒漠区，主要表现为远离海洋、深居内陆，因此，在表现形式、演变过程等方面独具特色。我国荒漠大区主要分布在阿拉善盆地、柴达木盆地、塔里木盆地、准噶尔盆地以及河西走廊等，在过去半个多世纪的大规模水土资源开发中，荒漠生态系统的稳定性受到很大程度的影响，并愈来愈引起人们关注。在过去的 7 年里，不少学者基于多种方法就生态系统的稳定性问题进行了分析。如有学者结合“3S”技术，基于分形理论进行分析，结果表明，柴达木盆地和阿拉善荒漠区生态系统不稳定，处于较脆弱状况；准噶尔盆地和河西走廊荒漠区生态系统的稳定性低，处于很脆弱状况。塔里木盆地荒漠区生态系统相对稳定，处于较脆弱状况；基于指数法分析表明，1997 年以来的柴达木盆地和阿拉善高原荒漠区生态系统不稳定，其植被盖度在逐渐增大，生产力略有上升，处于生态恢复期；塔里木盆地荒漠区生态系统稳定，其盖度基本保持不变，生产力没有变化，说明该区生态并未好转，生态环境还很脆弱；河西走廊和准噶尔盆地荒漠区生态系统不稳定，其盖度在逐渐减小，处于生态退化期。另一方面，集中在以绿洲稳定性评价（裴厦等，2009；刘世增等，2009）为基础，进行绿洲生态系统稳定性及其驱动力机制（胡汝骥等，2010；Yong Zhong Su et al, 2011）的研究。

荒漠生态系统生产力稳定性研究是一项复杂课题，从理论基础、研究方法、技术手段等还需要不断提升，需要在尺度扩展及波动成因等方面进一步研究。

5. 荒漠生态系统碳循环研究

荒漠生态系统碳循环研究主要集中在土壤呼吸过程中的碳释放过程，国内外众多学者对各种植被或群落类型的土壤碳释放进行研究，并取得较大成果。在准噶尔盆地，有关学者分别对梭梭、佳木贼、盐穗木群落、柽柳＋芦苇群落、杨树林地、榆树林地等群落类型碳释放规律进行研究，并探讨了不同环境因子对生态系统碳释放的影响，如温度、土壤含水量等；同时对土壤碳吸收机制也进行了尝试性研究。全球碳平衡估算结果表明，有相当数量的 CO_2 去向不明，这就是全球变化与碳循环领域提出的"CO_2 失汇"(missing sink)问题。尽管对全球碳收支的研究已经很多，但对碳汇的地域分布、强度、形成机制等关键点问题仍未达成共识。土壤是全球重要的碳库之一。干旱区土壤无机碳作为碳酸盐的重要组成部分可能对寻找全球"碳失汇"意义重大。通过对位于中国西部的古尔班通古特沙漠土壤 CO_2 的监测，发现夜间土壤对 CO_2 有吸收现象。于是开始了对绿洲与沙漠土壤 CO_2 的对比观测研究。2005—2006 年的生长季(5—10 月)，采用 LI－8100 自动土壤 CO_2 通量系统，在距地表几厘米处对 CO_2 进行 24 小时的连续监测。研究认为，盐渍化过程驱使土壤 pH 值向相反的方向发展，这也就容许了持续的 CO_2 吸收。但是，在吸收并汇集 CO_2 的地方，是否被诸如碳酸钙或其他的盐类所填充，还有待进一步深入研究(Zhang and Chen，2007；Huang and Chen，2007；Zhang and Chen，2008)。中国西部塔里木河流域广泛分布着荒漠河岸林植物，是世界上胡杨林分布最为集中、面积最广的地区。然而，有关胡杨林森林生态系统的碳源/汇问题尚未见报道。

6. 全球变化影响下的荒漠生态系统演化和生态过程

荒漠生态系统的脆弱性决定了其对全球气候变化的敏感性。全球变化对荒漠生态系统演化和生态过程产生着影响。目前，有较多的研究工作在探讨全球变暖条件下的生态系统演变问题，但很少有人涉及未来变冷环境下的状况。在中国，全球变暖尽管带来了许多问题，但总体而言，利大于弊，而在全球气候变冷条件下，带来的弊将会远大于利，应特别予以关注。

(二)学科发展趋势

荒漠生态系统研究的关键内容是围绕全球气候变化和人类活动干扰下的荒漠生态系统结构、功能的转化以及荒漠生态系统与各生态因子之间的相互关系。荒漠生态系统作为干旱、半干旱区陆地生态系统的重要组成部分，具有独特的结构与功能。荒漠生态系统的结构组成与功能转化及其稳定性直接影响着与之息息相关的绿洲可持续性。从区域和全球尺度，研究荒漠生态系统对全球变化和人类活动干扰的响应，探讨不同时空尺度下，荒漠生态系统物种组成、多样性、群落结构变化及其在上述干扰下的生态系统的稳定性和自我恢复能力，是目前干旱和半干旱地区荒漠生态系统可持续管理研究的热点问题。

当前，对荒漠生态系统的研究多数是建立在定位观测基础上的研究，研究内容的广度和深度、效果与水平在很大程度上取决于定位观测手段的精细和先进程度，可以说定位观测技术的提高将有助于该学科的发展。因此，就荒漠生态系统研究的发展态势而言，先进测试仪器设备的应用、长期定位观测和网络化监测等至关重要。荒漠生态系统定位观测的未来趋势表现在以下两个方面。

1. 国家、区域和全球水平的观测标准化、一体化和网络化

生物多样性、全球变化、沙尘暴等环境问题已发展成为全球性的问题。荒漠化生态系统定位观测作为干旱区土地退化研究的基础性工作和荒漠化防治的重要内容得到了各国政府的重视，根据国际荒漠化《公约》及非洲附件描述的战略框架协议，撒哈拉与萨赫勒观测网(SSO)于 1990 年 6 月开始创建，已发展成为一个独具特色的国际性观测系统。我国也初步形成了全国性的野外定位观测网络。从全球范围来看，荒漠生态系统定位观测到目前已经发展成为观测方法众多、手段多样和理论完善的一门学科，并向着实时、高效和网络化的方向发展。随着观测网络的建设，观测内容和观测方法的规范和标准化问题也逐渐提到了议事日程。只有在规范化和标准化的前提下，才能建立统一的荒漠生态系统数据库，实现数据共享，大大提高定位观测的效率和增加观测的科学性，推动荒漠生态系统的研究和管理工作，加速荒漠化防治的进程。目前世界各国都在积极努力的制定各种规范和标准，但许多网络系统制定的观测规范和指标还是初步的，有关生态系统定位观测方面的国际标准尚未制定。因此，国家、区域和全球水平的观测标准化仍将是荒漠生态系统定位观测发展的主要趋势之一。网络设计和规划也逐渐趋向一体化，开始考虑全球荒漠化发展的趋势，更加重视加强跨国、跨区域和全球化的合作。荒漠生态系统定位观测与其他科学研究领域一样，国际合作正日益加强，各国的行动也都在与《防治荒漠化公约》以及《大气系统保护公约》《生物多样性保护公约》等国际公约接轨。参与荒漠化定位观测的科学家之间也更加注重在研究方法上相互借鉴，在科研问题上开展交流，并力争实现成果的共享，以便为解决更加复杂的生态环境方面的重大科学问题寻求便捷、高效的途径和策略。

2. 卫星、航空和地面三个层次的观测平台相结合

近些年来，一批高新的信息获取及处理技术的突破，为国际对地、对空监测体系的建设提供了所需的关键技术；以机载合成孔径雷达样机为代表的一批对地、对空观测信息获取系统的研制成功和建立，也使我国对地、对空观测的技术手段和装备水平大大提高，并为政府的决策和国民经济建设、社会发展和科学工程作出了重要贡献。

先进的对地观测系统建设整合了卫星、航空和地面三个层次的观测平台，将地球作为一个整体进行全天时、全天候地观测，形成具有图像和数据获取、处理、分析、应用能力，代表未来 10～20 年发展方向的空、天、地一体化的对地观测系统。就荒漠生态系统定位观测而言，遥感技术为其提供了宏观观测的可能性，通过航片、卫片的解译，可以观测荒漠区沙漠、植被等的现状与动态，特别是空间格局的变化。一般来讲，对荒漠化地区的观测完全采用常规定位观测是不可能和没有必要的，因为生态环境观测体系建设是由典型地段的观测台站构成网络，它只是为宏观观测提供“窗口”，为遥感解译提供地面基本数据并检验解译结果正确与否。而遥感技术完全能够提供有关土地覆盖和土地利用变化以及一些地表特征(如温度、化学组成)观测结果的综合性信息，这些信息需通过更细致的地面观测来补充和验证。在荒漠生态系统定位观测中，样地的布设和下一期观测的样地复位，遥感判读解译标志的确定和建立荒漠化信息系统有关现地信息的采集，是 GPS 的定位和导航功能充分发挥作用的领域。

三、我国与国际水平的比较和战略需求，研究方向

(一)我国与国际水平的比较和战略需求

随着世界人口的急剧增长、全球气候变化和人类对生态资源的过度利用，致使环境退化、生态受损，对社会经济发展和人类生存环境的威胁愈来愈大，生态保育恢复与生态可持续管理已成为当代生态学所关注的重要前沿领域。在2006年8月份英国生态学会刊物 *Journal of Applied Ecology* 上，来自英国10个生态学研究单位和28个政策研究机构的代表撰文论述了当代生态学14个方面共100个热点问题，而水资源和生境管理及恢复是其中两个重要的方面。

20世纪90年代初，美国生态学会发表了生态学发展趋势的评估报告 *Sustainable Biosphere Initiative*，提出全球气候变化及其影响、生物多样性保护研究以及可持续的生态系统是未来生态学的热点。2004年由二十几位著名生态学家组成的美国生态学会生态远景委员会(Eco-Visions)再一次对于生态学的发展进行预测，指出“推进面向可持续发展的创新性生态学研究，促进以生态学为基础的科学决策。生态学能够也应该成为未来人类与自然生态系统共存的理论依据和行动指南，帮助人类更好地管理、恢复和创建生态系统”。

进入21世纪以来，全球性生态与环境问题的加剧与可持续发展对学科理论的要求更加强烈，有力推动了恢复生态学和生态水文学在世界范围内的迅速发展。2000年在英国召开了“以创新理论深入推进恢复生态学的自然与社会实践”为科学主题的第12届国际恢复生态学大会，以生态恢复重建为重要内容的生态稳定和生态安全问题愈加被人们所关注。①从中观和微观尺度进行维持河流系统完整性和退化生态系统恢复重建的流域水生态过程相关的流域生态安全等方面的研究，探讨维护生态系统稳定的自然生态过程和天然生态保护的生态需水问题，分析干旱区植物分布如何影响径流和水分分布以及“土壤-植被-大气”传输相互作用过程等；②从宏观角度考虑有关生态与环境安全问题，学术界与政治圈针对安全领域中环境问题产生的作用进行了争论。Dennis提出生态安全必须要保证人类与自然环境的平衡与协调，在人类活动严重威胁自然环境的时代，应重视对安全范畴的思考。Jon Barnett(2001)提出环境退化与国家安全之间存在联系，这种联系主要侧重于全球的环境政见。Barnett认为环境安全根本上是权利问题而不是解决具体的环境问题。2002年，As. Isaev通过全球气候变化对俄罗斯自然生产力在数量和质量上的影响，来分析俄罗斯的生态安全的问题；Elizabeth L. chalecki(2003)认为生态安全是反映一个国家或社会所能承受诸如资源短缺、生态环境风险或环境聚变以及由环境引起的冲突的能力。产生如此分歧的原因就在于目前对生态系统本身及其与环境的相互作用的机理认识不够深入。

在生态恢复的理论和实践研究方面走在前列的是欧洲和北美，在实践中领先的还有新西兰、澳洲和中国。我国在生态恢复的实践方面做了大量的工作，特别是在我国北方的干旱半干旱区的出色工作，但不得不面对在理论研究上相对滞后的事实，尤其是在涉及退

化生态系统的恢复或沙漠化的逆转过程的机理研究相对薄弱，以致在实施生态恢复计划与生态管理中缺乏相应的理论支撑。区域植被与水分的时空格局之间存在的因果关系是众所周知的，但以前对植被空间动态变化的研究，没有能客观的与土壤和因气候波动的水循环特征联系起来，同样，水文生态学在这方面的研究也较少。可以说，以前的植被建设和生态恢复很少考虑到土壤-植物-大气连续体(SPAC)的水循环过程和水量平衡的问题，而对水循环的研究多是针对植被覆盖连续的森林与草原植被系统。由于中国干旱区生态格局的特殊性(因水分驱动而呈斑块状分布)，一些基于湿润半湿润地区连续植被系统的水循环研究结果不适用于干旱荒漠区。此外，对干旱荒漠区的水量平衡和水循环研究多是建立在植物个体和种群的尺度上，能够实现尺度转化的研究报道很少，有关生态脆弱区的生态系统监测与模拟研究方面亟待加强。

荒漠区生态保育恢复与受损生态系统的修复与重建是当前我国西北干旱区研究的重点，植被与水分的关系以及干旱胁迫下的植物抗旱性与适应性问题是探讨植被恢复与维持的核心。干旱荒漠区生态恢复与维持机制的研究具有以下三个方面：①干旱区荒漠生态系统保育与恢复研究需要学科间的融合，包括生物学、地学、环境学、经济学和人文学在内的多学科的交叉，是解决该区域生态环境的必然趋势；②对包括水、土、气、生在内的环境因子进行长期的联网监测与模拟研究，将成为生态恢复与维持机制研究的基础；③综合研究不同生态类型区的植被恢复与维持机理，从而提出针对不同类型区的生态系统管理对策。

荒漠区生态水文学在揭示干旱区水循环的生态过程、机理等方面的研究具有学科交叉的优越性。目前对干旱半干旱区生态水文学的研究主要集中在以下五个方面：①小尺度上植物对环境变异的响应(Zhuang and Chen 2006)；②在区域尺度上植被如何响应；③小尺度上生态水文过程与SPAC系统水汽传输相互作用；④天然植被随气候变化的演替过程；⑤土地退化和荒漠化水文学机制及其对全球变化反馈机制模型的建立(Chen et al, 2008, 2009; Hao et al, 2009)等。利用水循环过程实验与分析，揭示水与植物的关系，研究特定生态系统水的生态阈值，运用生态水文学的原理和观点，对水资源进行优化管理，提高植物对水分的利用效率，从而更好地进行生态恢复和维持。

在干旱荒漠区，水作为其中最关键的生态环境因子，不仅是绿洲生态系统构成、发展和稳定的基础，而且决定着干旱区绿洲化过程与荒漠化过程两类极具对立与冲突性的生态环境演化过程。当前，国际上就干旱区水资源及其相关生态环境问题研究的总趋势不再单纯就水论水，而是把干旱荒漠区水资源短缺以及引起的环境变化和生态问题放在流域、区域乃至全球变化系统，从自然、社会、经济方面相互联系变化的基础和系统综合方面开展研究。国际水文计划(IHP)已经完成了5个阶段的研究任务，主要成果包括：水资源评价、水量平衡计算、水资源管理和保护，并完成了大量的基础研究工作以及基本数据观测。第六阶段(2002—2007)则把水问题带来的危机与挑战列为主题。该阶段主要解决5个问题，即：气候变化和水资源、地表和地下水交换、陆地栖息地水文学、社会与水、水知识的传播与教育。在IHP第六阶段实施方案中，特别支持开展了特殊水文过程和水资源管理方法的研究，探讨气候变化和人类活动对水资源的影响。国际科学联盟理事会(International Council for Scientific Unions, ICSU)于1990年正式启动了水文循环的生物圈方面(Biospheric Aspects of the Hydrological Cycle,BAHC)的专项研究,并把此作为国际地圈生物圈计划的核心内容之一,其主要任务是研究地表植被在水循环中所起的作用,研发不同时空尺度的土壤-植被-大气模式,模拟地表的能量和水汽通量,最终实现与大气环流模式的耦合;另一方面是建立必要的生态、气象和水文数据库,试验和验证模式模拟的结果。

上述重大国际科学计划的实施,取得了丰硕的研究成果。主要有以下几方面进展:①从水循环陆面过程模拟未来发展的方向,强调的是研发有效的陆面过程模式,以便更好的模拟水分及能量在地表-植被-土壤间的传输过程。同时,寻求一个合理的或合适的尺度和尺度转换的理论或方法,使其能够与大气或冰雪融水模式合理地耦合起来研究陆-气或冰间的相互作用也是陆面过程研究一直在探索的关键问题,其中,陆面覆盖非均匀性的描述将仍然是水分循环陆面过程模拟的难点。②选取何种尺度研究完整意义上的陆-气相互作用下的水循环过程成为水循环研究的难点。至今尚无完整的尺度选取及匹配的理论或方法用以指导陆、气(或冰)耦合的水循环过程研究。③对于不同的尺度而言,有很多种变化的参量,不同尺度情景下影响水循环过程的主导因素各不相同,如何选择合适的尺度参量来研究陆-气(或冰)耦合的水循环过程也是陆-气(或冰)相互作用下水循环过程研究的重要方向之一。④陆地-大气(或冰雪)系统耦合原理及途径,以及耦合模型的研制,尤其是模型尺度的选取及匹配问题,并无完整的尺度选取及匹配的理论或方法用以指导陆-气(或冰)耦合的水循环过程研究。因此,尺度的选取和匹配研究仍然是水循环研究难点问题。⑤全球变化及人类活动对水循环影响及其反馈研究,尤其是生态环境与水资源利用之间的协调性研究,以及定量识别人类活动和气候变化对自然生态系统以及水循环系统的影响,仍是变化环境下水循环研究的主要方向之一。⑥不同自然地理区域特别是生态脆弱区的水循环过程研究也是未来水循环研究强调的重点之一。

当前干旱荒漠区水循环与水资源研究有以下几个方面需要加强:①流域尺度的水循环过程研究有待加强。虽然流域水循环的大气、地面、土壤和地下水过程分项研究较为深入,但由于尺度转化、界面耦合等方面的困难,流域水循环系统研究相对较少,需要进一步开展流域水循环系统研究。②以往的研究更加注重自然状态下水分运移的特征与规律,由于人类活动在很大程度上干扰和改变了区域水分运动规律,因此,定量评估人类活动影响的研究迫切需要加强。③以水治水的水资源单项调控的工程措施多,以流域为单元的水循环为统一平台的综合研究刚刚起步。为此,开展流域多尺综合调控研究有待加强。如在节水调控研究中,常常忽略节水对于生态系统的影响研究。④水资源基础研究和应用研究,自然属性研究与社会属性研究存在一定的脱节,需要加强水循环基础研究和水资源应用研究之间、水资源社会经济服务功能研究和生态系统服务功能研究之间的联系。在流域水资源实时调度研究与实践方面,以往的工作主要集中于部分河系、区域或部分工程,主要研究对象是地表水资源,决策目标相对单一,时空尺度相对较小,对干旱区基于生态安全的地表水、地下水资源联合运用技术与理论方面的研究相对较少,缺乏对全流域社会经济发展用水和生态系统需水的综合考虑和对高山区冰雪融水、山区森林带降水、地表水、地下水和土壤水资源之间关系的深刻认识,对流域尺度的水循环过程与水资源配置缺乏有机联系和深入研究,这些都严重制约了水资源的高效利用。

综上所述，开展干旱区水资源形成与水循环过程研究，探索干旱区绿洲化与荒漠化的发生机理，进行干旱区绿洲-荒漠生态系统的长期监测与模拟等，不但可以填补和丰富干旱区相关领域的研究理论，研究成果还可以直接服务于干旱区水土开发、绿洲建设和生态保护，对维护绿洲生态安全有着重大的意义。

(二)学科研究方向

荒漠生态系统研究是以水文、水资源为主线，以生态过程研究为核心，以实现生态系统可持续管理为目标的。开展荒漠生态系统研究，需要关注荒漠生态系统结构、功能、过程及演变规律，研究绿洲开发和可持续管理的理论与方法，探讨不同尺度复合生态系统中人与自然的系统耦合关系，分析生态脆弱区水土、生物资源开发利用的生态效应与生态调控机理，研发提升绿洲生产力技术。研究成果将为国家及区域解决重大生态与环境问题提供科学依据，为保障生态安全、实现生态系统的可持续管理提供科技支撑。

1. 干旱荒漠区水文、水资源系统及对全球变化的响应

(1)水资源变化及其预测：重点开展干旱区内陆河流域水资源形成、演变及其与全球气候环境变化和人类活动的动力学联系，探讨全球变化下的水文、水资源变化过程、响应机理与适应策略。

(2)流域尺度的水循环过程和机理：重点研究流域尺度地表水与地下水的水循环过程和水文水资源系统在运动过程中的变化机制及模拟。

(3)水资源合理配置与调控研究：重点开展流域水资源在社会经济和生态环境两大系统间的科学配置研究，提出基于生态安全的流域水资源合理配置与调控对策以及绿洲地表、地下水联合利用模式。

2. 干旱区绿洲生态系统与绿洲可持续性

(1)绿洲演变与驱动力：重点进行不同尺度下的绿洲演变过程和不同绿洲类型演变的驱动力及其特征研究。

(2)绿洲生态过程：重点进行绿洲水盐运移、水分循环、生物响应等为主要内容的绿洲生态过程研究。

(3)绿洲农业与可持续性：重点进行绿洲调控机理、管理机制和绿洲生态安全(水土安全/生物安全/防护安全)与绿洲农业可持续性研究。

3. 干旱区荒漠生态系统及其稳定性

(1)荒漠生态系统结构：重点进行包括种类组成、种群分布格局和群落构成的时空变化以及环境影响因子识别等荒漠生态系统结构的研究。

(2)荒漠生态系统功能：重点进行包括能量流动、物质循环、信息传递等荒漠生态系统功能研究。

(3)荒漠生态系统及其稳定性：重点进行包括生物多样性变化、荒漠生态系统干扰及其响应机制以及荒漠生态系统稳定性演变、阈值和驱动力研究。

4. 干旱区绿洲-荒漠过渡带生态过程与交互作用

(1)绿洲-荒漠过渡带生物多样性与植被演替：重点进行绿洲-荒漠过渡带物种多样性

动态变化、群落结构的动态变化以及维系生态安全的合理地下水位研究。

(2)绿洲-荒漠过渡带的边缘效应:重点进行包括大气效应、水文、土壤效应和植物响应在内的绿洲-荒漠过渡带边缘效应研究。

(3)绿洲-荒漠过渡带的生态安全与管理:重点进行绿洲-荒漠过渡带生态安全机制、保护对策和管理模式的研究。

5. 干旱区荒漠环境保育与绿洲生产力提升技术

(1)绿洲生产力提升技术:重点开展绿洲高效节水农业、棉花高产栽培、盐碱地改良及有害生物生态防治等关键技术的研发与集成。

(2)荒漠高效生态产业建设技术:重点开展荒漠高效生态草业、生态药业、生态特色林果业以及新垦荒漠区生态安全保障体系建设等关键技术模式的研发与集成。

(3)受损生态系统的修复保育技术:重点开展不同生态脆弱区的生态系统保育恢复、人工植被重建中的适宜物种选择与群落结构优化配置以及退化土地转化利用等技术模式的研发与集成。

四、本学科近几年的主要成就

(一)荒漠化动态定量遥感监测与模拟

以干旱荒漠区生态环境变化为研究对象,构建了荒漠化评价指标体系,结合RS和GIS技术实现了大尺度区域的荒漠化实时监测和评价,同时实现了对长时间序列下的干旱区荒漠化动态演变的反演和模拟研究,恢复了历史时期荒漠化过程的全景概览,阐明了历史时期荒漠化演替序列、格局及其驱动机制;在土地利用变化过程、荒漠稀疏植被变化过程、定量遥感监测与模拟等方面进行了尝试,建立了干旱荒漠区土地利用、稀疏植被定量遥感反演与模拟模型,探讨了干旱荒漠区土地利用与土地覆被变化及其效应,再现了荒漠化迁移与土地覆盖变化格局,建立了干旱区生态安全遥感监测技术系统。

(二)气候水文过程

水资源是干旱区生存的关键,全球气候变化深刻地影响着水文过程。近年来,世界各国的科学家们都对气候水文过程做了大量的研究,通过分析全球气候变化对干旱区水文、水资源的影响,基本阐明了全球变化与干旱区水资源变化间的动力学过程,解析了干旱内陆河流域水文过程的驱动因子,定量计算了人类活动和气候变化对干旱区地表和地下径流的影响,认为在极端干旱区,人类活动对水文过程变化的影响大于气候变化,如中国的黑河流域和塔里木河流域;建立了气候水文过程数值模型,并运用各种模型反演了历史时期水资源时空分布的变化过程,预测了全球气候变化下的干旱区未来水文、水资源变化趋势,构建了内陆河流域水资源高效利用与水量调度管控系统,为干旱区水资源的合理开发利用提供了科学指导。

(三)生态水文过程

在水文过程研究方面,近年来,重点在研究生态需水量和水资源的合理开发、利用、配置,利用人工神经网络、系统动力学、遗传算法、模糊优化等非线性统计方法,计算了区域和流域生态需水量,建立了兼顾生态-社会-经济协调发展的水资源配置数值模型,协调了生态与经济用水的矛盾,实现了水资源分配的效率性、公平性与可持续性。同时,就干旱区降雨截留、水分入渗和土壤蒸发等水文过程的影响因素及其机理进行了深入探讨,建立了雨水截留动态的水量平衡模型,分析了影响水分入渗的影响因素,阐明了生物结皮与水分入渗的关系,构建了土壤蒸发的数理模型,模拟和预测了干旱荒漠区的土壤蒸发变化。

在地表生态过程与水文过程耦合关系研究方面,重点研究了植物抗旱机理及其生态水文效应,在根土界面水分再分配发生机理、植物合理生态水位、群落耗水量、植物及群落水分利用等方面都取得了较大进步,探明了植物个体和群落的水分分配规律,确定了植物根系对土壤水分的再分配作用,揭示了植物耗水量和生态容量,提出了植物耗水量尺度转换模型,阐明了维持干旱荒漠区植物群落稳定的地下水埋深生态阈值,揭示了土壤-植物-大气水分耗散过程。

在荒漠河岸林植被生态需水量研究方面,将荒漠区植物的生态耗水过程与地下水和土壤水的时空变异特征结合,揭示荒漠植被蒸腾耗水规律及其影响因子,确定不同地下水埋深条件下的植被蒸腾耗水量,为不同植被群落的生态需水量研究提供依据。将断流河道输水条件下的地下水位变化与天然植被的生态响应和植物群落发生发展联系起来作为突破口,进行退化植物群落自然生长、恢复的合理生态水位的研究;采样实验科学与建模分析相结合估算了维系流域生态安全的最低需水量和适宜生态需水量。

(四)地表过程

近年来,干旱荒漠生态系统的地表过程研究主要集中在土壤 CO_2、N、P、K 等物质循环过程分析,其中 C、N 循环是重点研究,基本查明了土壤-植物-大气系统中 C、N、P、K 等的产出输移过程、规律及驱动因子,阐明了土壤中 C、N 的 fenugreek 格局,预测了未来气候变化下的物质循环趋势;通过对干旱荒漠区土壤 CO_2 动态监测,确定了干旱荒漠区的碳排放量及其储存潜力,发现了荒漠地区碳循环的特殊性,提出在夜间荒漠土壤对 CO_2 有吸收现象,为寻找全球碳循环研究中“碳失汇”开辟了一条新的途径;另外,波文比、涡度相关仪和闪烁通量仪等仪器和涡度相关法、波文比法、空气动力学法、能量平衡-空气动力学阻抗法(即遥感法)、Penman-Monte/th 模型、互补相关模型和 SR 模型等计算模型开始在干旱区地表物质循环研究中引入和应用,解决了物质循环过程和地—气相互作用过程的能量流动研究中显热和潜热参数的难以确定性,进一步加速了干旱荒漠区地表物质循环研究。

干旱荒漠区土壤水盐过程和绿洲稳定性是荒漠区地表过程的另一重点研究领域。在这一领域里,主要以绿洲生态为研究对象,探讨了绿洲的形成和演变过程,识别了绿洲演变的影响因子,揭示了天然绿洲与人工绿洲的相互转化与作用关系,阐明了景观尺度绿洲稳定性的控制因素;分析了绿洲内部物流流的时空过程、绿洲农田的养分综合管理,探讨了绿洲土壤-作物系统中水、氮行为过程，形成了绿洲农田作物的养分综合管理技术；揭示了荒漠区土壤水盐空间变异规律，解析了绿洲水盐运移规律和水盐平衡，阐明了绿洲生态系统水分转化与盐分之间的相互作用关系，提出了绿洲水盐调控方法及绿洲可持续管理与调控方法。

(五)干旱区植物对环境胁迫的响应与适应

近年来，国内外学者从群落、种群、个体、细胞、分子等不同层面就干旱区植物的抗逆性机理、个体及群落对环境胁迫的响应和适应进行了详细的解析。在个体研究方面，研究了不同环境胁迫下的植物体内水势、渗透调节、活性氧代谢、生物膜、光合作用、水分利用效率、蒸腾速率、气孔导度等的变化规律，解析了植物个体对环境胁迫的生理生态适应性以及与环境因子的响应，探索了植被被动性响应与适应机制，揭示了在全球变化与人类活动的大背景下，荒漠植物（或植被）的应对策略与其演替前景，尤其是碳同位素研究方法在植物水分利用效率研究中的引入，成功地实现了对植物长期水分利用效率的分析，揭示了干旱区植物的水分利用方式、途径和来源，发现了荒漠植物对水分条件改变的个体适应远比生理响应重要，其地下部分的适应性改变又比地上部分重要，促进了植物水分传导理论的进步，同时，在根系水力提升、基因改良、抗逆育种等方面也取得了很大的进步。另外，将植物生理学与微生物学有机结合，从微生物多样性、共生作用等角度系统揭示荒漠植物抗旱的机制，阐释荒漠生态系统植物群里稳定性演变驱动机制，解析荒漠植物物质利用、能量循环的成因、趋向；在小尺度上，应用实验生态学的方法，将植物组织结构、生理、生化特性分析运用于解读和确定环境胁迫下荒漠河岸林植被的合理地下水位问题研究，揭示了植物生理生态变化与荒漠植物遭受干旱胁迫程度的关系，解读天然植被对胁迫环境的适应策略以及植被恢复的水文过程及其机理，确定了荒漠植物的合理/胁迫/临界地下水位；在中尺度上，解析自然水文过程和人为调控水文过程下的荒漠河岸林植被格局，以生态耗水量为基础估算流域尺度天然植被生态需水量，突出了学科交叉和研究方法的多样化。

在群落研究方面，分析了群落物种多样性对环境梯度变化的响应，揭示了群落稳定性与环境因子的互作关系，解析了荒漠植物群落的演变规律和驱动因子，结合遥感技术、GIS 技术和数学模型反演和模拟了荒漠区植物群落的动态演替过程和全球气候变化下的未来演替趋势。

(六)荒漠化综合治理方面

近年来，在荒漠化综合治理方面产生了很多新技术和新方法，如利用激活土壤种子库、生物结皮等加速了荒漠生态环境的自我恢复，利用抗旱、抗盐、抗寒等转基因技术和抗逆性育种提高了荒漠植物的自身抗逆性，利用区域病虫害监测体系，探明了灾害发生规律，构建了病虫害预测模型，提高了病虫害预测预报的能力。同时还建立了准确描述自然灾害如沙尘暴循环过程的数值模拟系统和沙尘气溶胶辐射特性模型，明确了沙尘暴源区的分布和释放总量，建立了自然灾害数值预报系统，提高了对自然灾害的预测预报能力。

五、在学术建制、人才培养、基础研究平台等方面的进展

荒漠生态系统是整个生物圈中分布较广的一个系统，是陆地生态系统中的一个重要的子系统。对荒漠生态系统的研究主要是从草原生态和资源环境的角度进行，从草原生态角度研究的如苏联早在 20 世纪 20 年代就在卡拉库姆沙漠建立了捷别列克生态定位研究站开展研究，50 年代又在俄罗斯大草原建立了生态研究站，美国自 60 年代初期将辽阔的北美草原划分为高草原、杂草草原和低草原进行生态定位研究。还有非洲的马格里布半荒漠草原以及澳大利亚的荒漠草原的生态研究等。从环境资源角度研究的如蒙古，60 年代与苏联组成了俄罗斯—蒙古生态学综合考察队，对蒙古的各类生态系统进行了长期的考察以及定位、半定位研究，结合遥感技术于 1991 年完成了《蒙古生态系统环境图》。除此之外，也有从植被(植物)、气候土壤等角度研究荒漠生态的。

(一)荒漠生态系统研究的主要任务

荒漠生态系统研究的主要内容是研究荒漠生态系统与各生态因子之间的相互关系，总的目标是改善荒漠生态环境，为人类提供可利用的资源和环境。荒漠生态系统研究的内容主要应当包括以下几个方面。

1. 荒漠生态系统演变规律的研究

即对不同天然植被区和人工植被区研究荒漠生态系统和荒漠植被演变的机理、规律及其与各生态因子之间的关系，主要包括：

(1)荒漠生态系统与气候、水文、植被、土壤等生态因子之间的关系。

(2)荒漠植被演替的机理、规律及其与各种生态因子之间的关系。

(3)影响荒漠生态系统和荒漠植被演变的主要因子和主导因子。

(4)荒漠生态系统的稳定性、可持续性发展能力及其指标体系。

2. 荒漠林生态功能的研究

主要包括：

(1)不同荒漠林对气候(包括风速、湿润指数、舍尘量等)的影响。

(2)荒漠林对环境水资源(地表水、土壤含水率和地下水资源等)的影响。

(3)荒漠林对土壤(酸碱度、土壤结构、土壤机械组成及土壤有机质、微生物等)的影响。

(4)不同荒漠林的能量转换和自然能利用。

(5)探索评价荒漠林生态质量的综合性数量指标，建立荒漠林生态与环境因子之间的多变量数学模型。

3. 人为干预对荒漠生态系统影响的研究

对于荒漠生态系统的人为干预主要有造林、封育等增加植被的人为活动和樵采、开荒、放牧等减少植被的人为活动两个方面，如营造防护林、水土保持林、封山(沙)育林等，主要包括：

(1)造林、封育等增加植被人为活动对荒漠生态环境的正向(建设性)和负向(破毁性)影响以及一定环境条件下允许干预的最大强度。

(2)樵采、开荒、放牧等减少荒漠植被的人为活动对荒漠生态环境的影响梯度以及合理的干预强度。

4. 荒漠林生态最佳模式选择的研究

即通过研究影响荒漠生态环境的主要因子和荒漠林生态功能,建立一定条件下荒漠林最佳模式的数学模型,为建造荒林、改善荒漠生态环境提供科学依据。主要包括:

(1)适应一定环境条件的荒漠林生态模式的选择。

(2)荒漠区林业与农业、牧业的最佳结合模式选择。

以上4个方面就构成了荒漠生态系统研究内容的体系框架。

荒漠生态系统研究手段主要有:

(1)以定量研究为主,充分运用统计学、预测学方法和电子计算机模拟技术,建立荒漠生态的数学模型,如系统的预测模型、模拟模型、能量转换模型、投入产出模型等。

(2)充分利用遥感和地理信息系统等现代科学技术手段,把取样方法和遥感技术结合起来,一方面在每个研究站建立1个自动气象站,设定若干个定位取样点,定期取样,定位研究,另一方面在每个定位站选定一定的控制面积,运用遥感设备和技术进行较大范围的控制监测研究。

(3)建立数据库,形成全国的荒漠化定位监测网络和计算机数据库通信网络。

(4)加强国际台作,做好与《防治荒漠化公约》以及《大气系统保护公约》、《生物多样性保护公约》等国际公约的接轨。

(5)借鉴国外的研究方法和我国已有的研究成果,总结过去已取得的研究成果,对以往研究成果的定性描述进行定量分析。

(二)荒漠生态系统研究的人才培养与基础平台建设

国内在荒漠生态系统研究或关注的机构较多,主要有:中国科学院绿洲生态与荒漠环境重点实验室、中国科学院新疆生态与地理研究所、中国科学院寒区旱区环境与工程研究所等,此外,还有中国科学院地理科学与资源研究所、北京师范大学资源学院地表过程与资源生态国家重点实验室、中国科学院寒区旱区环境与工程研究所冻土工程重点实验室、水利部/中国科学院水工程生态研究所、武汉大学水资源与水电工程国家重点实验室、中国水利水电科学研究院水环境研究所、中国科学院东北地理与农业生态研究所、西北农林科技大学旱区农业水土工程教育部重点实验室、中国矿业大学、中国科学院长春地理研究所等。

目前,国内有多家研究机构开展荒漠生态系统方面的研究,促进了该学科的发展壮大,同时随着学科发展和国际交流的增加,有力地加强了基础研究队伍的建设,培养了许多从事生态水文学研究的科研与工程技术人员,成立了如中国科学院绿洲生态与荒漠环境重点实验室、水利部/中国科学院水工程生态研究所生态水文学研究室等研究平台。中国科学院绿洲生态与荒漠环境重点实验室以干旱区内陆河流域的山地-绿洲-荒漠三大生态系统为研究对象,以山地-绿洲-荒漠生态系统的相互作用和生态过程研究为主要内容,重点开展干旱荒漠区水土、生物资源开发利用的生态效应、生态调控机理、生态安全以及生态系统可持续性研究，为保障生态安全，实现生态系统的可持续管理提供科技支撑。水利部/中国科学院水工程生态研究所生态水文学研究室则对以水文变动为主要驱动力的生态过程的动态特征进行模型模拟，重点探索水利工程建设对水域生态的影响和减缓对策；以对天然栖息地完整生物群落的结构特征分析为基础，研究人类活动，如过度捕捞、环境污染、水利工程等对水域的生物完整性的影响和补救对策等。这些平台的构筑凝聚人才、整合力量，对荒漠生态系统研究和荒漠生态学的发展及满足国家经济、社会可持续发展战略需求都有着重要的战略意义。

国家环保局是中国生态系统研究网络的台站，重点监测荒漠生态系统的气候、生物、土壤、水文地质条件的年内变化和年际变化，以预测干旱生态环境的未来变化，提出防治生态破坏的措施，为环境管理部门服务。

根据自然气候条件将全国荒漠分为干旱荒漠和半干旱荒漠几个大区，选择具有代表性的地域和不同类型的林地建立定位研究站，编制全国统一的研究方案和研究计划，确定具体的研究内容和目标，固定专人，提供资金和设备，分阶段进行长期定位研究，总结形成阶段性研究成果，逐步深入。我国目前形成的 6 个治沙综合试验站在荒漠生态系统研究中具有一定的代表性，并积累了一定的荒漠生态系统研究经验，通过点、线、面结合，定位研究与宏观控制结合，就构成了我国的荒漠生态系统研究网络体系。

六、学科发展趋势与展望，我国本学科未来研究方向建议

（一）主要发展趋势与展望

1. 荒漠生态系统水热平衡研究

随着观测自动化程度和计算机技术的提高，卫星遥感、涡度相关测定技术与模型模拟的有机结合，地理信息系统、同位素法等高新技术在生态系统水热平衡中的推广应用以及地球大气物理、植物生理、土壤学科、气象与微气象学科等各领域的紧密合作，对荒漠生态系统水热平衡进行定位研究，从小尺度向中、大尺度过渡。将水热平衡研究在理论上系统化、深化，在观测方法上规范化、统一化，并将生态系统的理论与水文学、能量学有机结合起来，以便为生态系统水热问题研究提供良好的条件。由于人们未对水热平衡规律建立动态模拟耦合模型，故还不能准确揭示系统内部的水热发生原理、水热结构特点，无法对其传输交换的动态变化机理加以模拟预测，对系统水、热联系与水热运动过程及其与环境的相互作用还没有本质了解，因此构建一个既能描述生态系统水热平衡规律又可以对系统内部水热传输交换动态过程进行模拟的生态系统水热平衡耦合模型将是以后研究的热点和方向。荒漠生态系统属于典型脆弱类型的陆地生态系统，掌握系统水热状况的演变过程及其水热结构特点，找出优化的水热结构模式，对于防止荒漠化的蔓延与该系统的恢复与重建将有巨大的促进作用。为改善全球环境和维持生态平衡提供理论依据，并可以将相关技术转化为生产力应用到生产实践中。

2. 荒漠-绿洲过渡带生态环境特征研究

我国西部干旱区面积辽阔，是世界上尚未大规模开发的资源宝库之一，也是我国21世纪重要的资源接替区。研究荒漠-绿洲过渡带的生态环境特征及物质循环、能量转化及信息传输的过程，对于从本质上改善荒漠生态环境，增强系统稳定性，维持荒漠生态系统的生态安全，提高生态系统的生产力具有重要作用。随着科学技术的进步以及人类行为的调整，生态系统的信息流也将发生一系列的变化，通过人类的共同努力，最终实现人与自然和谐共生、友好相处的目标。

3. 荒漠生态系统恢复生态学研究

今后荒漠生态系统恢复生态学的研究方法更加注重多学科不同研究方法和手段的综合运用和交叉，对在恢复实践中用过的新技术、新方法要及时地加以总结，试图从理论上进行提高，并设法进行推广和应用。除着重研究退化生态系统退化机理的研究及其恢复外，还需加强生态系统在日常生活和生产中的应用以增强恢复效果。此外，恢复生态学研究要强调自然恢复与社会、人文的耦合，强调恢复生态学研究的自然与社会人文交叉，强调科学工作者、政府、民众的充分合作；恢复生态学研究在地域和理论上都要跨越边界，由于地球的整体性和相互依存性，某个国家不可能独立实现其本国的可持续发展，可持续发展是全球发展的总目标；恢复生态学研究以生态系统为基点，强调生态系统是开展生态学以及其他分支学科研究工作的最基本和完整的单元，只有认识生态系统的结构和功能，才能了解生态系统在各种环境，尤其是在当今全球关心的气候变化条件下的发展趋势。而生态恢复的实践以具体的生态系统作为研究的对象；持续的和与日俱增的反常天气和人类长期的土地利用使生态系统进一步复杂化，这需要通过生态学的研究来阐明保护及恢复自然生态系统的目标和标准，进行成功恢复的评估和生态恢复效力的评价。

4. 荒漠生态系统土壤生态学研究

由于土壤生态学在解决一系列经济和环境问题中不断发展，它以土壤生态系统为核心，不断向宏观和微观方向发展，研究领域不断拓宽，主要包括以下三个方面：宏观水平的研究主要包括土壤生态系统与区域性或全球性生态环境问题的关系及解决途径等，如荒漠生态系统所产生的温室气体对全球气候变化的影响和人类活动对温室气体产生的影响等；中观水平的研究主要包括土壤生态系统的组成、结构和功能的研究及系统内物流、能流、信息流及经济流的规律、机理和最佳模式的研究，土壤生态分区、土壤生物多样性保护、退化土壤生态系统的恢复与重建等；土壤生态学中微观水平的研究较少，主要研究包括根际土壤生态研究，如根际土壤酶研究，根际微生物对能流、物流的影响，根系共生和非共生固氮体系的研究等。土壤分子生态的研究尚未见报道。虽把土壤生态学的研究领域分为三个水平，但这三个水平的研究统一于土壤生态系统之内，且相互依存、相互联系。因此，土壤生态学既要重视宏观水平的研究，又要重视中观和微观水平的研究。

5. 荒漠生态产业建设技术研究

荒漠区是地球上可供扩大人类生存和发展空间的最具潜力和充满希望的区域，其丰富的水、土、光热和矿产资源，在世界经济发展中所占的份额将会越来越重。荒漠生态产业是针对干旱荒漠区的自然特点和生态条件提出来的(陈亚宁，2004)。荒漠生态产业寓保护与发展、经济与生态于一体，在对脆弱生态区进行生态建设的同时，发展经济。荒漠高效生态产业建设，结合国家“西部大开发”生态环境建设与经济发展中的重大关键科学技术问题，重点解决干旱荒漠区生态产业建设中生态过程的完整性和技术途径的合理性；生态与经济过程融合的高效性和可持续性等科学问题以及荒漠生态产业发展中生态安全保障体系建设的重大技术问题。荒漠生态产业是保护与发展的结合点，也是保护与发展这二者过程偕同的平台。荒漠生态产业以荒漠生态系统为载体，尊重和依托自然生物系统的生命和生态过程，以干旱区的优势生态条件为支撑，通过有效利用荒漠资源，从个体和群体两个层面上实现生态过程与经济过程的融合，是一种全新的生产观和生态价值观，是可持续发展的必然选择。

6. 荒漠生态系统管理生态学研究

荒漠化防治过程中存在着水土资源、生物资源等的不合理开发利用，进行荒漠生态系统管理生态学研究至关重要。管理生态学就是借用生态学的基本原理和基本方法，解决当前荒漠生态系统水土资源和生物资源管理不当等实际问题，对管理学进行宏观、大跨度交叉研究的一门新兴学科。管理生态学的建构，对任何具体的管理理论和管理实践都具有重大的指导作用。运用生态模拟的方法，建立管理模型。提供了一种全新的现代思维方式，实现了管理方法上的根本性转变，奠定了管理生态学的方法论基础。

(二)未来研究方向

尽管我国开展荒漠化研究与防治已近半个世纪，但荒漠化一直处于加速扩展阶段。除国家投入不足和政策失误等原因以外，荒漠化发生机制仍未研究清楚，并且完善的荒漠化防治理论体系和技术体系尚未建立。未来我国荒漠化研究，就是要结合国际荒漠化研究发展趋势，从不同尺度、结合相关交叉学科和边缘学科，解决我国土地荒漠化过程中已经出现和未来可能出现的问题，并对其进行监测、评价、预报。未来我国荒漠化研究的重点方向如下。

1. 荒漠化发生理论基础的研究

过去荒漠化发生理论研究方向主要从风沙地貌学、风沙物理学、风沙沉积学以及气候和微气象等方面进行。未来的研究方向应更广泛一些，从多方面入手，共同探讨各因素对荒漠化发生的贡献率，定量分析荒漠化过程中，各因素与荒漠化之间的关系以及各因素之间的相互关系。为深入研究我国荒漠化过程的动力学和生物学机制提供科学的宏观环境背景。未来有关荒漠化发生理论的研究方向将包括：风沙物理与荒漠化的关系；土地与荒漠化的关系；植被与荒漠化的关系；生物多样性与荒漠化的关系；气候与荒漠化的关系；人类活动与荒漠化的关系；景观与荒漠化的关系。

2. 荒漠化恢复生态的研究

从水资源、土壤、植被、生物多样性、气候等多角度出发，探讨在荒漠化受损生态系统中的抗干扰机制和适应对策研究。分析研究荒漠化受损生态系统中，在人为措施实施后，各因素的动态变化和稳定性机理研究。未来主要研究方向有：土壤恢复研究，植被恢复研究，生物多样性恢复研究，景观生态系统恢复研究，气候恢复研究等。

3. 荒漠化地区综合防治措施体系研究

根据我国自然、经济特点以及荒漠化发展动态，本着生态效益、经济效益和社会效益统一的目标，开展不同尺度范围内的综合防治措施体系及其效益研究，实现荒漠化地区的资源与环境的可持续发展。研究内容包括：土地利用安全格局，水资源合理配置，植被恢复重建，生态工程措施、法律措施等。同时，加强荒漠化监测、评价以及预报系统的研究，利用高新技术，建立荒漠化以及与荒漠化相关的干旱、沙尘暴的监测、评价以及预报系统。

4. 荒漠生态水文过程研究

干旱区内陆河流域的水文过程控制着生态过程，对流域生态系统的稳定性有着直接影响。关于浅层地下水位变化及土壤水分异质性与植物群落健康的关系研究还较少，涉及与生态系统稳定和生态安全方面的研究尚薄弱；干旱区内陆河流域的合理地下水位研究对确定生态需水量有重要意义；干旱内陆河流域水资源利用和水循环对生态系统功能有重要影响；在干旱内陆河流域，以水过程和水生态安全研究为核心的生态安全分析显得尤为重要。干旱荒漠区基于生态系统稳定和生态安全的生态需水研究涉及不同气候带与降水条件以及自然生态系统的分区、生态需水计算过程中不同类别的生态-水文参数以及流域降水和径流计算、不同植被类型的蒸散发计算以及由点的植被蒸发扩展到面的植被耗水机理、干旱胁迫条件下植物群落组成结构、分布格局与演变过程以及不同植物的生态需水规律等，它们是目前干旱区水文科学、资源环境学科、生态科学研究的重要领域，亟待取得突破性进展。

参考文献

[1] Chen Yaning, Pang Zhonghe, Hao Xingming, et al. Periodic changes of stream flow in the last 40 years in Tarim River Basin, Xinjiang, China[J]. Hydrological Processes, 2008, 22:4214 − 4221.

[2] Chen Yaning, Wang Qiang, Li Weihong, et al. Rational groundwater table indicated by the ecophysiological parameters of the vegetation: A case study of ecological restoration in the lower reaches of the Tarim River[J]. Chinese Science Bulletin, 2006a, 51(supp):8 − 15.

[3] Chen Yaning, Xu Changchun, Hao Xingming, et al. Fifty − year Climate change and its effect on annual runoff in the Tarim River Basin, China[J]. Quaternary International, 2009, 208:53 − 61.

[4] Chen Yaning, Zilliacus H, Li Weihong, et al. Ground − water lever affects plant species diversity along the lower reaches of the Tarim river[J]. Journal of Arid Environments, 2006b, 66:231 − 246.

[5] Chen Yapeng, Chen Yaning, Li Weihong, et al. Characterization of photosynthesis of Populus euphratica grown in the arid region[J]. Photosynthetica, 2006, 44(4):622 − 626.

[6] Chen Yongjin, Zhou Kefa, Chen Yaning, et al. Response of groundwater chemistry to water delivery in the lower reaches of Tarim River, Northwest Xinjiang, China[J]. Environmental Geology, 2008, 53:1365 − 1373.

[7] Costanza R D, Arge R, Rudolf de Groot, et al. The value of the world's ecosystem services and natural capital[J]. Nature, 1997, 387:253 − 260.

[8] Hao Xingming, Chen Yaning, Li Weihong. Impact of anthropogenic activities on the hydrologic

characters of the mainstream of the Tarim River in Xinjiang during the past 50 years[J]. Environmental Geology, 2009, 57:435 - 445.

[9] Jon Barnett. The Meaning of Environmental Security[J]. Ecological Politics and Policy in the New Security Era, 2001,5:192.

[10] Li Yan, et al. Long-term hydraulic acclimation to soil texture and radiation load in cotton[J]. Plant Cell and Environment, 2005, 28:492 - 499.

[11] Liu Jiazhen, Chen Yaning, Chen Yongjin, et al. Degradation of Populus euphratica community in the lower reaches of the Tarim River, Xinjiang, China[J]. Journal of environmental sciences, 2005, 17(5):740 - 747.

[12] Liu X J, Ju X T, Zhang F S, et al. Nitrogen dynamics and budgets in a winter wheat - maize cropping system in the North China Plain[J]. Field Crops Research, 2003, 83:111 - 124.

[13] Xu Hailiang, Ye Mao, Li Jimei. The water transfer effects on agricultural development in the lower Tarim River, Xinjiang of China[J]. Agricultural Water Management, 2008,95:59 - 68.

[14] Xu Hao, et al. Ecophysiological response and morphological adjustment of two Central Asian desert shrubs towards variation in summer precipitation[J]. Plant Cell and Environment, 2007, 30(4): 399 - 409.

[15] Xu Hao, Li Yan. Water-use strategy of three central Asian desert shrubs and their responses to rain pulse events[J]. Plant and Soil, 2006, 285:5 - 17.

[16] Zhang Yuanming, Chen Yaning, Pan Borong. Distribution and floristics of desert plant communities in the lower reaches of Tarim River, southern Xinjiang, People's Republic of China [J]. Journal of Arid Environments, 2005, 63:772 - 784.

[17] Li Zhuang, Chen Yaning. Physiological Responses of Three Contrasting Plant Species to Groundwater Level Changes in an Arid Environment[J]. Journal of Integrative Plant Biology, 2006, 48(5):520 - 526.

[18] Zhang Lihua, Chen Yaning, Li Weihong, et al. Abiotic Regulators of Soil Respiration in Desert Ecosystems[J]. Environmental Geology, 2008, DOI:10. 1007/s00254 - 008 - 1474 - y.

[19] Huang Xiang,Chen Yaning,Li Weihong,et al. Daily variation of carbon flux in soils of Populus euphratica forests in the middle and lower reaches of the Tarim River[J]. Progress In Nature Science,2007,17(5):584 - 590.

[20] Zhang Lihua,Chen Yaning,Li Weihong,et al. Seasonal variation of soil respiration under different land use/land cover in arid region[J]. Sci in China(D),2007,50(Supp. I):76 - 85.

[21] 陈亚宁,等．荒漠高效生态产业建设理论与实践[M]. 北京:科学出版社,2005.

[22] 陈亚宁,等．荒漠河岸林植被对干旱胁迫的生理响应与适应策略[M]. 乌鲁木齐:新疆科技出版社, 2009.

[23] 陈亚宁,等．干旱荒漠区生态系统与可持续管理[M]. 北京:科学出版社,2009.

[24] 陈亚宁, 郝兴明, 李卫红, 等．干旱区内陆河流域的生态安全与生态需水量研究[J]. 地球科学进展,2008,23(7):671 - 674.

[25] 常兆丰．我国荒漠生态系统定位研究的现状与基本思路[J]. 干旱区资源与环境,1997,11(3):53 - 57.

[26] 黄湘,李卫红．荒漠生态系统服务功能及其价值研究[J]. 环境科学与管理, 2006,31(7):64 - 70.

[27] 李有斌,王刚．民勤荒漠绿洲植被的生态服务功能价值化研究[J]. 兰州大学学报,2006,42(1):44 - 49.

[28] 赵军,陈姗．基于 GIS 的石羊河流域森林生态效益估算与空间分布特征研究[J]. 干旱区地理, 2011,34(1):12 - 19.

[29] 黄湘，陈亚宁，马建新．西北干旱区典型流域生态系统服务价值变化[J]. 自然资源学报，2011，26(8)：1364－1375.

[30] Su Yongzhong, Zhao Wenzhi, Su Peixi, et al. Ecological effects of desertification control and desertified land reclamation in an oasis－desert ecotone in an arid region：A case study in Hexi corridor, northwest China[J]. Ecological Engineering, 2007(29)：117－124.

[31] 刘世增，孙保平，李银科，等．微尺度下的荒漠绿洲景观结构数量分析与绿洲稳定性研究[J]. 中国沙漠，2009，29(6)：1148－1152.

[32] 裴厦，章予舒，谢高地．新疆渭干河-库车河三角洲绿洲功能的稳定性评价[J]. 资源科学，2009，31(4)：574－579.

[33] 胡汝骥，姜逢清，王亚俊．正确认识中国干旱区绿洲的稳定性[J]. 干旱区研究，2010，27(3)：319－323.

撰稿人：陈亚宁　黄　湘　李卫红　郝兴明　陈亚鹏　叶朝霞　杨玉海

城市生态系统研究

一、引言

城市是全球环境污染和生态破坏的源，物质、能量、信息、资金和人口集结的汇。当今全球化发展进程中，快速城市化和工业化成为全球文明进步的主要趋势之一，也是全球文明进入新的历史发展阶段所面临的重大挑战。近几十年来，我国正处于快速城市化与工业化阶段，城市数量已经从 1990 年的 467 个增加到目前的 600 多个，城镇人口相应从 3.25 亿增加到 6 亿多。强烈的现代化需求，密集的人类开发活动，大规模的基础设施建设和高物耗、高污染型的产业发展，推动了城市经济、社会的发展，但同时也带来了一系列资源耗竭、环境污染、自然生态退化和人群健康受损等问题，如人口、道路、建筑拥挤，热岛效应、环境污染、资源耗竭、景观破碎、环境与经济脱节，生产与消费脱节，厂矿与区域脱节，企业间横向耦合松散，废物制造与还原脱节，体制条块分割，管理短期行为等；而且东部地区城市的快速发展产生的生态问题更显突出，食物、饮水、空气和人居环境的污染和资源短缺，使生活质量下降、环境诱发型疾病上升，城市生态安全问题已在水、土、气、生等自然生态尺度和城乡居民生理、心理、社会、文化健康等人类生态尺度上突显出来。

根据中国工程院“城市化”项目组的研究报告以及其他相关研究，目前我国城市发展面临如下主要生态问题：①城市空间无序扩展导致结构失调和生态用地丧失。②城市大气污染和水污染形成灰霾、富氧化效应，严重威胁人体和生态健康。③城市固体废弃物快速增长而处置能力低下。由此引发水源污染、水质下降、土壤污染和传染病流行等一系列问题。④水资源短缺与地下水超采，加剧了城市灾害的发生和危害程度。⑤城市热岛效应加剧。⑥建筑能耗加大、效率不高。⑦食品安全与居民健康风险增长。此外，持久性有机污染物的危害也日益凸现。这一系列城市生态问题严重威胁着城市乃至区域经济发展、社会稳定和居民身心健康以及生态系统健康，对我国建设城市和谐社会、实现城市可持续发展形成严峻挑战。

城市生态学是研究城市活动与生态系统关系的学科分支，是城市生态规划、建设与管理的学科基础之一，业已成为国内外多学科研究的热点。起源于 19 世纪末、繁荣于当代的城市生态学，以人类活动主导下的生态系统为研究对象，研究人与环境系统发生、发展的演化过程、相互作用机制以及人及其社会、文化的耦合关系和控制论方法。从欧洲 20 世纪 70—90 年代开展的城市动植物生态研究和城市生态规划研究转变到当代美国巴尔的摩与凤凰城、中国北京等城市开展的城市生态系统研究，已逐步形成新的研究局面。

本报告将围绕近年来国内外城市生态研究的最新进展，讨论城市生态学科发展的基本趋势和特点，分析我国城市生态学发展与国外城市生态学发展的差异以及存在的问题，展望未来该学科发展的基本走向。

二、国内外城市生态研究状况

(一)国内外城市生态学研究进展

近年来,国际城市生态研究越来越受到相关学科的重视和关注,针对全球城市化、工业化快速发展趋势,研究范围和领域在不断拓展,研究手段和技术也不断提升,进展呈现多样化、综合化特点,并与解决城市发展问题密切结合,成果日新月异。其中,研究特别注重城市各种自然生态因素、技术物理因素和社会文化因素耦合体的等级性、异质性和多样性;注意城市物质代谢过程、信息反馈过程和生态演替过程的健康程度;以及城市的经济生产、社会生活及自然调节功能的强弱和活力。其中生态资产、生态健康和生态服务功能是当前城市生态系统研究的热点。

在国际科联(ICSU)和国际社科联(ISSC)近些年来发起的有关全球环境变化研究的几个主要计划中,与城市化、工业化活动密切相关的有 SCOPE 及 IHDP 计划。全球环境变化的人类影响国际研究计划(IHDP)定义人类影响是个人和社会对环境变化的影响方式和途径;受环境变化影响的程度和过程;以及减缓和适应环境变化的对策和行动。IHDP 组织了以下四大科学领域的研究:土地利用与土地覆盖变化(LUCC);全球环境变化和人类安全(GECHS);全球环境变化的体制因素(IDGEC)和产业转型(IT)。其中,IT 计划提出了产业转型研究中与城市生态系统有关的一系列关键科学问题。该计划认为,为了满足世界人口增长的需要而可持续地利用环境资源,生产、生活体制及行为方式的改变是必需的。IT 计划的目标是理解复杂的社会经济相互作用,辨识变化的动力学机制,探索能显著减少环境影响的发展途径。IT 研究就是要以产业为突破口,将生产者和消费者相关联,研究城市社会-经济-环境变化间的系统关系,及其与全球环境有关的系统变化,如水、交通、居住、食物、能源、物质利用、信息与通讯、金融服务、娱乐旅游等。其实质就是人类生态关系的系统研究,其内涵远远超过生产过程、效率或产品的"绿化",或单个部门或行业的改造,它是一种系统创新(技术加体制);不能只靠单个行动者或单个部门,涉及大的地理尺度(跨国、跨洲)和时间及行业范围,要求多学科的系统研究。IHDP 组织还提出了城市环境与产业转型的几大优先领域:碳及主要生物地化循环元素在城市中的代谢途径;人类活动密集区及沿海地区城市化过程的环境影响;全球气候变化对城市的影响及人的适应过程:对城市理化、生物及人文复合过程的综合模拟;亚洲城市温室气体排放通量及代谢过程;城市碳排放、就业机会和成本效益间社会-经济-自然耦合关系的优化方法研究。

除国际上一系列学术组织关注城市生态研究与应用外,近几年国内外不同学科的研究者也越来越重视城市生态的研究。美国科学家在 *Science* 杂志撰文指出,城市是驱动全球环境变化的主要动因之一,生产和消费活动改变了土地利用和土地覆盖、生物多样性、水文生态,废弃物排放影响了地方和全球生物地球化学循环,导致了区域和全球气候变化;对城市而言,全球环境变化与地方环境变化有着不可分割的联系,城市生态学是将自然和社会科学综合起来研究地方环境变化及其对区域和全球的影响,城市生态研究的主要热点问题包括城市化进程中的土地覆盖与土地利用、全球生物地球化学循环变化及其区域和全球效应、城市化与气候变化、人类活动对水文生态系统的影响、城市生物多样性变化等(N. B. Grimm 等,2008)。

总体看来,当今的城市生态学研究正逐渐形成几个重要分支:一是人居生态学,研究城市生产(经济)、交通等基础设施、生活以及废弃物代谢的过程规律以及与自然生态系统耦合机理,构建城市物质流、能量流、信息流、人口流的生态影响(效应)评价与生态建设方法,为城市居民提供适宜的人居环境(包括居室环境、交通环境和社区环境)并最大限度减少环境影响的生态学途径;二是城市复合生态系统生态学,研究城市社会-经济-自然复合生态系统构成、结构、功能的动力学机制以及控制论原理,发展城市复合生态系统评价、规划与管理的共轭生态方法,为城市生态文明、生态健康与生态服务功能完善提供理论与方法基础;三是城镇生命支持系统生态学(Life Support System Ecology),研究城镇发展的区域生命支持系统的网络关联、景观格局、风水过程、生态秩序、生态基础设施及生态服务功能等。

(二)我国近年来城市生态学研究进展

1. 城市发展对生态系统构成、结构、功能以及生物地球化学循环健康的影响

(1)城市活动对土壤理化性质的影响。

城市活动对土壤的生态影响主要包括:①土壤温度,城市中由于地表覆被和人口密度等的不同,土壤温度存在明显差异,总体表现为植被区<非植被区。城市硬质地面,吸热和传导热的能力很强,加之城市热岛效应,使得地下土壤得到不同程度的升温。有研究观测表明,我国长春市街道路面下 30cm 处土壤温度为 25℃左右,较对照林地土壤温度高出 3～4℃(李丽雅等,2006)。城市区土壤温度差异还体现在土层深度上,有林地比无林地土壤年恒温层深度约多 2～5m(Lu 等,1999)。②土壤水分,城市土壤水分运动受土壤物理、化学组成影响,土壤混合、填充等人工扰动、人工浇灌等活动极大地影响土壤水分含量。总体而言,植被覆盖率较高的地段土壤含水也较大,且草本植物覆盖地段的土壤含水量比木本植物覆盖地段要高(Peffy, Nawaz,2008)。③土壤 pH 值,城市建成区常常因为混有建筑废弃物、水泥、砖块和其他碱性混合物等,土壤中碳酸盐与碳酸反应形成重碳酸盐等因素使城市土壤 pH 值高于自然土壤。④土壤养分,城市土壤养分状况受到土壤本底值、植被类型和人为养护等因素影响,呈现显著差异性。研究表明,我国郑州市城市土壤养分含量总体较低,而街边绿地土壤有机碳含量最低(李丽平等,2010)。南京市城市土壤养分空间变异中,土壤全氮空间变异明显,且主要由人为因素引起(王辛芝等,2006)。⑤土壤重金属,城市活动对土壤重金属含量及养分含量有显著影响。一般来说,道路旁土壤重金属元素含量明显比城市公园含量高,但公园土壤含量又高于远郊相同母质下农业土壤含量(Paterson,1996)。⑥土壤理化性质,在美国华盛顿中心开放公园 0.3m 表土层土壤容重为 1.4～2.3t/m^3,纽约中心公园土壤心土层容重为 1.52～1.96 t/m^3,其平均值均超过 1.6 t/m^3,已限制植物根系生长。城市土壤孔隙度很小,在一些紧实心土或底土层中孔隙度可降至 20%～30%,有的甚至<10%(章家思和徐琪,1997)。

(2)城市活动(热岛、干岛)的植物生态影响。

城市活动直接影响到城市植物的生理生态行为,对城市气候要素(温、湿、风、光)及水循环、热平衡、养分循环等产生重要影响,制约城市植被生态功能的发挥。城市密集建筑

物以及水泥、沥青铺设地面改变了下垫面性质和城市空气垂直分层状况(宋永昌等2000),产生了热岛效应。北京城市热岛效应有逐年增强的趋势,热岛强度从20世纪60年代的1℃增加到现在的1.87℃。其中建筑密度大、土地硬化比例高是形成热岛效应的一个重要因素。

城市人工排给水系统发达,降雨后雨水很快沿屋顶、路面汇入人工排水灌渠流失,故地面比较干燥。而且城市植被覆盖面积小,与地下水之间又有建筑物或地面铺砌所隔离,不可能从地下得到水源。因此,城市自然蒸发、蒸腾量比郊区少,空气含水汽量少。再加上城市下垫面粗糙度大和热岛效应,空气气流不稳定,近地面有限的水汽通过湍流不断上传扩散,使城区绝对湿度和相对湿度都比郊区小,形成"城市干岛"(王如松等,2010)。研究表明城市气温比其周围郊区年平均气温高0.5～1.5℃,城市街道和建筑物受热后,温度远远超过植物覆盖区,在夏季,供水量少使得树木"感到"过热,因而引起焦叶和树干的树皮受到灼伤(熊祚元,2008)。

(3)城市活动对水文循环的影响。

城市土壤含水量多少,与土壤渣砾含量、土壤密实状况、地面铺装、距地表水远近、地下水位高低等有关,自然降水很难渗入土壤中。有研究表明,水泥砖面雨水渗透能力为33%,水泥地面几乎为零。另一方面,雨水大部分排入下水道(王良睦,2003)。自然降水在城市水泥地面、水泥砖面或坚实地表很容易形成较大地表径流,其中以水泥地面最甚,达48%;各类型地面对雨水渗透能力有明显差异,对照(花坛土)最强,为87.6%,踏实土(72.8%)次之,水泥砖面较差(33%),水泥地面渗透量接近于零(孔正红,1998)。城市行道树根区土壤缺水,可使植物生长缓慢,导致大量叶片萎蔫、脱落,造成植物体内正常代谢紊乱、光合和蒸腾作用受到限制,抗性下降等(王大政等,2005)。

(4)城市活动对地气养分交换与循环过程的影响。

城市硬覆盖使O_2含量逐渐降低,CO_2浓度升高,植物根系靠土壤氧气进行呼吸作用产生能量,低浓度O_2含量将难以维持根系正常生理活动,如水分和矿质养分吸收,水分和养分从土壤向木质组织的转移速率也都会下降(温洋等,2006)。城市土壤压实后缺少氧气,从而导致树木因缺氧而死亡(熊祚元,2008)。如果土壤通气孔隙度减少到15%时,根系生长受阻,土壤通气孔隙度减少到9%以下时,根系严重缺氧,引起根中毒死亡。同时,土壤内微生物繁殖受到抑制,靠微生物分解释放养分减少,降低了土壤有效养分含量和植物对养分的利用,直接影响植物生长(侯晓丽,2005)。硬覆盖使得土层中气态O_2逐渐消耗,大量CO_2聚集,严重影响根系正常生长和生理功能,阻碍了植株对水分及营养物质的吸收,同时硬覆盖也降低了土壤中营养物质的生物、化学转化过程,进而威胁植株所需的多种营养物质的供应(温洋等,2006)。城市土壤有机质含量低、有机胶体少,土体在机械和人的外力作用压实下,挤压土粒,使土壤紧实度高,形成理化性能差的片状或块状结构(韩继红等,2003)。

(5)城市活动对土壤微生物的影响。

城市活动对土壤微生物产生多方面影响。土壤微生物在其数量和活性上都发生显著差异,而差异反过来又会对土壤结构、土壤肥力及土壤功能的改善与维持产生一定的影响(Gil－Sotres等,2005)。①土壤微生物量:土壤微生物量氮含量占土壤全氮的3%～6%,

但它周转性快，敏感性强，能够灵敏而准确地反映土壤供氮能力的大小。不同土地利用方式下土壤微生物量差异明显，具体表现为干鱼塘底泥＞菜地＞水稻田＞果园＞粮作旱地＞荒草地。对各功能区土壤的微生物量氮研究表明，微生物量以公共绿地、风景区较高，新开发区和交通商业区为最低（王焕华等，2005）。从土壤微生物组成来看，一些学者发现不同土地利用方式下，土壤三大微生物类群（细菌、真菌、放线菌）组成比例略有不同，但大体上一致，其中，细菌在土壤微生物组成中占有绝对优势。②微生物活性：微生物活性在不同土地利用方式下会有不同变化。许多研究表明城市土壤微生物代谢能力与农村地区相比发生了明显的改变。③土壤酶活性：土壤酶活性是土壤生物活性的总体表现，能够有效地衡量土壤供肥能力。城市不同的土地利用方式改变了酶促反应的条件（如温度、水分、pH 值、基质等）和土壤的有机质含量，进而影响了土壤酶活性（Kaye，2006）。大多研究表明土壤脲酶活性在老居民区最高，新开发区较低，并在公园大于工厂和道路（王焕华等，2005；郝瑞军等，2009）。

2. 城市空间格局演变及其生态效应

（1）城市空间演变与土地利用。

城市发展或城市化过程的直接结果是导致土地利用的变化和景观结构与功能的变化，其基本趋势是景观斑块破碎化和景观多样性随城市化进程而增加，而景观斑块破碎化的具体体现是斑块边缘类型和大小的增加。

国内在城市土地利用变化方面已有大量研究，有学者研究表明，1991—2005 年间，杭州市区土地利用变化呈现“一增一减”（耕地、林地、园地和水域呈下降趋势，建设用地则呈大幅度上升）的两极变化趋势（黄木易，2011）。通过对上海、北京、天津、重庆、南京、西安、哈尔滨、武汉和广州 9 个超大城市土地利用状况的研究，发现用地结构变化趋势相似，且城市绿地也是增长的（程琳，2011）。对小城镇土地利用方式变化的研究，同样发现农业土地不断减少，小城镇建设用地、工商业用地和交通用地面积则相应逐年增加（周启星等，2005）。对寿光市县域土地利用动态变化研究指出，耕地、林地和建设用地增加，但农村居民点、草地和未利用土地大幅度减少（李克峰等，2004）。在北京市、河北省存在着同样变化趋势（陈利顶，2008；杨爽，2009；傅伯杰等，2001）。

（2）城市土地利用变化的生态效应。

在土地利用生态效应研究方面，有学者认为，土地利用通过土地覆被的变化影响全球和区域环境，土地利用/覆被对气候、生态过程、生物地球化学循环、土壤质量、陆地生物种类的丰度和组成有重要影响，同时也涉及区域食物安全、区域社会经济的稳定性等环境质量问题。

1）生物多样性影响。

我国梧州市土地利用变化加剧污染和土地退化，造成生物多样性减少、生物栖息地丧失、荒地/休闲地减少，进一步降低环境质量，这样更加剧对能量的需求，从而形成一个恶性循环，使得土地利用/覆盖格局发生变化（王良建等，1999）。当农耕地开发为小城镇居民点和工商业用地时造成了生物多样性的损失，以绿色植物为计数的 Simpson 指数开发后（2003 年）比开发前（1993 年）增加近 2 倍，以表层 15cm 土壤中微生物为计数的工业用地土壤和居住用地土壤的 Simpson 指数均比农业土壤有所增加（周启星等，2005）。

2)对气候与水文的影响。

研究表明,郑州市深秋热岛效应强度达 1.5℃,且夜间强度大于白天(李有等,2002)。热岛强度冬季大于夏季、夜间大于白天,冬季热岛的平均日变化幅度大于夏季(李有等,2002;郑祚芳等,2006;董妍等,2011)。干岛效应的日变化与热岛效应的日变化基本相似。但郑州市热岛中心和干岛中心并不重合。还有研究发现,城市扩展导致珠江三角洲地区尤其是在城市区域月平均地面温度增加,热岛效应增强。由于城市扩张,广州、佛山、江门等城市区域降水增加,而东莞、珠海和深圳部分城市区域降水减少(杜东升,2010)。

3)城市地表硬化的土壤生态效应。

城市地表硬化导致土壤理化性质的改变,如街路行道树土壤的容重很大,土壤板结坚硬,土壤结构很差,使非毛管孔隙很少。硬覆盖改变了土壤表面的热力属性,使得相同气温下有覆盖的土壤温度有所增加,但是对于街路行道树来讲无疑是一个不利的影响,从实测温度和预报温度的长期对比得知,由于城市街路的特殊环境致使街路最高温度比大气温度高 2～10℃(而最低温度与大气温度几乎持平)。在无风晴朗的天气,最高温度甚至要高出 12℃之多,尤其在有硬覆盖的路段,夏季里地表土温可达到 50℃以上。土壤呼吸的正常进行需要两个条件:一是土壤固相物质部分有足量的孔隙,容许气体的进出;二是必须具有使气体进出这些孔隙的充分可能性。硬覆盖使街路通气性变差,阻止土壤呼吸产生的 CO_2 向空气中扩散,导致硬覆盖以下 CO_2 浓度过高。仅嫌气性和兼气性微生物能够活动,所有好气性微生物都不能正常活动,大大降低有机质分解的速率,抑制微生物的正常呼吸作用。硬覆盖导致土层中气态 O_2 浓度过低,树木根系缺氧进行厌氧呼吸导致根系生长停止,降低对水分和养分的吸收,形成对植物有毒的无机化合物,根系的透水性下降,溶液质流紊乱,进而导致树木的死亡(邹丽敏,2004)。

4)对生态服务的影响。

有研究表明,超大城市土地生态服务人均享有生态系统服务价值逐渐下降,其中单位面积生态服务价值量均值由 1995 年的 7189 元/hm^2 降到 2008 年的 6987 元/hm^2,人均生态服务价值量平均值由 1995 年的 1677 元/人降到 2008 年的 1230 元/人。而且主要减弱的生态服务为水文调节和粮食生产,增强的服务为娱乐文化和废物处理,而单位面积生态服务价值与生态服务结构在各城市之间存在差异(程琳等,2011)。城市土地利用显著改变了建成区植被碳吸收和碳储存能力。目前台州市建成区的植被碳吸收能力为 2.1×10^3 kg C • hm^{-2} • a^{-1},低于本地野外森林同面积的碳吸收能力(温家石等,2010)。苏州市土地利用变化对生态系统固碳能力产生影响,1997—2005 年间,苏州市生态系统固碳能力呈逐年下降趋势,其中耕地面积的急剧减少与复种指数的下降,是近年来苏州市生态系统固碳能力持续下降的主导因素(叶浩,2010)。

3. 城市代谢及其生态影响

在全球城市化进程中,城市代谢对生态系统的影响以及对气候变化的影响越来越突出,尽管城市的绝对用地面积不大,但城市代谢的碳排放已经占到了全球碳排放的 70%～80%,消耗全球 60%以上的水资源。

近年来,随着城市代谢研究方法的发展和成熟,城市多层次、多尺度复合代谢过程的相互作用以及与社会、经济、技术过程的整合越来越受到城市代谢研究学者的重视。例如，台湾学者采用能值方法分析台北市建筑物质和能量流状况，发现沙子和砂砾消耗约占总建筑材料90%，建筑垃圾超过 30×10^6 吨/年，建筑材料包含能占总包含能46%。有学者采用模拟模型分析城市建筑能量利用配置方式对提供建筑能量利用效率的影响。构建HOPE和COHOPE模型分析城市代谢过程直接和非直接物质输入以及城市建筑能流过程，同时建立ENEHOPE模型描述不同建筑体系包含能动态。还有学者研究通过建立空气质量模型来模拟研究城市能源使用和空气质量关系，提出提高节能效率的途径。

随着研究的不断深入，城市代谢及其生态、环境影响分析方法的研究也取得明显进展，如有研究者提出扩展的exergy核算方法、基于emergy理论的代谢分析方法、综合生命周期分析(LCA)方法、物质能量流分析方法等，并将生态学过程分析与城市的社会、经济系统分析结合起来进行综合分析，在多学科层面提出了生态足迹分析、基于投入产出技术的代谢分析方法以更全面、有效地分析城市代谢问题。

城市代谢及其生态影响研究近年来成为我国城市生态研究的热点，研究重点主要体现在几个方面：①区域城市化或城市系统的综合代谢分析，有学者系统总结了不同尺度代谢活动(区域、城市、工业系统等)的物质流核算方法，分析了城市系统与自然生态系统物质代谢的主要差别，从现代控制论原理出发，对城市物质代谢的各因素及其相互关系进行了分析总结。②城市部门代谢分析，不少学者研究了不同性质和规模城市的能量、建筑、废弃物等的代谢问题，例如，深圳城市生态系统代谢分析，通过计算地上地下设施和建筑物消耗的材料在生产过程中所消耗的直接和间接能量来分析城市的代谢动态，并与自然生态系统进行对比。北京、南通等城市基于物质流分析，结合投入产出技术来分析建筑与生活代谢及其生命周期环境影响特征，还有学者利用基于LCA的建筑环境行为分析系统(BEPAS)分析城市建筑的环境行为，并构建了相应的环境数据库。此外，有研究表明，我国城市建筑生命周期代谢中，建材制造阶段能耗占全国总能耗9%左右，同时排放大量有害物；建筑使用阶段的建材性能决定了建筑能耗量，也影响其环境排放状况；建筑拆除阶段的粉尘、噪声污染、土壤污染、地下水溢漏、细菌传播等成为长期危害，建筑垃圾增长速度快但回收利用少。

4. 我国中小城镇生态建设、规划与管理

近几十年来，我国中小城市对城市化的贡献等同甚至超过大城市(孟宪磊等，2010)。城市用地均质度过小，城市土地利用功能紊乱，系统处于无组织状态；反之城市分区太过有序，牺牲了城市的有机结构和多方面的联系(谢贤健等，2011)。有学者指出，中小城镇建设中的主要生态问题：大气环境污染(郭明顺，2010；姜耀明，2006；陈振兴，2008)；水环境污染：小城镇工业和生活污水、农田废水、农药化肥残渣等进入湖泊、河道是小城镇水环境污染的主要原因(张昆玲，2010；姜耀明 2006；陈振兴，2008)；小城镇垃圾和固体废物污染：随城镇化的提高固体废物的排放量也在增加，另外，塑料包装物和大量农膜带来的"白色污染"，在许多小城镇及周边乡村地区也随处可见；土地资源匮乏与过度开发：土地供给不足，部分地区土壤污染严重(郭明顺，2010；姜耀明，2006)；过度开发使得土地植被破坏，绿地系统失衡(陈振兴，2008)；村镇工业粗放式增长：这种方式导致产业结构不合理，资源配置效益差、经营者的短期行为和粗放型的追求数量，造成污染的恶性循环(张昆玲，2010)；乡镇企业给居民造成噪声等污染(陈振兴，2008)。

针对中小城镇的生态建设策略，许多学者提出了各自的见解：以总体规划为基础，以生态理论为指导，制定生态、环境规划；大力开展生态、环境保护的宣传工作，提高生态、环境保护意识；认真搞好小城镇环境规划；发展循环经济，倡导生态产业；加大环保投入，加快环保基础设施建设；完善小城镇生态、环境保护的保障体系，加强小城镇生态、环境的管理；提高小城镇绿化水平，建设适宜人居的居住环境；加强科技投入，重视可持续发展技术的应用。要做到城乡统筹，和谐发展；以人为本，自然优先；突出特色，构建绿色生态城（郭明顺，2010；张昆玲，2010；陈振兴，2008；刘刚，2010）。

5. 低碳城市建设的生态规划与管理

城市化发展的实践表明，中国的发展必须摒弃发达国家在19世纪工业化初期采用的高能耗、高污染、低效率的发展模式，而转向环境友好型的低碳模式（庄贵阳，2008；付允等，2008）。城市规划设计作为引导城市科学发展的重要手段，必须贯彻要从根本上处理好人与自然的关系，加快发展低碳经济，加快建设资源节约型、环境友好型社会，提高生态文明水平，走可持续发展之路的总体要求（王建国，2004，2011）。2009年，中国城市科学研究会对外发布了《中国低碳城市发展战略》，其中探索性地提出了中国低碳城市规划的指标评价体系框架。中国科学院可持续发展战略研究组在《2009年中国可持续发展战略报告》中，从经济、社会和环境3个方面提出了低碳城市的指标体系，并在曹妃甸国际生态城建设中得到了实践（薛波，2010）。

低碳城市规划在我国大多处于战略层面，从技术层面看，低碳城市规划技术包括控制性详细规划中建筑物节能的应用、低碳产业体系的建立及低碳城市规划指标体系的构建等。从空间层面看，目前我国主要采用紧凑的城市空间布局、综合交通模式和城市碳汇系统来进行低碳城市空间安排（袁贺等，2011）。低碳城市规划的关键领域是空间布局，不合理的城市空间布局会人为增加交通能耗和碳排放；低碳产业、建筑、交通和基础设施在低碳城市建设中处于核心地位（陈洪波，2011）。

中国城市科学研究会近期组织相关研讨并出版了中国城市科学研究报告“中国低碳生态城市发展报告（2010）”，从认识与思考、方法与技术、实践与探索等层面系统地研讨了低碳城市的建设体系。这场讨论总结了国际低碳生态城市动态，以及国际生态城市发展对中国生态城镇规划和发展的一些启示。也总结了我国的一系列生态建设实践，包括7个生态新城规划，如天津中新生态城、曹妃甸生态城、深圳光明新区绿色城市等，5个低碳生态的园区规划（上海世博会园、北京奥林匹克森林公园等），且阐述了规划理念及技术，同时介绍了6个典型生态城（上海、北京、怀来、重庆、保定、德州）的专项实践。

6. 城市生物多样性与生态功能研究

（1）城市生物多样性。

城市生物多样性包括生境、物种、遗传、景观和生态系统等不同层次的多样性。绿地是城市生物多样性的主要载体之一，也是城市生态系统功能的基础和条件。恢复和重建城市物种多样性是城市生态保护与建设的重要任务。瑞典斯德哥尔摩有关不同鸟类生境研究证明了绿色空间廊道是生物多样性的重要场所；在城市区域注重保护地域生物区系，在城市空间规划中整合生物多样性保护内容，已有成功应用案例（Lofvenhaft 等，2002）。

有学者研究杭州市鸟类栖息地分布特征发现，随着城市化程度提高，鸟类数量将减少，植被盖度与鸟类营巢集团的变化密切相关，这为区域内城市鸟类多样性的保护提供科学依据（李鹏，2009）。上海五角场地区 20 世纪 60 年代鸟类与 90 年代对比，以及与市郊地区鸟类群落相似性分析表明，五角场地区的鸟类随城市化过程急剧减少，种类从 128 种降至 46 种，科的数目也减少近半，其原因主要是栖息地丧失和栖息环境的改变，农田水网生境的消失直接导致游禽在该区域的全部消失。对贵阳市 3 种林分（杨树林、刺槐＋梓树林、灌木林）的物种多样性研究表明，3 种林分中，乔木层结构简单，均存在明显的优势种；灌木层和草本层物种均匀度高，表明优势种不突出，分布均匀（林丽萍等，2011）。

（2）城市绿地结构与功能。

一般学者认为，绿地主要指城市绿地、城市绿色空间、城市开敞空间和城市绿地系统（李素英等，2010）。对城市绿地概念及分类，虽然不同行业和学科认识不同，但随着人们对城市绿地生态服务功能认识的不断深化，城市绿地概念也在发展变化。目前的基本认识是：城市绿地系统与传统园林绿地概念不同，它包括城市园林、城市森林、都市农业和滨水绿地以及立体空间绿化在内的绿色网络系统。其构成包括了乔木、灌木、草本植物、动物、微生物以及土壤、水文、微气候等物理环境。

城市绿地系统结构合理与否直接影响城市生态与环境、景观效果、绿地生态服务功能的有效发挥和城市生态系统自身的健康发展（Swanwick，2003）。目前，国内外学者从应用实践和理论两个层面对城市绿地系统结构进行了研究，对城市绿地的结构划分可归纳为以下两种：①基于“点、线、面”模式的绿地系统布局结构；②基于“斑块、廊道、基底”模式的绿地景观结构（李素英，2010）。

城市绿色的生态服务功能是指绿地系统为维持城市人类活动和居民身心健康提供物态和心态产品、环境资源和生态公益的能力。它是在一定时空范围内为人类社会提供的产出构成生态服务功效，主要包括：①净化环境，净化空气、水体、土壤、吸收 CO_2 生产 O_2、杀死细菌、阻滞尘土、降低噪声等；②调节小气候，调节空气的温度和湿度，改变风速风向；③涵养水源，雨水渗透、保持水土等；④土壤活化和养分循环；⑤维持生物多样性；⑥景观功能，组织城市的空间格局；⑦休闲、文化和教育功能；⑧社会功能，维护人们的身心健康，加强人们的沟通，稳定人际关系；⑨防护和减灾功能，抵御大风、地震等自然灾害。城市绿色空间生态服务功能的强弱取决于绿地的数量、组成结构、镶嵌格局、分布特征、与周边人工景观的联系以及管理水平等。

城市绿地生态功能与绿地系统结构间具有紧密而复杂的关系。国内外研究发现，当绿化覆盖率小于 40% 时，绿地系统的内部结构和空间布局状况对于绿地总体生态效益的发挥更为重要（周志翔，2004）。同时，城市绿地功能不仅依赖于绿地面积的数量大小，而且依赖于植物个体、群落、生态系统、景观等在不同尺度上结构的合理性。我国北方城市的研究表明：在灌木结构绿地遮阴效益最强，乔灌结构绿地在降温、增湿、固碳释氧方面表现最佳；相同种植结构的片状绿地的生态效益大于带状绿地，复层结构生态效益大于单层结构。北京地区的城市绿地研究表明，通过建立北京 32 种常用园林植物叶面积回归模型，每 $29m^2$ 绿地上乔、灌、草配置的适宜比例为 1∶6∶20。目前，城市绿量与绿当量、评价指标、服务价值评估及 CITYgreen 模型应用等已成为定量化研究绿地结构、生态过程和服务功能之间关系的重要手段之一。

7. 城市复合生态系统研究

近年来，以中国科学院为核心的研究团队基于长期的研究积累和城市生态观测试验站建设，开展了一系列城市复合生态综合研究，研究以城市生态系统为对象，从生态要素（水、土、气、生物）、生态结构、生态系统功能以及城市生态系统服务层面进行了多年综合研究。在应用方面，从城市复合生态理论、生态规划与生态管理等层面，以京津冀、长三角等城市化地区为重点，开展了系统、深入的城市生态规划、建设与管理实践，取得了丰硕的研究与应用成果，奠定了城市可持续发展理论和方法论基础以及我国城市生态学研究在国际城市生态研究相关领域的重要地位，并成为国际城市生态学领域的一个重要学派。共获院部级一、二等奖两项。

（1）城市生态服务评价与调控管理研究。

在国家自然科学基金委重点基金的系列资助下，针对城市生态服务功能与生态资产评价与管理中的几个关键科学问题，系统探讨了高速城市化胁迫下生态服务功能整体响应机制和双赢评价方法，弄清了生态服务功效和生态服务功能、生态服务功能和生态系统结构、生态服务功能和生态过程，以及生态服务功能与其载体生态资产等的关系，并对其做了完整梳理和深入探讨；创造性地提出了生态服务功效正面和负面、直接和间接测度的分析模式及指标体系，构建了生态服务功能测度的空间、时间、当量、格局与序理测度方法，独立地建立了城市生态资产的空间评价方法和生态资产占用的风险分析方法，探讨了城市空间格局的变化对生态服务功能的影响，模拟分析了城市化活动与局域气候变化的互动关系以及综合调控方法；以北京城市生态系统为例，重点探讨了城市典型物质代谢动态及其生态影响特征，建立了城市典型部门代谢的分析模型以及城市物质、能量代谢的生态滞留效应评价方法与指标，这些成果在相关的城市生态规划与管理中得到了成功应用。

（2）城市共轭生态管理。

创造性地提出了针对我国城市快速发展特点的共轭生态规划方法及规划流程，并成功地应用于北京城市总体规划修编的规划实践。

共轭生态规划是指协调人与自然、资源与环境、生产与生活以及城市与乡村、外拓与内生之间共轭关系的复合生态系统规划与管理。这里的共轭指矛盾的双方相反相成、协同共生，其核心是在时、空、量、构、序范畴谋取社会服务和生态服务的平衡、经济生产和自然生产的平衡、空间关联与时间关联的协调、物态环境和心态环境的和谐。

未来的生态北京建设将以绿色和红色空间的犬牙交融关系为主线，以蓝色和灰色脉道活化为经络，切红楔绿，为生态服务功能楔入特大城市提供系统方法，让自然融入城市、让社区充满生机、让市民享受自然。包括展肢瘦身（诱导、延伸城市社会经济发展的糖葫芦串型多功能生态主动脉，凸现城市生长轴，变饼状集结用地到轴向糖葫芦串型结构集约和功能优化用地，同时疏散、缓解三环内过大的人类活动压力）；舒筋活络（疏浚、活化城市人、物、气、水的流通网络，特别是城区的风道、水道、交通和静脉网线；改造、优化城市不同等级的交通枢纽、节点和物质、人员转运站点）；外楔内插（从外向内楔入有一定经济效益的绿蓝空间；内部见缝插针，切红缀绿、改灰复蓝）；入地上天（从平面生态建设向空中和地下生态建设发展）。在北京城市规划中得到应用，获北京市规划委员会科技进步二等奖。为北京城市复合生态系统建设提交的科学建议和政协提案，被北京市有关部门采纳并多次获优秀提案奖。

(3)基于生态服务的土地生态管理。

独立地提出了“基本生态用地”概念并应用于北京土地生态管理体系的构建。系统地探讨了基于生态服务功能的土地生态评价指标体系和综合分析方法，建立了基于神经元网络的约束型城市扩展CA模拟模型方法，对北京东部地区的土地利用模式及其相应的生态效应做了系统模拟分析。

从北京东部发展带、西部涵养带、南城老工业区及北郊新开发区的复合生态研究出发，探索了协调建设用地和非建设用地、生态红线(敏感区、脆弱带)与生态绿线(诱导开发区、潜势开发区)、平面空间和立体空间、生产生活用水和自然生态用水，以及土地的单一功能和混合功能布局的生态管理途径。提出了现有土地管理应当从土地平面结构的资源管理到土地立体空间的生态管理的理论基础和生态调控途径。并提出了从基本农田生态保护到基本城市生态用地保护；从饼状集结用地到轴向糖葫芦串型结构集约和功能优化用地、从严格的土地数量管理逐渐过渡到合理的土地功能管理、实施土地生态经济功能监测与生态资产审计的对策。提出的北京东部地区土地生态功能管理系列建议被北京市土地管理部门所采纳，对推进北京市土地利用的科学管理产生了重要影响。

(4)生态市建设的可持续发展模式。

以城市复合生态系统理论为基础，大丰、扬州等地不同尺度可持续发展生态建设中取得显著效果，为我国城市实施可持续发展战略、落实科学发展观提供了可行的模式。这些模式已在全国得以广泛应用，并已成为我国实施可持续发展战略的主要模式。目前，全国有150个市(县)开展了生态市(县)的创建工作。

扬州生态市建设首先系统地分析了扬州市面临的发展机遇、优势和今后可能面临的挑战。确立了扬州生态市的建设目标和生态市建设的战略定位。提出了扬州市循环经济和生态产业、生态景观与生态文化建设的发展规划。规划目标、规划内容与实施方案符合扬州生态市建设的要求，为扬州市的可持续发展制定了长远对策。

通过多年的实践，扬州生态市建设取得显著成效，推动了扬州市社会经济的全面进步与生态的保护，取得了明显的社会、经济和生态效益，在国内和国际产生了良好的影响，并于2006年获得“联合国人居奖”。

8. 城市人口生态与生态系统占用

城市生态系统作为一种特殊的人工化的生态系统，是一个以人类生活和生产为中心，由人类和城市环境等各要素组成的自然、社会、经济复合生态系统，受人为干扰影响最大，具有脆弱性、复杂性、复合性等特征。随着全球化与城市化进程的不断加快，以经济为主导的城市建设往往忽视了城市生态、环境保护，破坏了城市生物多样性，给城市生态系统带来极大压力(徐溯源等，2009)。

中国科学院生态环境研究中心近年来承担了一系列城市人口生态的研究项目，在区域人口分布态势、人口承载力、人口迁移或流动、人口发展动态的生态动力学机制、控制论方法以及调控对策上做了大量探索。具体而言，研究分析了城市生态位势和人口分布态势，在典型村镇人口流动动力学机制和典型城郊结合部流动人口集聚规律研究的基础上，开展了城市流动人口对社会经济的贡献和自然、社会生态设施占用的评价，建立了城市人口吸引力和扩散力模型，进行了人口生态发展潜力及生态控制论的情景分析，并分析了加强人口生态管理的措施和经济手段。

人口生态是人口数量、素质、结构的时空分布动态以及人的生产、流通、消费、还原和调控活动与资源环境和社会经济发展的系统耦合关系。人口生态学包括个体、社群和区域尺度上的生态动力学机制和生态控制论方法的理论研究和人口、资源、环境综合规划与管理的应用研究。从乡村到城市的流动人口为城市建设做出了巨大贡献，减少了农村剩余劳动力的压力，也带动了乡村的发展，但同时也给城市生态服务能力(自然和社会基础设施)造成了巨大的压力，对城市人口的管理必须综合评判其社会经济产出与自然和社会基础设施占用的得失率，积极引导和吸引那些正向效益的人口安顿下来，负面效益的人口到其他地区去寻找最适生态位，以达到城市人口的最佳布局和自我调控。

(三)我国城市生态研究与应用的标志性成果

近年来，我国自上而下和自下而上分别开展了一系列生态示范区和城镇生态建设，中国科学家参与了扬州等一大批生态城市规划与建设研究，创造和发展了以生态卫生、生态安全、生态景观、生态产业和生态文化为构架的生态城市建设框架，并被 2002 年第 5 届国际生态城市大会写入《深圳宣言》在全球推广。中国科学院、中国环境科学研究院、清华大学、北京大学、复旦大学、重庆大学、南京大学等研究单位自 20 世纪 80 年代初以来对京津地区、长江三角洲、珠江三角洲等我国快速城市化与工业化地区的城市发展问题进行了多年的跟踪与系统研究，提出了一系列城市生态规划理论、方法以及生态城市评价的指标体系，为指导我国城市生态规划与建设提供了良好的学术储备。上海复旦大学、华东师范大学等单位在城市生态规划与设计、城市生态环境评价(达良俊等，2009)、城市环境演变(Zhao et al，2006；Zhang et al，2010；Xia et al，2011；Wang et al，2008；汪军英等，2009)、城市植被动态(钱江勤等，2007；达良俊等，2008；张凯旋等，2011；田志慧等，2011)、城市恢复生态(达良俊，2005，2008；黄焰城等，2009；张凯旋等，2010；李静文等，2010)等基础与应用领域开展了大量工作，取得了显著成果。中国科学院等研究机构在城市生态系统理论和应用研究方面，主持过多次有关城市生态研究的国家攻关、重点基金和中德、中日国际合作项目，多次获国家及省部级科技进步奖，发表论著多部，并当选国际科联环境问题科学委员会(SCOPE)重要职务。

以重庆大学黄光宇教授主持的"山地城市生态化规划建设关键技术与应用"研究项目，获得 2005 年国家科技进步二等奖。该项目研究了山地城市学的创建及其学科框架的建构，建立了山地城市生态化规划建设理论框架，提出了以"3S"技术为依托的山地城市自然资源综合评定和土地综合利用评价方法、山地城市生态化空间结构发展模式、山地城市生态化灾害防治体系、山地城市生态化规划设计方法、山地城市发展与自然演进动态平衡机制的建立以及城市非建设生态用地规划控制与管理方法等。研究成果为指导我国山地城市规划建设的可持续发展、资源的优化配置、生态保育与良性发展提供了重要的理论依据与实践指导。

中国科学院王如松教授领衔开展的"复合生态系统理论和可持续发展模式示范究"也获得 2007 年国家科技进步二等奖。本研究的主要成果之一是围绕我国城市可持续发展的理论、调控方法和模式，率先在我国开展了系统的研究，阐明了城市复合生态系统结构、功能、动力学机制和控制论原理；通过对天津、北京、扬州等大中城市的长期研究，揭示了城市生态系统的结构、服务功能、物质能量代谢和反馈规律与城市生态整合机理；开创性地提出了泛目标生态规划、共轭生态规划和共轭生态管理的系统方法，并成功应用于城市与区域发展规划之中；在国内外率先提出生态工业理论框架和产业生态转型与设计方法，并成功应用于大丰等城市产业生态工程示范建设；将复合生态系统理论应用于城乡可持续发展实践中，规划并指导了我国第一个生态县、第一个生态市等的建设；这些成果为指导城乡生态建设奠定了理论和方法基础；依据复合生态系统理论建立的生态评价、生态规划、共轭生态管理等方法为城市与区域的生态调控与生态规划提供了系统方法；生态县、生态市等建设模式直接推动了我国可持续发展战略的实施。近年来，全国约有 150 个市(县)开展了生态市(县)创建工作，15 个可持续发展实验区成功开展了生态工程示范。这些代表性成果是我国城市生态理论、方法与技术领域获得的重要国家级奖励。

2007 年，由中国城市科学研究会牵头完成了中国科协委托的重大咨询研究项目“中国城市承载力及其危机管理研究”，研究将土地资源、淡水资源、大气与水环境容量、城市交通能力、粮食安全保障能力等对我国 5 个城市密集地区近 200 个城市进行定量综合分析，提出了“关于提升我国城市承载力及危机管理能力的报告”，得到国务院领导好评。研究成果对于引导各地城市发展方向，在城市建设与管理中合理开发利用资源，保护和促进自然生态服务功能，促进城市可持续发展具有现实指导意义。

此外，我国的城市生态研究在逐步走向世界，近年来，我国科学家主持了 SCOPE“适应性生态城市建设方法”的国际研究项目。这是国际上首次由发展中国家的科学家主持、五大洲十几名顶级科学家参与的国际前沿环境科学研究项目，研究成果将纳入 SCOPE 系列专著出版，在国际上产生了影响。

三、国内外城市生态学发展比较

中国城市生态研究比西方晚近一个世纪。20 世纪 80 年代初，迫于我国一些经济发达城市化地区，如京津地区、长江三角洲和珠江三角洲环境污染日益恶化，在联合国人与生物圈计划对香港及法兰克福城市生态研究成果推动，国家有关部委的支持及老一辈生态学家的倡导下，城市生态研究在北京、上海等地的科研院校悄然兴起。中国的城市生态研究是针对紧迫的城市环境和发展压力应运而生的，其发展不同于西方城市生态研究特点。①强调发展而不是平衡：西方以追求回归自然的理想化栖境为目标，中国则以人为中心、发展为主题，追求人与自然的协调发展；②强调高效率适度投入：西方城市生态研究是在城市资本积累和基本建设初具规模情况下开始的，以高投入、高环境效益为目标，一般不考虑外部经济成本，我国则强调通过资源的高效利用来自我维持和补偿城市生态建设费用，化环境负担为生态效益；③强调硬技术的软组装和软科学的硬着陆，实现传统技术的现代化和现代技术的生态化，其中整体、循环、协调、自生是灵魂；④强调技术、体制、行为的结合，倡导研究、技术、管理及决策人员的结合，而不是单一的学术研究。许多城市以市长为课题负责人，研究结果的可行性较高。但是，也应该看到，由于中国城市生态研究起步晚、压力大、积累少，人才缺，其发展尚属幼年时期，还存在以下问题：①技术手段滞后于理论研究；②教育落后，无专业人才培养渠道；③受传统自然科学分类体系所束缚，学科发展举步维艰；④受管理体制束缚，城市生态管理在各级城市中与相应的管理部门在资金、技术、体制上不协调。

西方发达国家经过两个多世纪的产业革命和社会发展，以掠夺殖民地生态资产为代价，实现了农业社会向工业社会、乡村社会向城市社会的过渡。发展中国家既没有全球广阔的殖民地提供生态资源，也没有两个多世纪的时间跨度与资金积累去治理污染。西方发达国家高能耗、高投入的环境治理和研究模式是发展中国家所难以承担的。中国城市发展不应简单效仿西方国家的生产和消费模式，而应摸索出一条有中国特色的融中国传统文化与现代技术为一体的生态建设新模式。城市环境问题的实质是资源代谢在时间、空间尺度上的滞留或耗竭，系统耦合在结构、功能关系上的错位和失谐，社会行为在经济和生态关系上的冲突和失调。人们只看到产业的物理过程，而忽视其生态过程；只重视产品的社会服务功能，而忽视其生态服务功能；只注意企业的经济成本而无视其生态成本；只看到污染物质的环境负价值而忽视其资源可再生利用的正价值。社会的生产、生活与生态管理职能条块分割，以产量产值为主的政绩考核指标和短期行为，以及生态意识低下、生态教育落后的国民素质，是我国城市环境整体继续恶化的根本原因。因此，我国在未来一个相当长时期内需要大力加强城市生态研究，尤其是城市复合生态系统的理论、方法和应用研究迫在眉睫。1999 年 8 月，昆明全国城市生态学术讨论会总结了多年来我国城市生态理论和应用研究的进展，提出了未来我国城市生态研究的框架，会议指出，城市生态研究在对象上要从以物与事为中心转向以人为中心，空间尺度上要重视区域和流域与城市发展关系的研究，时间尺度上要重视中跨度间接影响的研究，研究方法上要从描述性转向机理性，研究目的上要从应急型、消耗型转向预防型、效益型。未来的城市生态建设目标要从一维的社会经济繁荣走向三维的复合生态繁荣：一是财富，包括经济资产和生态资产的持续增长与正向积累；二是健康，包括人的生理和心理健康及生态系统服务功能与代谢过程的健康；三是文明，包括物质文明、精神文明和生态文明。这三者中，财富是形，健康是神，文明则是本。生态建设必须从本抓起，促进形与神的统一。城市复合生态研究可以从基础与应用两方面展开，其基本研究框架总结见表 1。

表 1　城市生态系统研究框架

分类	内容
基础研究	生态资产动态（盈与亏，价值核算、指标体系） 生态服务功能（强与弱，序的测度、冲突分析） 生态代谢过程（滞与竭，水、能、土、木、矿） 生态调控机制（乘与补，反馈控制，竞争、共生、自生） 系统综合方法（时空量构序的综合，硬件、软件、心件的整合）
应用研究	生态产业与产业生态工程（纵横耦合，影响评价，产业孵化机制） 生态社区与生态建筑（形与神的融合，价值准则、规划设计手段） 生态景观与城郊边缘效应（构与序的协同，宏微调和对策、远近补偿机制） 生态健康与生态文化（生理与心理健康、文化和历史的延续，能力建设方法） 区域及流域的生态规划、生态恢复和生态管理方法及绩效评价指标

从“十一五”到现在，我国陆续推进生态示范区、城镇生态建设、生态城市建设和生态文明建设研究。逐步完善政府推动、科技催化、市民参与和社会兴办的城市生态示范建设机制。城市生态研究者要积极配合这些示范建设研究，通过生态规划、生态设计与生态管理，将单一的生物环节、物理环节、经济环节和社会环节组装成一个有强大生命力的生态系统，从技术革新、体制改革和行为诱导入手，调节系统的结构与功能，使生态学的竞争、共生、再生和自生原理得到充分的体现，促进资源的综合利用、环境的综合整治及人的综合发展。

2002 年 8 月在深圳举行的第五届国际生态城市大会通过的《深圳宣言》，提出了我国和国际城市生态研究与建设的共同目标，即：生态卫生（水、气、渣、声、光、辐射）；生态安全（饮水、食物、居住、疾病、交通环境安全、自然及人为灾害）；景观生态（景观破碎、热岛效应、温室效应、板结效应、拥挤效应、生物效应、生态足迹）；产业生态（从产品经济导向的资源掠夺型产业转向循环经济导向的环境共生型产业，横向耦合、纵向闭合、区域联合、社会复合）；文化生态（体制文化、认知文化、物态文化、心态文化）。这五个方向是指导我国未来城市生态研究的基本思路。

四、城市生态学研究发展趋势

从国内外城市生态研究总体趋势来看，未来城市生态研究的基本趋势体现在三大领域，即城市人居生态学、城市复合生态系统生态学和城镇生命支持系统生态学，现分别论述如下。

（一）城市人居生态学（Urban Habitat Ecology）

联合国人居环境大会是对城市可持续发展研究的全面检阅，大量的城市生态研究论文在各个论坛和大会上讨论和宣讲。当前，城市生态学已成为城市可持续发展及制定 21 世纪议程的科学基础，各种类型的国际城市生态学术讨论会如火如荼。20 世纪 90 年代以来，各种类型的国际城市生态学术讨论会如火如荼，在旧金山、阿德雷德（澳大利亚）、塞内加尔（非洲）、克里提巴（巴西）和深圳就举行了 5 次大型国际生态城市讨论会和 20 余次地区级学术研讨会。2002 年 8 月在深圳举行的第五届国际生态城市大会，会议代表近 400 人，来自 23 个国家和国内 19 个省市。其后又分别举办了第二届国际生态城市论坛（重庆，2006）、第三届国际生态城市建设论坛（淮北，2009）、第四届国际生态城市建设论坛（承德，2010）和 2010 年由中国科学院、联合国 UNESCO 等组织的上海“城市未来与人类生态系统福祉国际大会”。这些会议的召开极大地促进了我国城市生态学界与国际同行的交流与讨论，推动了我国城市生态研究的快速发展。

美国国家自然科学基金委员会将城市生态学列为今后重点支持领域之一，其研究内容包括：①初级生产格局和调控方法；②营养物质流的时空分布规律；③表层和底层有机质积累的格局与调控；④土壤、地下水和地表水中污染物的迁移转化规律；⑤人类对生态系统干扰的格局和频率；⑥人类对城市土地利用和地表变化的影响及其与生态系统动态的关系；⑦监测城市生态系统中人与环境相互作用和效应，社会经济及环境复合生态系统数据的收集分析方法(如 GIS),人与自然耦合关系的系统综合方法;⑧将研究结果与学校及社会的生态教育结合的对策和措施。

城市人居生态学研究围绕当前困扰各级城市的环境问题、交通问题和生活质量问题,城市生态学研究逐渐聚焦在城市代谢(metabolism)、城市交通(mobility)和生态基础设施和城乡生态关系的维护(maintenance)这 3M 目标上;方法集中在影响评价(impact assessment)、关系整合(interaction synthesis)和体制调控方法(institutional regulation);通过加强指标测度(measuring),动态监控(monitoring)及系统模拟(modeling)强化宏观生态调控。

城市生态建设的任务就是通过生态规划、生态设计与生态管理,将单一的生物环节、物理环节、经济环节和社会环节组装成一个有强生命力的生命系统,从技术革新、体制改革和行为诱导入手,调节系统的主导性与多样性,开放性与自主性,灵活性与稳定性,使生态学的竞争、共生、再生和自生原理得到充分的体现,资源得以高效利用,人与自然高度和谐。

从可持续发展的口号走向生态建设的具体行动,这是当今国际城市人居生态研究的主流。研究对象主要集中在生态城(村、镇)、生态住宅、生态交通、生态代谢、生态能源、雨水资源利用、生态恢复以及生态产业的设计、规划、试验和管理的示范研究上。近年来,欧洲、美洲、大洋洲(如澳大利亚的 Halifax 和 Whyalla)和亚洲都涌现出一批生态示范社区或村镇,其工作主要是引进一批高效、实用、先进的生态示范技术,建设一类人与自然和谐共生、有一定超前性的典型生态社区,诱导一种整体、协调、循环、自生的生态文明。示范的指标包括发达的生产力、先进的生产关系、满意的生活质量、良好的生命素质及和谐的生态秩序。其中和谐的生态秩序包括区域生命支持系统的生态服务功能是否正常与稳定,土地、水体、大气、景观、气候、动植物及微生物所构成的人类生命支持系统是否健康,是否有一个天蓝、水清、地绿、景美的充满活力的环境,生态资产是否持续积累与盈余是衡量自然生态秩序高低的准绳;而社会的贫富差距及安定满意程度则是衡量社会生态秩序的标准。

正确处理好人与土地(包括地表的水、土、气、生物和人工构筑物)的生态关系是人居生态研究的核心任务。城市的表现形式是社区的格局、形态,而其神或魂却是生态的“生”字,包括生存能力(示范区的吸引力、离心力和竞争力),生产实力(从第一性生产到废弃物的处置),生活魅力(适宜的设施、丰富多彩的环境)及生境活力(风、水、花、鸟等自然生境和生物活力)。人作为复合生态系统的主体,其日常生活活动对城市生态系统功能的好坏起着重要作用。以往对产业活动和城乡建设对物理环境的单项影响研究较多,而对生活消费活动对生态系统的影响研究较少。家居生态学将家庭视为一个生态系统,隶属于更大的社区、村镇或区域,研究其可持续的生活方式、生产过程和生态对策。Christensen 在 *Home Ecology* 一书中从食物、能量、水、光、空气、消耗品、健康、辐射、绿化等不同层面论述了人居生态系统的代谢过程及其和动物、植物与人的关系,但还只是停留在描述性而非机理性的研究上。

(二)城市复合生态系统生态学(Urban Complex Ecosystem Ecology)

城市生态问题可以归纳为“六化”:能源化石化、产品化工化、地表硬结化、空气酸霾化、水体富营养化和景观破碎化,它们之间的交互作用产生城市化地区的“五色”效应:红色的热岛效应、绿色的水华效应、灰色的灰霾效应、黄色的沙尘效应以及白色的斑秃效应。城市病的生态学实质可以从物、事、人三方面来剖析:一个是物,即资源代谢失衡问题;一个是事,即系统结构功能失调问题;还有一个是人,即人的行为和信息反馈机制失控问题。

城市生态系统的发展是一个逐步走向健康、文明和繁荣的过程,城市复合生态系统研究的焦点问题包括以下内容。①城市生产潜力和生命活力:城市经济系统的物质生产潜力,社会系统的人口生产潜力,自然系统的生物生产潜力以及城市创新、传承、开拓、演化活力。②生态资产的丰度和多样性:森林蓄积量、生物多样性、土壤成熟度、湿地、水域、大气、景观的幽美、和谐、灾害频率及其对健康的影响。③生态过程的稳度和成熟度:物质流、能量流、水流、营养流、资金流、人口流、信息流的畅通与滞竭程度。④生态基础设施的服务功能:生产能力、空间容纳能力、水及其他资源供给能力、废弃物净化及再生、气候调节、土壤熟化、灾害减缓、干扰缓冲、害虫调节、水土保持、交通运输、休闲游憩及科研教育功能。⑤生态体制的整合能力和信息反馈灵敏度:体制、法规、组织、决策、规划、管理及信息系统的完整性和系统性。⑥生态风险的抗御和适应能力:自然和人为灾难,瞬时和慢性风险,系统结构和功能的灾变、突变或畸变,环境容纳量及资源承载力的超载,开发活动的生态不适宜度以及系统的整合风险。⑦生态文明程度:认知文明、生产文明、消费文明、文脉肌理、精神文明。⑧城市生态品质:是对城市社会-经济-自然复合生态系统的形态、结构、适应能力和演化过程健康程度的表征,反映城市系统的山形水系、文脉肌理、功能品位的和谐性与可持续性。它包括:自然生态品质、景观生态品质、产业生态品质、人居生态品质、社会生态品质以及文化生态品质。

2011 年 10 月,我国城市生态学界在北京香山饭店以“城市生态系统健康”为主题召开学术讨论会,来自高等院校、科研院所和管理部门的国内外 50 多位专家学者应邀参加了讨论会。与会专家围绕城市生态健康内涵与评价方法、城市老工业区改造与生态修复、低碳发展技术与宜居环境建设和生态城市规划与生态健康管理等中心议题进行深入讨论。会议的召开预示着城市生态健康将成为我国未来一段时期城市生态研究的中心问题之一,城市生态健康与保健将成为解决城市问题、实现我国城市可持续发展战略的新出路。相关的科学问题包括:①如何减少城市的生态足迹;②如何提高城市生态效率;③如何增强城市生态活力;④如何完善城市生态健康监测、考核体系;⑤如何促进城市土地利用的复合生态管理;⑥如何提升城市生态康复与生态工程建设;⑦如何促进城市废弃物(垃圾、废水、粪便)的生态卫生保洁工程;⑧如何促进饮水、能源、食物、空气的生态保全运动;⑨如何强化面向循环经济的城市产业转型;⑩如何强化城市生态系统管理,推进城市社会-经济-环境的复合生态系统整合。

(三)城镇生命支持系统生态学(Life Supporting System Ecology)

城市生态系统的生存与发展取决于其生命支持系统的活力,包括区域生态基础设施

(光、热、水、气候、土壤、生物)的承载能力及生态服务功能的强弱,城乡物质代谢链的闭合与滞竭程度,以及景观生态的时空量构序的整合性。城市可持续能力的维系有赖于对城市环境、经济、社会和文化因子间复杂的人类生态关系的深刻理解、综合规划及系统管理。从中国几千年传统的人类生态哲学中可以总结出 10 条生态控制论原理。它们可以归结为三类:一是对有效资源及可利用的生态位的竞争或效率原则;二是人与自然之间、不同人类活动间以及个体与整体间的共生或公平性原则;三是通过循环再生与自组织行为维持系统结构、功能和过程稳定性的自生或生命力原则。三者的有机结合才能推进有中国特色的(自生)的社会主义(共生)市场经济(竞争)条件下的城市可持续发展。城市社会-经济-自然复合生态系统理论目前已被各国同行所采用并得到好评。Tayler 提出城市复合生态系统设计的四因子模型:功能、结构、行为和内部关系。它们通过能流、物流、生境、群落演替,营养结构及纵横等级关系变化等生态过程影响城市的形态(多样性、耦合度及复杂性)。

美国巴尔的摩与凤凰城城市生态系统研究是美国自然科学基金支持的 21 个长期生态系统定位站中的两个。主要就集中在对城镇生命支持系统这些复杂的生态关系的探索上。其研究周期至少 20 年。第 1 期 6 年,美国国家基金委资助额度各 430 万美元,地方政府配套多于此额度的启动资金。由马里兰大学等单位承担的巴尔的摩城市生态研究主要基于城市是一类社会、经济、生态及物理因素相互关联的人类复合生态系统的理念。其主要科学问题是:①各种社会、经济、生态因子是怎样相互关联,城市空间结构和时间过程是怎样演变的;②城市能流、物流、资金流、人口流的规律和动态变化过程;③怎样发展和运用城市生态系统理论与方法,从而改善城市环境质量,减少对区域和流域环境的影响。其主要假设为:城市生态系统的社会、经济和生态格局控制着其生态功能,特别是水文、生物和社会经济的异质性;高城市人口密度比低城市人口密度下人均环境影响小,穷人比富人对环境影响的总贡献小;城市生态系统物流(N、P、K、Ca、Mg)强度远远大于自然生态系统,而其输入输出平衡远远低于后者,如氮循环中只有 20%留下而非 90%;城市生态系统的社会和生态格局是相互关联的,对临近区域和下游的生态系统有强烈影响;优势种为外来种的生态系统具有较高的生产力,短的营养物循环,更多的土壤碳以及高的人类价值,其生物多样性格局和水、气物质交换不同于本地种为优势种的生态系统;对于生态服务功能弱的城市生态系统,生态恢复可以作为一种催化剂去激励其生态和社会活力;城市生态系统研究可以促进和推动科学、人文及环境教育,并对城市和区域环境保育产生积极作用。

亚利桑那州凤凰城是另一类处于干旱条件下的城市生态系统,主要研究由亚利桑那州立大学承担。其研究目标为:①探讨并检验一般生态学理论在城市生态系统研究中的适宜性。②深化城市生态学的研究,包括初级生产、种群和群落动态,有机质的储存和迁移,物流以及各种人为和自然干扰下的格局研究。③辨识城市生态和社会经济因子间的相互反馈关系(自然生态条件怎样影响土地利用决策以及生态系统对人类活动的响应和反馈又怎样改变未来的土地利用决策)。④鼓励学生积极参与城市生态研究。

城镇生命支持系统生态学的一个关键科学问题是生态影响评价。常用的评价方法有:H. T. Odum 提出的能值分析法,环境毒理和化学学会(SETAC)提出的物质代谢全过程的生命周期分析法，F. Vester 提出的基于反馈机制的生态控制论分析法（eco-cybernetics），Daily 等提出的生态系统服务功能和 Costanza 等人提出的自然资产评价法，以及 Boulding 等人提出的生态经济方法，W. Rees 等提出的基于土地利用的生态足迹法，以及 Bartell，Suter 等的生态风险分析法、前景展望法（包括趋势外推、目标反演、替代方案和对照遴选等）。它们分别从能流、物流、信息流、资金流以及空间、时间尺度上评价和分析人类活动影响下的生态过程。面对还原论与整体论，物理学与生态学，经济学与环境学，工程学与生物学的矛盾，城市生态研究的方法论正在面临一场新的革命：从过程的量化走向关系的序化，从数学优化走向生态进化，从人工智能走向生态智能。人们通过测度城市复合生态系统的属性、过程、结构与功能去辨识系统的时（届际、代际、世际）、空（地域、流域、区域）、量（各种物质、能量代谢过程）、构（产业、体制、景观）及序（竞争、共生与自生序）的生态持续能力。

以上城市生态研究的各分支学科的共同特点是：强调城市与乡村、环境与经济、自然科学与社会科学的有机结合，强调宏观与微观、软科学与硬技术以及传统文化和现代科学的结合。

五、城市生态学发展展望

（一）未来城市生态学研究发展方向

当今的城市正面临不同尺度全球危机的挑战，它集中体现在环境变化、经济振荡和社会冲突。这些挑战威胁着社会安全，增加了资源使用和环境污染，带来了生物多样性的下降，导致了区域生态系统服务退化，发展中国家的贫困和过度消费。城市是这些危机的根源，也是后果的受害者。但这种城市化后果并不是不可避免的。需要城市生态学者，清楚地认识到问题的实质，有效推进城市的生态学研究与工程技术开发，让城市远离资源限制、人口增长和远近发展的矛盾，走上可持续发展的轨道。

从总体上看，未来城市生态研究与应用主要在如下领域可望进一步加强和发展。

(1)城市生态代谢。

城市是人类行为的社会生态、物质代谢的经济生态和环境演化的自然生态三个层次的耦合关系，其表现形式是城市的生态代谢。未来要加强城市生态系统代谢的系统研究，探寻城市自然保护、污染防治和生态要素（水、土、气、能源、矿物质）与人类产业、交通、城镇、文化活动的代谢整合方法与管理技术。

(2)城市生态文明。

城市是集竞生、共生、再生、自生机制为一体，以面向可持续发展的知识交叉、技术集成、体制统筹与行为整合为特征的资源节约、环境友好、生态和谐的认知、体制、物态和心态文明形式。城市生态文明研究与建设就是要理解城市生态基础设施和循环再生功能渐进完善、自然生态和人文生态服务功能的渐进熟化过程的机制与模式；在城市建设实践上，通过体制和机制的转化、循环经济孵化、自然生态演化和人文生态进化去弘扬一种和谐的人与自然共存的文明。

(3)城市生态品质。

它包括城市生态服务(城市生态系统对城市居民与社会福利所提供的产品与服务能力),城市生态效率(城市代谢过程与功能的效率和效用高低的测度,或产品和服务的产出与资源和环境的投入的比值),城市生态活力(对城市生态系统运行秩序与生机的"净化、绿化、活化、美化"的自然生态活力与"开拓、适应、反馈、整合"的社会生态活力的测度),与城市生态整合力(对城市管理体制和机制的统筹与整合能力的测度)。

(4)城市生态工程与技术。

在研发、催化、孵化和推广低碳高效技术,发展集中和分散处理相结合、节流和开源相搭配,基于生命周期评价、设计、规划与管理的生态工程技术,在不同地域的城市,系统推广清洁生产、可再生能源、生态建筑、生态水文、生态交通、生态产业和生态保健的技术体系。加强城市生态教育、培训、能力建设、公众意识的提高以及公众参与机制的建设,为城市生态文明建设提供技术支撑。

(5)城市生态风险管理。

顺应全球变化的时代需求,促进城市发展生态风险管理技术与机制研究,构建城市抵御、减缓和适应城市自然和人为灾害的能力技术体系,维护城市生态健康和生态稳定性。发展有效跟踪、评价和调控碳排放带来的生态风险的监测、预警技术体系,依托我国城市发展阶段和地域特征,构建城市碳生态管理机制,完善碳减排技术管理体系,大力开展低碳生态城市示范与推广计划。

(6)城市生态美学。

城市生态美学是自然特有的形、神、构、序、气、韵的生态整合,能使人怡神、悦目、清心、节欲、冶情。要在研究与教育层面,大力推进城市生态美学的研究与普及。构建城市生态格局美、文脉肌理美、环境形态美、人居意境美、景观多样美和精神风貌美。

(二)推进我国城市生态研究发展的保障措施

为在新的时期进一步推进我国城市生态研究的发展,我们提出如下建议。

(1)针对我国城市化和城市生态问题特点和国家城市可持续发展的重大战略需求,制定城市生态研究的优先发展领域,国家要在相关领域上给予重点支持或扶持;

(2)以大学和国家研究机构为依托,大力培养我国城市生态研究的优秀人才,不断完善和提高我国的城市生态研究水平;

(3)城市生态研究要与城市建设紧密相连,要大力加强城市生态的工程技术研究与应用示范,形成一批能够解决我国城市化、工业化和城市生态建设中重大问题的工程技术;

(4)我国幅员广阔,社会、经济与生态、环境条件差异很大,不同地区的发展水平也差异很大,要针对我国城市化进程和城市发展水平的巨大差异性,大力开展我国不同地区城市发展模式研究与推广示范,形成一批引导我国可持续城镇化进程的城市生态建设模式与示范研究基地;

(5)重视城市生态管理研究,培养一批参与我国城市生态建设与管理的优秀人才,努力将城市生态研究以及建设与管理相结合;

(6)加强部门、地区与国际间的城市生态研究的交流,形成良好的信息交流与专业培训机制,构建我国城市生态信息与咨询网络体系。

六、结语

城市生态研究是满足人类持续生存与发展的重要探索。在经历了一个起步发展阶段后,已从幼年走入壮年时期,当今已进入了城市生态研究的黄金时期,其发展历程始终贯穿着一条人与环境“整体、协同、循环、自生、健康、文明”的生态控制论红线,其鲜明的整体性、综合性和科学性预示着其美好的发展前景,随着全球城市化、工业化进程的迅速发展,城市生态研究必将在我国城乡可持续发展和人居环境建设中产生越来越大的作用,成为构建现代和谐社会、改善人居生活质量、促进人的生命素质提高的重要手段。

参考文献

[1] 宋艳玲,张尚印．北京市近 40 年城市热岛效应研究[J].中国生态农业学报, 2003, 11(4):126－129.

[2] 季崇萍,等．北京城市化进程对城市热岛的影响研究[J].地球物理学报,2006,49(1):69－77.

[3] 马世骏,王如松．复杂性研究[M].北京:科学出版社, 1993:239－250.

[4] 王如松．复合生态与循环经济[M]. 北京:气象出版社, 2003.

[5] 王如松,胡聃,等．城市生态服务[M]. 北京:气象出版社,2004.

[6] 陈自新．城市园林绿化与城市可持续发展[J]. 中国园林, 1998, 14(5):4－5.

[7] 傅伯杰,陈利项,马克明,等.景观生态学原理及应用[M].北京:科学出版社, 2001.

[8] 李锋,王如松．城市绿地系统的生态服务功能评价、规划与预测研究——以扬州市为例[J]. 生态学报, 2003,23(9):1929－1936.

[9] 王祥荣.面向 21 世纪城市绿化发展的思路与对策——以上海为例[J].城市环境与城市生态,1999,12(1):60－63.

[10] 董云社,章申,齐玉春,等．内蒙古典型草地 CO_2,N_2O,CH_4 通量的同时观测及其日变化[J].科学通报,2000,45(3):318－322.

[11] 方精云．北半球中高纬度的森林碳库可能远小于目前的估算[J].植物生态学报,2000,24(5):635－638.

[12] 郝瑞军, 方海兰, 沈烈英, 等．城市不同功能区绿地土壤有机碳矿化和酶活性变化[J]. 中国农学通报． 2009, 25(2):229－235.

[13] 孔正红,李树人,李有福,等．不同硬化地面类型对城市悬铃木物质循环的影响[J]. 河南农业大学学报,1998. 32(4):314－319.

[14] 毛学森,田魁祥．硬覆盖对农田生态系统影响的实验研究[J].农业现代化研究．1997, 18(5):298－301.

[15] 宋永昌,由文辉,王祥荣．城市生态学[M].上海:华东师范大学出版社,2000.

[16] 王如松,胡聃,李锋,等．区域城市发展的复合生态管理[M].北京:北京气象出版社, 2010.

[17] 于贵瑞,全球变化与陆地生态系统碳循环和碳蓄积[M].北京:气象出版社,2003.

[18] 邹丽敏,丁蕴铮,张广增,等．硬覆盖对城市街路行道树土壤呼吸的影响[J].森林健康,2004,2(1):24－37.

[19] Bolund P, Hunhammar S. Ecosystem services in urban areas[J]. Ecological Economy, 1999, 29:293－301.

[20] Chiesura A. The role of urban parks for the sustainable city[J]. Landscape and Urban Planning, 2004, 68(11):129－138.

[21] Holling C S. Understanding the complexity of economic, ecological, and social system[J]. Ecosystems, 2001. 4(5):390－405.

[22] Jeffrey D K, Alissa M, Ralph J A. Integrating urbanization into landscape level ecological assessments[J]. Ecosystems, 2001, 4(1):3－18.

[23] Lofvenhaft K, Bjorn C , Ihse M. Biotope patterns in urban areas: A conceptual model integrating biodiversity issues in spatial planning[J]. Landscape and Urban Planning, 2002,58:223－240.

[24] Mortberg U, Wallentinus H G. Red listed forest bird species in an urban environment－Assessment of green space corridors[J]. Landscape and Urban Planning, 2000, 50:215－226.

[25] Savard J P L, Clergeaub P, Mennechez G. Biodiversity concepts and urban ecosystems [J]. Landscape Urban Plan, 2000, 48:131－142.

[26] Swanwick C, Dunnett N, Woolley H. Nature, role and value of green spaces in towns and cities: an overview[J]. Built Environment, 2003, 29(2):94－106.

[27] Urs P K, Heather G H, Marty D M, et al. Change in ecosystem service values in the San Autonio area Texus[J]. Ecological Economy, 2001, 39(3):333－346.

[28] Vellinga, P, Herb N. Industrial Transformation Project: IT Science Plan[J]. IHDP Report, 1999, 12.

[29] Kumar C, Patel N. Industrial Ecology[J]. Proc. National Acad. Sci. USA. , 1991, 89:798－799.

[30] Frosch, R A, Gallopoulos, N E. Strategies for manufacturing[J]. Sci. Am. , 1989, 26(3):144－153.

[31] Park, R. E. Human Ecology[J]. American Journal of Sociology, 1936, 24:15－39.

[32] Gilbert, O L. The Ecology of Urban Habitats[M]. Chapman and Hall, New York, 1989.

[33] Costanza, R, et al. The value of the world's ecosystem services and natural capital[J]. Nature, 1997:387.

[34] Boulding, K. Economics as an Ecological Science [M]//Economics as a Science. New York: McGraw Hill, 1970: 23－52.

[35] Wackernagel, M, et al. National Natural Capital Accounting with the Ecological Footprint Concept [J]. Ecological Economics, 1999, 29:375－390.

[36] Mitsch, W J, Yan Jingsong. Ecological Engineering-Contrasting Experiences in China with the West, editorial paper[J]. Ecological Engineering, 1993, 2:177－191.

撰稿人：胡　聃　李　锋　王如松　王祥荣　达良俊

产业生态学研究

一、引言

1989 年，Frosch 和 Gallopoulos 在总结工业系统生态化实践的基础上，首次提出了产业生态学/工业生态学(industrial ecology，IE)的概念(Frosch et al. 1989)。之后产业生态学迅速得到产业界和学术界的关注、研究和传播。自 1997 年美国耶鲁大学《产业生态学杂志》的出版，到 2000 年国际产业生态学学会的成立，产业生态学研究已经在全球范围内广泛开展起来，欧洲、美国已有多所大学开设了产业生态学课程，产业生态学理论也得到了迅速的发展(Tibbs，1992，Allenby et al. 1994，Ayres et al. 1996)。产业生态学被列为美国 21 世纪环境科学研究的优先领域，也被国际生态学会列为未来生态学研究的五大前沿方向之一。产业生态学已在政府、国际组织、企业等不同的层面和尺度上得到了应用。以产业生态学为核心理论的 ISO14000 环境管理体系也在全球迅速推进。

国际产业生态学学会将其定义为：一门迅速发展的系统科学分支，它从局部、地区和全球三个层次上系统地研究产品、工艺、产业部门和经济部门中的能流和物流，其焦点是研究产业界对减缓产品生命周期的环境负荷的作用，产品生命周期包括原材料采掘与生产、产品制造、产品使用和废弃物管理。

产业生态学既是一种分析产业系统与自然系统、社会系统以及经济系统相互关系的系统工具，又是一种发展战略与决策支持手段。产业生态学思想的核心是“从摇篮到坟墓”的全过程管理系统观，模拟自然生态系统，实现闭路循环，提高资源的生态效率。相应的研究领域可以归纳为三个方面：①面向物料的——物质流分析；②面向产品系统的——生命周期评价和生态效率分析；③面向区域的——生态共生和生态工业园。

我国在推进循环经济发展过程中将产业生态学作为产业转型和升级的核心理论和主要分析方法。在实践的层次上，将产业生态效率作为评估产业绿色发展的重要指标，应用生命周期设计推进产品设计阶段的环境改善、应用生命周期管理对废弃物进行可持续的管理，并且推出了一系列的国家行动计划和生态产业、循环经济实践以推进产业共生体系的建设，如国家生态工业园建设示范，生态产业集聚区规划等。

二、产业生态学研究进展

(一)产业生态学学科发展概述

产业生态学的主要研究方法包括物质流分析、生命周期评价和生态效率分析以及生态工业发展。其应用领域涵盖了产业生态系统的全过程，耦合了生产、消费和循环再生，重点关注资源效率与管理、环境影响与减缓、产业循环系统的构建。

1. 产业生态学主要研究方法和领域

(1)产业生态过程分析——物质流分析。

基于自然界物质代谢的理论,将资源开采、加工制造、产品消费、循环再生和废物处置等五个关键环节所构成的人类社会物质生产和消费过程称之为物质代谢或社会代谢。对物质代谢过程进行定量化分析的方法称为物质流分析。物质流分析是调控经济系统中物质流入和流向的有效手段,通过物质流分析,可以控制有毒有害物质的流入和流向。分析物质流的使用总量和使用强度,可以为环境政策提供新的方法和视角。

物质流研究对象可以是家庭、企业、城市、国家甚至整个生物圈;也可以是元素、废物、大宗原材料或产品。前者称为 MFA(material flow analysis),以考察企业、部门、地区、国家的经济活动对自然生态系统的扰动为目标,通过核算原材料与物质的投入量、产出量来衡量可持续发展的程度与水平,确定提高生态效率的优先次序,分析物质减量化和生态化转型的可能途径,并提供针对经济系统中物质运行规律的监测工具(Schandl H. et al, 2000, Scasn M. 2003)。后者称为元素流分析(substance flow analysis,SFA),主要从特定的资源、环境问题出发,通过分析关心的金属或非金属元素、化学物质或者基础产品在社会经济系统中的流动、迁移、转化规律,从而提出资源节约、生态保护、污染控制的实施方案和长期战略(Fisher－kowalski M, 2003)。

1969 年,Ayres 等指出应注意低价值物质对经济系统的影响,建立了 MFA 的雏形(Ayres RU),1974 年,Kneese 等利用物质平衡研究经济系统物质流,在核算中考虑了氧气,认为减少输入量是消解废物产生量的唯一途径(Kneese et al,1974)。从 20 世纪 60 年代到 80 年代,物质流分析侧重于考察特定物质或元素对生态环境的压力及危害(Marina Fischer-Kowalski, 1998);而从 20 世纪 90 年代开始,物质流分析开始侧重于研究整个社会经济社会系统的物质通量(徐一剑等,2004)。

国家尺度物质流分析方法不断完善。20 世纪 90 年代初,奥地利、日本和德国首先应用物质流分析方法对本国经济系统的物质流动状况进行了分析研究,揭开了经济系统物质流分析方法在世界范围应用的序幕。1997 年世界资源研究所开始对美国、日本、奥地利、德国、荷兰 5 国经济系统的物质流动状况进行全面分析与跟踪(Adriaanse A. et al, 1997)。2001 年,Eurostat 发布了《经济系统物质流分析研究方法手册》,成为开展物质流分析的最佳方法导则。随后,英国、意大利、丹麦、西班牙、芬兰、瑞典、捷克等国相继开展了针对本国的物质流核算工作。我国也有一些学者开展了中国国家物质流分析研究(陈效逑, 2000;徐明,2005)。

区域和城市尺度物质流分析成为新的热点。继国家尺度物质流核算与研究热潮之后,国内外学者开始在城市与区域尺度对物质流分析方法与应用展开研究。Philip S. 等应用区域投入产出矩阵和产品生命周期数据库建立了区域物质流综合分析模型,并对伦敦市的物质代谢进行了初步研究(Philip S. et al,2005);徐一剑等构建了基于三维物质投入—产出表(PIOT)的物质流核算模型,并对义马市的社会经济系统进行了物质代谢方面的研究;石磊则针对进出城市系统边界的物质数据缺乏且难以统计的特点,引入了面向元素或产品的物质流分析(SFA)要素,建立了一种统一的且可用于不同城市间比较的城市物质流分析框架,并应用该框架对邯郸市进行了案例研究。在城市尺度上,大多数研究基本采用了欧盟准则的框架，如 JohnBarrett 等应用国家尺度 MFA 方法对 York 市的物质流进行了分析，并以此对本地的生态足迹进行了核算(JohnBarrett，2002)；徐一剑等针对贵阳市建设国家循环经济试点城市，进行了经济系统物质代谢过程的分析，并对其现阶段经济发展过程中的“高资源投入、高污染排放”状况予以了识别(徐一剑等，2004)。

元素尺度研究关注资源的稀缺性和环境危害性。SFA 通过描述元素或特定物质在系统内部各子系统间流动和存储的过程，识别各类环境污染物质的来源和去向，研究经济活动影响自然生态环境的内在机理，并评价物质能量的利用效率，为基于物质流的决策提供依据。

Kneese 等于 1970 年首先提出 SFA 的概念，随后针对国家和全球层面的元素循环(如铜、镉、汞、锌)研究工作首先在瑞士、挪威、丹麦、冰岛、奥地利、瑞典、荷兰等国家展开。UdodeHaes 等在前人大量工作的基础上，于 1997 年提出了 SFA 技术框架。当前 SFA 的研究主要关注铁、铜、锌等支撑国民经济运行的关键元素，或砷、汞、磷、氮、含氯有机物等对环境危害较大的有毒有害元素流或物质流。

(2)产品与产业系统分析——生命周期评价和生态效率分析。

“生命周期评价(life cycle assessment，LCA)是一种对产品、工艺的能量和物质利用以及由此造成环境排放进行辨识和量化的系统分析方法。该评价贯穿于产品、工艺和活动的整个生命周期，包括原材料采掘与加工，产品制造，产品运输及销售，产品使用、再利用和维护，废物循环和最终废物弃置”。其目的在于评估能量和物质利用及废物排放对环境的影响，寻求改善环境影响的机会。

生命周期评价方法的出现是环境管理从末端治理、过程控制与优化向系统管理方向转变的一个标志。生命周期评价方法于 1997 年进入国际标准化体系 ISO14040(环境管理—生命周期评价—原则和框架)。该标准将生命周期评价分为互相联系的、不断重复进行的四个步骤：目的与范围确定、清单分析、生命周期影响评价和生命周期解释。2006 年 ISO 颁布了修订后的 ISO14040 标准，对 LCA 的基本原则进行了聚焦，也更加细化了 LCA 的步骤并提出了详细的技术要求，更利于指导生命周期评价的研究与应用。生命周期评价作为产业生态学的核心系统辨识方法，既可用于工业代谢过程分析，又可应用于生态工业园的规划、建设，是贯穿于整个产业生态学的精髓。同时也是产业生态系统进行生态设计和生态建设的支持工具。

由于传统 LCA 主要是自下而上的基于产业过程的模拟方法，其主要关注资源效率和环境负荷。其先天的目标依赖型的特点，决定了其模拟结果严重依赖系统边界的设定和目标定义，在可持续政策的支撑方面的力度非常有限。而基于生命周期的思想，拓展出的一系列新的研究方法和领域却不断显现出很强的生命力。如生命周期成本分析(LCC)被越来越多的企业进行内部决策与管理；生命周期设计(LCD，也称生态设计)已经形成了一套详细的可操作的企业管理程序，被众多企业整合为企业内部运行与管理工具；随着 LCA 工具的大量使用，在 UNEP 的大力推动下(UNEP，2006)，生命周期管理(LCM)的概念逐渐被产业所接受和运用。近年来，LCA 方法和环境投入产出分析方法的结合，衍生出了综合生命周期分析(Hybird LCA)方法和社会 LCA 方法，能更好地分析产业系统和社会经济系统之间的相互联系，被认为是传统 LCA 的一个新的突破。而国际产业生态学学会目前正在大力推进生命周期可持续性分析方法(life cycle sustainability analysis,LCSA)框架的形成和完善,其试图将传统 LCA 的视野从资源环境问题扩展为社会经济系统的可持续性,由此整合 LCA,LCC 和 LCSA。

1992 年,世界可持续发展工商委员会最先从企业的角度对生态效率的概念做了界定并被广泛认同:"生态效率是通过提供能满足人类需要及高品质生活质量同时又能将整个生命周期的生态影响和资源强度降低到地球的估测承载力水平的具有价格竞争优势的商品和服务来实现的。"当前产业生态效率的研究在企业、行业、区域层次开展了广泛的研究,当前生态效率作为实现产业可持续发展目标的有效工具逐步得到产业界及其相关管理部门的认同,然而鉴于产业系统的复杂性以及可持续发展目标逐步具体化,目前产业生态效率理论和方法体系尚在不断发展和完善之中,相关研究仍是产业生态学的前沿研究热点之一。

当前国际生态效率研究方法主要有四种:单一比率法、优先结构法、多目标编程法和生态拓扑法(王妍,2009),前二者较常用。单一比率法主要用于中小尺度上的针对具体对象的比较选择,优点是简明方便,不足是没有考虑社会影响因素,决策者不能灵活选择最优目标。优先结构法由 Krikke 提出,通过成本、能源、废弃物三个指标及其权重改变的方法评价生态效率,其优点是通过权重改变可选择最佳目标,但受到权重和选点是否客观性的制约。

生态效率分析被广泛应用于企业可持续性评价。如德国 BASF 集团,1996 年研发出一套基于生命周期评价的"生态效率管理"应用软件用于企业产品和过程的生态效率评价。Cote(2006)等开发了一套用于评价中小企业生态效率的指标和方法。

随着企业生态效率研究的深入,社会对生产者责任延伸和绿色产品的关注,产品生态效率的研究逐渐成为另一个研究分支,包括产品生命周期中的所有环节:产品设计、生产原料及技术、产品报废处理等。当前生态效率已在产品报废回收系统的绩效评定以及废物处理技术的比较筛选中得到有效应用(Huisman,2004;Zhu Qinghua,2005;Tohru,2005;Park,2006)。

为促进行业经济效益与环境效益的统一,比较同一行业不同企业间的生态效率,从系统的角度研究行业生态效率也是国际产业生态效率研究的重要方向。国外在运输行业、矿产行业、钢铁行业等都开展了行业生态效率的研究(Gavin,2000;Kristina,2005;Maxime,2006)。以相对效率为基础的数据包络分析法(DEA)在行业生态效率的应用中得到广泛应用。

产业生态效率研究主要从区域及国家相关行业系统的角度开展。如 Husiman 利用生态效率概念对欧洲电子废物回收体系中不同家电、不同回收路径进行了分析研究,对欧洲 WEEE 指令中要求以重量为基础的回收目标提出了质疑与合理化建议(吕彬,2006)。由于涉及系统复杂,关联因素众多,区域生态效率的分析方法和应用仍在探索中。

(3)生态共生网络——生态工业发展。

产业共生是产业生态学作为学科得以诞生的基石之一,也一直是产业生态学研究的主流领域。类似于自然生态系统,产业系统也广泛存在着产业与产业之间或企业与企业之间的互利共赢关系,并且这种共生关系也能够同时带来环境效益与经济效益的双赢。

因此，在 20 世纪 80 年代内卡伦堡产业共生体系发掘之后，不仅工业发达国家而且工业发展中国家都开启了产业共生的自觉实践行动，其中最为重要的形式就是生态工业园区。

生态工业园区是指一定地域范围内由制造业企业、服务业企业和其他相关主体构成的产业群落，通过废物交换、基础设施共享以及能源、水和材料的梯级利用等措施来实现环境与经济的双重优化和协调发展，最终使该群落所产生的群体效益大于了个体效益的加和(Lowe，2001)。

当前国际上产业共生的研究呈现如下特点。

(1)研究案例不断丰富。产业共生的案例研究包括行业、工业园区和区域产业体系三个层面。在行业层面上，很多行业都有所研究，不仅涵盖钢铁、有色、化工和造纸等传统的资源型行业，也涵盖电子、汽车和生物质转化等装备业或新兴产业，此外针对消费品循环的静脉产业也成为案例研究的一个热点，尤其在日本涌现了大量的案例。在工业园区层面上，超过 50 多个国家都有生态工业园区案例研究的报道，不仅有欧洲(约 50)、美国(16)、加拿大(约 10)、日本(约 30)、韩国(8)和澳大利亚等发达地区或国家，而且也有东南亚(约 10)、印度和南美等地区。在区域经济层面，英国的国家产业共生项目(NISP)最为突出，此外澳大利亚、奥地利和南非等也出现了大空间尺度上的研究。日本在城市层面上还创造出“生态城镇”的概念，强调城市与产业的“共生”(Van Berkel R，2009)。

(2)研究视角不断拓展。产业共生作为一种经济现象，研究之初重点之一是侧重于技术层面的物质代谢分析以度量其所具有的环境改善效果，其二是开展产业系统与自然生态系统的类比研究。2000 年后，生态工业园区管理学的研究视角得到快速发展，重点探讨产业共生的发生过程及其影响因素。随着案例样本的增加，产业共生研究在当前已经开始进入第三个阶段，经济学和系统科学的研究视角开始进入该领域。经济学的应用为微观层面或具体的废物交换/工业共生行为解释提供了理论框架。系统科学则试图探讨社会经济演化的一般特征，通过设计或试验简单的规则系统来达到观察和模拟复杂形态的效果，同时也提供了理解工业共生现实的途径。

(3)实证研究不断强化。随着研究视角的不断转换，研究内容也不断得到拓展和深化。在案例研究方面，包括：①产业共生和生态工业园区的过程描述；②试点案例的绩效测量；③产业共生项目成败的影响因素识别；④不同开发建设主体的作用；⑤环境经济政策的影响；⑥不同发展模式的识别与比较，等等。

(4)规范研究任重道远。目前，产业共生动因分析、作用机制、路径分析和制度设计等规范研究陆续出现。经济驱动力是最常被提及的因素，甚至有研究认为生态工业共生体的运行动力本质就是经济利益的驱动，共生所带来的外部经济性驱使企业去进行废物交换等产业共生行为。产业共生的不同模式和路径也成为研究热点。产业共生的形成机理是一个复杂的系统过程，该过程是不同主体基于各自利益而协商互动的过程，存在“市场失灵”和/或“政府失灵”的现象，需要一种合理的制度安排来使产业共生成为一种稳态选择。

2. 产业生态学的应用实践

产业生态学的应用涉及三个层次：宏观上，可作为国家产业政策的重要理论依据，即围绕产业发展，如何将生态学的理论与原则融入国家法律、经济和社会发展纲要中，促进国家以及全球生态产业的发展。中观上，它是企业生态能力建设的主要途径和方法。其中涉及企业的竞争能力、管理水平、规划方案等，如企业的“绿色核算体系”，“生态产品规格与标准”等。微观上，则为企业工艺生态评价与产品生态设计提供支持，如环境设计、生命周期设计等。LCA 将社会经济系统中的生产、消费和循环再生进行耦合，并着眼于资源效率和环境影响进行系统全面的评价，为产业系统的可持续发展提供了有力的支撑。

(二)国内研究现状

国内产业生态学(也称工业生态学)研究始于 20 世纪 90 年代，主要由早期从事清洁生产的研究人员从企业全过程管理的角度和一些生态学家从产业经济发展和生态系统的角度开展研究。

当前，我国高校、科研单位已纷纷成立了一些专门的产业生态学研究机构。如清华大学生态产业研究中心；大连理工大学生态规划与发展研究所；南京大学与江苏省环境保护厅联合成立了环境管理与政策研究中心；国家环保部设立了生态工业重点实验室，中国科学院生态环境研究中心城市与区域生态国家重点实验室设立了产业生态学课题组，武汉大学、复旦大学、同济大学等都先后开展了产业生态学相关方面的研究。总体而言，国内产业生态学研究主要集中在以下几个领域：国外文献的翻译及评述；产业生态学内涵和理论基础与方法研究；产业生态学应用研究，如可持续消费、产品生命周期评价、产品碳足迹等；产业共生模式和机理；生态工业园区理论和方法等。

1. 产业升级与转型理论基础研究不断深化

针对我国产业转型和升级的历史契机，需要对未来产业发展的方向和重点进行理论确认和实践检验。当前我国产业发展过程中出现的种种问题都可归结为生态耗竭问题(对自然系统资源的过多获取)和生态滞留问题(对自然系统无限制排放)。因此如何模拟自然生态系统的结构、功能重构和改善现有产业系统就成为我国产业生态学基础理论研究的一个重要方向。但目前国内专门从事产业生态学理论基础研究的单位和人员比较少，大多数研究属于应用研究。

中国科学院生态环境研究中心应用“社会-经济-自然复合生态系统”的理论，积极研究推进产业生态转型的策略和方法，提出了发展生态产业的 10 大原则，并提出了产业符合生态系统的动力学机制和控制论方法。

清华大学等研究单位从系统科学和复杂科学出发，努力建构产业生态学的理论基础。同时产业生态学与循环经济理论相互交叉、渗透，也推动了大量针对物质闭合循环，能量多级利用的模式研究，推动了产业生态系统中物质代谢理论的研究。

2. 生命周期分析方法持续向行业和产品渗透

生命周期评价方法自 20 世纪 90 年代引入中国以后，一方面大学和研究机构，如北京工业大学、中国科学院生态环境研究中心、四川大学等，一直在努力构建开展生命周期清单分析的基础数据库和开发适合中国特点的影响评价方法。另一方面，大量的针对不同行业不同产品的研究不断填补我国在技术数据方面的空白。研究的产品也逐渐从传统大宗、耗能产品，如煤炭、电力、钢铁、有色金属、汽车、家用电器等，向新型电子产品如 LED

产品，新能源产品如光伏电池，新材料产品如纳米材料转移。

3. 生态效率评估带来新的政策评价工具

我国学者从21世纪初开始引入产业生态效率的概念（李丽平，2000），目前在吸收国外研究成果的基础上，取得了一些适用于我国产业发展的生态效率方法和应用研究成果。

开展了一系列针对循环经济发展的生态效率评价指标和模型的研究。提出了基于生态效率分析的我国循环经济发展模式（诸大建，2006），构建了我国循环经济发展的生态效率指标（邱寿丰，2007；刘华波，2006）。结合生态足迹的方法，提出了区域经济的生态效率测算方法（顾晓薇，2005）。积极开展了基于数据包络法、层次分析法、主成分分析法、物质流分析等生态效率评价方法的探索研究（王宏志，2010；田炯，2009；刘宁等，2008；吴小庆等，2009）。

企业生态效率分析已在电力、钢铁、造纸等行业成功应用（何伯述，2001；戴铁军，2005；王菲凤，2008）。针对产品和服务的生态效率的研究在不断扩展，如旅游者支出和旅游活动生态效率分析（李鹏等，2008），废弃电脑电源回收处理不同策略的生态效率比较（吕彬等，2010）。行业层面上的生态效率研究一方面针对不同行业进行比对研究，如针对39类工业行业的生态效率分析（毛建素等，2010），另一方面针对具体行业进行分析，如纺织产业生态效率的发展趋势（王飞儿等，2006）。区域生态效率研究则相当广泛，从工业园区、城市、省区、全国各层次都开展了相关研究（刘宁，2008；王波等，2010）。

4. 生态工业园规划和建设如火如荼

我国自2000年推进生态工业园建设，截止到2010年4月，我国已有36个国家级生态工业示范园区的建设规划获得通过，其中包括苏州工业园区在内的6个园区已正式得到了国家生态工业示范园区的命名。

我国生态工业园区建设大致经历了"产业聚集区—国家级、省级开发区—ISO14000国家示范区—循环经济示范园区—生态工业示范园区"的阶段。并且，伴随着国家可持续发展的要求，以及政府在这一领域相关政策、法规的逐步完善，尤其是《清洁生产促进法》和《循环经济促进法》的颁布，工业园区的生态化改造和生态工业园区建设进程逐渐走向了系统化、规范化和科学化。

总体上，我国生态工业园区主要以政府主导下的企业共生模式出现，基本上都位于产业聚集区，国家级、省级开发区，ISO14000国家示范区，循环经济示范园区等政府划定的区域内。我国已经形成了世界上规模最大的工业生态化体系。应实践需求，我国也相应形成了庞大的产业共生和生态工业园区研究队伍。

在研究队伍方面，我国大致存在着三大流派：①以行业规划为导向的技术流派，主力是来自于各大院校和科研咨询机构从事化工、冶金和能源研究的队伍；②以区域规划为导向的环境流派，主力是从事环境和生态研究的队伍；③以政策设计为导向的管理流派，主力是从事管理学、产业经济学和区域经济学研究的队伍。三大流派各有所长，但目前状况是相互之间的碰撞和融合有所欠缺。这也直接导致了我国产业共生研究不仅明显落后于国际同行，也显著滞后于如火如荼的产业实践。

研究领域方面，实证研究和规范研究的内容在我国都有所涉猎。实证研究侧重于对实践案例进行产业共生体系的表达、对共生绩效的度量以及对影响因素的辨识等；规范研究则包括成本效益分析、博弈分析和制度安排分析等(王震等,2009)。然而,与国际比较,我国实证研究与规范研究存在明显的"分离"现象,即实证研究缺失严谨的分析框架和对理论的提炼,而规范研究则缺失现实案例的支撑而显得苍白单薄。尽管如此,我国产业共生和生态工业园区研究仍然存在两大亮点,第一是对生态工业园区规划与决策的支持,第二是对我国产业共生模式的理论探索。

5. 可持续消费成为推进生态文明建设的抓手

产业生态学的研究在 UNEP 可持续生产与消费计划的推动下,将可持续消费作为链接产业系统和社会系统的关键要素进行研究。可持续消费是指"提供服务以及相关的产品以满足人类的基本需求,提高生活质量,同时使自然资源和有毒材料的使用量最少,使服务或产品的生命周期中所产生的废物和污染物最少,从而不危及后代的需求"(Barber,2007)。促进可持续消费包括减少消费量和改变消费模式两个方面,而改变消费方式比减少消费量更有可能实现。

1994 年制订的《中国 21 世纪议程》提出"人口的迅速增长加上不可持续的消费形态,对有限的能源、资源已构成巨大压力"。此后,居民消费的环境影响及可持续消费模式等问题也正逐渐成为一个热点。学者们分别从消费者生活方式、居民消费的环境影响、可持续消费的内涵、可持续消费评价指标及如何开展和普及绿色家庭生活方式等方面进行了探讨(董福荣,1999;刘晓君,1998;张长元,2001;陶在朴,2004)。政府也采取了一系列措施推进可持续消费,如从 1993 年开始实行绿色标签认证体系,1994 年成立了绿色产品认证委员会,2006 年开始推行的环境标志产品政府采购计划。"十七大"明确提出"建设生态文明,形成新的消费模式"的奋斗目标。低碳经济也将成为我国未来经济发展的主要模式,居民消费方式的转变将成为低碳经济建设的重要内容之一(吴晓青,2008)。

(三)国内相关研究重要进展

1. 生命周期评价方法逐步走向标准化,应用范围迅速扩展

生命周期清单数据库是开展生命周期评价的核心基础工作。国内一些大学和研究机构,如中国科学院生态环境研究中心、北京工业大学、四川大学等,均在努力开发中国本土的生命周期清单数据库和适合中国产业现状和宏观经济管理的生命周期影响评价方法。目前这些数据库和国际上通行的商业数据库在数据拥有量和数据质量方面有相当的差距,尚不具备商业化的条件。但已经拥有涵盖基础能源数据,主要金属材料、非金属材料、重要有机材料的清单数据,以及部分工业标准化工艺数据和废物管理数据。已经可以采用中国本土的数据开展简单的生命周期评价。数据库的完善需要建立统一的国家数据库协调平台和数据采集、分析、整合方法,因此中国的生命周期评价方法和数据库也继续走向标准化。

国家标准化委员会和中国标准化研究院正在努力开展生命周期技术标准化工作,ISO14000 系列标准中有关生命周期评价相关的国际标准均已被同等转化为国家标准。同时一系列面向具体行业和产品的技术标准和规范也正在制订之中,目前已经颁布的有

关技术标准有10多项，国家环境管理标准化技术委员会（TC207）也成立了生命周期评价分技术委员会，进一步推动生命周期评价方法的研究和应用。

国家自然科学基金的资助项目中也有众多项目涉及生命周期评价方法和基础数据研发。从今年发表的有关生命周期评价的中文文章来看，数量逐年增加，涉及的产品和行业也在不断扩展。

2. 区域物质流分析渐成热点

与国外发达国家研究的历史悠久、研究众多相比，我国在物质流分析领域的研究起步较晚，但也在借鉴国外的经验，进行积极的尝试。国内关于物质流分析的研究主要集中在2000年以后。在国家层面的研究，主要是陈效逑等人对我国经济系统的物质需求总量、物质消耗强度和物质生产力进行了研究。而中观层面的城市和区域物质流分析则是物质代谢研究中的热点和难点。目前针对区域物质流分析的研究主要集中在三个方面，一是框架建立的研究，二是数据获取方法的研究，三是应用物质流分析指标所开展的评价方法的研究。

区域物质流框架与国家物质流框架基本相同，但由于不同区域的经济情况千差万别，需要结合各自区域的情况对国家物质流框架进行改良，例如，贵阳市（徐一剑，2004）、天津市（刘伟，2006）、上海市（黄晓芬，2007）等地区的研究都是在基于“欧盟导则”的基础上，结合自己地区特色进行了相应改良。但这种针对区域特色进行改良的框架，不利于区域之间的比较分析，石磊等人（石磊等，2008）在借鉴国家尺度物质流分析框架基础上，通过引入面向元素或产品的物质流分析要素，建立城市尺度的物质流分析方法，为建立统一的城市物质流分析框架提供了新思路。陈波考虑了水资源在区域物流中的重要性，提出了改进型区域物质流核心框架（陈波，2010）。逯馨华则从区域废物交换的角度，将区域物质流分析与区域废物流进行衔接，提出了具体的物质流核算指标体系（逯馨华，2010）。

区域物质流分析所需的数据，不像国家物质流分析那样有相应的统计系统可以获得，尤其是区域进出口方面的数据的难以获得，使区域物质流分析成为难点。目前的研究除了采取统计年鉴等部门的数据以外，也有利用投入—产出表进行换算（单永娟，2007；王蕾娜，2005），为区域物质流分析数据探索了一条比较可行的道路。

我国目前在区域物质分析方法和实证研究方面的众多研究积累，一方面丰富地揭示了我国各地区物质流现状，另一方面也为区域物质流分析方法的完善提供了大量案例。

3. 面向区域的生态共生和生态工业园建设

产业共生模式的实践和理论研究呈现中国特色。一般认为，产业共生存在两种模式，一种是以市场为导向的“自下而上”自发模式，另一种是政府主导的“自上而下”计划模式，我国的生态工业园区实践就属于后一种模式。清华大学研究团队系统地研究了我国生态工业园区的特征。除政府主导这一特色外，我国在产业增长、园区建设和资金流向等方面迥异于国外实践。我国生态工业园区建设的推动者和决策者都带有政府色彩；我国生态工业园区呈现出典型的产业增长动态特征，产业链招商、产业共生招商或补链招商是我国生态工业园区建设的重要手段；我国生态工业园区在生态基础设施建设方面，水和能量基础设施往往是集中建设模式，而废物处理与循环则是高度分散模式，等等（石磊，2010）。

我国产业共生具有政府计划的特征，即我国的主体互动网络是高层政府引领—管委会驱动—企业实施—科研单位和公众参与的合作网络体系，但类似于卡伦堡产业共生协会或韩国 EIP 中心的组织机构相对缺失；产业共生实践的核心能力在于产业和企业的多元化与增长性，这点往往是国外园区难以成功的关键因素，然而我国产业共生普遍缺乏自主创新能力；在资金流向上，我国对于产业共生尤其是生态工业园区建设的资金支持基本停留在零敲碎打的模式上，尚没有建立起稳定的可持续的资金流模式。基于这三点认识，认为我国的产业共生实践尽管规模宏大，但还是停留在"摸着石头过河"的初级阶段，尚未形成稳定的"中国模式"。

我国产业园区复合生态管理方法研究已形成一定基础。中国科学院生态环境研究中心，以"社会-经济-自然复合生态系统"理论为基础，一方面开展了"农工复合虚拟生态产业园区"共生结构，复合生态效益评价，生态服务功能评价(石垚等，2010)，另一方面，针对资源性城市开展了依托城市的虚拟生态工业园物流分析和生态效率评价(陈波，2010)，从而从理论上揭示了目前我国独特的计划型生态工业园区与城市、乡村密不可分的生态关联，进一步丰富和完善了虚拟生态工业园的理论和规划方法。

4. 面向管理的可持续消费与生产

产业生态学在应用层面将更加走向推进可持续的消费与生产的耦合。传统的产业生态学方法主要是基于过程和物流分析，产品作为分析的对象和载体。而作为全球可持续发展战略转变的一个标志是推进可持续消费，从而诱导可持续生产。

目前在可持续消费领域的研究趋势主要包括消费模式的引导和消费动力机制的分析以及消费策略的制定。而对产品进行碳足迹的核算与市场交易是未来推进全球可持续消费和生产的最新研究热点。

消费模式是指人们在消费过程中所使用的不同类型的消费资料的比例关系。消费模式是表征人类社会与自然环境两大系统之间的耦合方式和基本特征的重要参数，因而成为可持续消费研究的一个重要着眼点。通过对消费模式变化及其环境结果的分析，识别引起环境变化的主要消费领域，为政策的引导提供依据。

家庭消费模式的形成机制由众多因素决定，如经济发展和人均收入的增加，社会基础设施的改善，人口数量的增加和家庭规模的减少，技术的发展，国家的政策法规、消费文化和传统等都会逐渐改变人们的消费习惯，带来生活方式的变化。这些因素并不是独立起作用，各因素之间也存在着相互作用。如何从经济、社会、技术和心理等各个方面对消费行为机制进行综合研究是可持续消费研究所面临的难题。

可持续消费的研究结果将支持国家可持续管理政策的制订，最终通过法律、规定、教育、政策等措施和手段推进人们消费行为向可持续的模式转变。政府是可持续系统实现的推动者和决策者，它的倾向直接决定了可持续消费实现的时间和程度。因此可持续消费的相应政策分析是推进可持续消费的保障。

在低碳经济发展的背景之下，低碳产品消费成为未来可持续消费的核心，因此有关产品碳足迹核算方法，以及碳转移的责任分担机制方面的研究一方面是国际环境外交谈判的需求，另一方面也是推进低碳产品消费的市场需求。

5. 面向产业转型的循环经济战略与模式

在我国，循环经济战略的提出与产业生态学的引入几乎同步。产业生态学的理论和方法被循环经济实践广泛应用。循环经济通过“减量化、资源化、无害化”的“三化”原则实现物质闭环流动，将传统的“资源—产品—废物”的线性增长模式转变为“资源—产品—废物—再生产品”的循环发展模式。这本身就体现了产业生态学中生命周期的思想，在理论上也是对西方以废物再利用的循环经济概念的创新。

在循环经济的推进上有法律和政策做保障，除了制定《循环经济促进法》以外，中国还制定了一系列促进循环经济发展的相关法律法规和有关规章。循环经济已经上升为国家经济发展模式的高度。发展循环经济成为转变发展方式，调整经济结构的重要举措。

在循环经济推动过程中，着力实现包括企业内部的小循环，区域内企业之间的中循环和生产、生活领域的社会大循环，这恰恰是产业生态学中物质闭环循环不同模式的体现。中国的循环经济实践是产业生态学在全球最佳的应用之一。目前全国已经有 533 个市区县，256 个园区，1352 家企业作为省级以上的循环经济试点单位。试点单位从产业布局和资源配置开始，按照产业生态学原理，进行产业组织构建、生产能力布局和产品设计，构建了资源循环利用体系，提高了资源循环利用效率，大大促进了节能减排。已经形成了大约 60 种循环经济的典型模式，其中很多模式具有世界影响力。

三、产业生态学发展趋势

(一)基础理论的建构和提升

到目前为止，产业生态学并未形成一个坚实的理论基础甚至是学科逻辑基础，其研究的内容仍在不断扩展和聚焦中，研究方法也在不断扩展和完善中，很多理论基础尚未达成共识。另一方面，当前世界范围内丰富多彩的产业生态学实践却急需提升，纷乱复杂的分支学科需要整合。产业生态学在被赋予使命之时就需要寻求其学术范畴和理论基础。为此，产业生态学应该确定学科本身所肩负的历史重任和所具有的宗旨，厘清所面临的问题和挑战，发展学科所需要的理论基础、方法和工具，以及确定学科对于经济社会环境可持续发展所做出的贡献。

产业生态学呈现出学科交叉愈加强烈的趋势。源于仿生学、生态学、经济学、环境学等多学科理论和方法的产业生态学从一开始就注定了其多学科交叉性，随着其内涵的不断深化和研究范畴逐步由生产领域向消费领域乃至社会经济系统的拓展，必将有更多的科学方法和科研人员进入该领域。

系统的复杂性和问题的多重性必然迫使其采用相关学科的理论和方法，至少在目前尚没有完善体系的情况下是这样。而多学科的介入必然会推动产业生态学与相关学科的交叉和融合。

同样，产业生态学会在这种多学科相互吸纳和矛盾冲突的过程中趋于成熟，并最终形成相对独立的理论和方法体系。最明显的例证就是来自农学、生态学、经济学、社会学、系统工程学、化学工程、林学等几十个领域的数百位专家和学者出席了 2005 年 6 月在瑞典召开的第三届国际产业生态学大会，会上大家都从各自的背景探讨了对产业生态学的理解和界定，虽然观点不一且差异很大，但大家都认为产业生态学是一门非常有前途的新兴交叉学科，并且会有越来越多的学科介入到这一领域中来。

(二)产业生态管理有望突破

产业生态学的一个重要应用趋势是推进产业生态管理。产业系统生态管理旨在动员全社会的力量优化系统功能，变企业产品价值导向为社会服务功能导向，化环境行为为企业、政府和民众的联合行为，将内部的技术、体制、文化与外部的资源、环境、政策融为一体，使资源得以高效利用，人与自然高度和谐、社会经济持续发展。产业生态管理理论和方法是当前国际上产业生态学、环境管理学、发展经济学、产业发展学等众多学科的前沿领域。

产业生态管理正从以产品结构改进、工艺流程优化和废弃物循环为核心的物态管理及污染治理走向清洁生产、生态产业、生态园区和复合生态系统管理。在管理的方法上将实现对产业生态资产、生态代谢、生态效率、生态足迹、生态服务的整合。在国家自然科学基金委重点项目“产业生态系统管理机制与方法研究(NO. 71033005)”的支持下拟从不同类型、不同尺度产业生态系统管理的比较研究切入，研究产业生态系统的过程闭合、结构耦合和功能演化的动力学机制，竞生、共生、再生、自生的控制论方法以及产业转型与行业融合的进化式管理策略，发展产业生态关系辨识、功效调控、功能整合及结构优化与行业融合的系统方法；研究生态系统尺度的产业生命周期评价、设计与管理的系统技术，并探索典型产业生态系统管理的示范模式。

(三)研究方法上将引入复杂性系统分析

产业系统的复杂性体现在系统中的各工业企业和管理者作为独立的决策个体相互关联、相互影响，而在系统层面又有经济和环境效益的目标。需要从组织、技术、管理等角度对不同层次的复杂性及其成因进行解析，探讨产业系统的鲁棒性(robustness)、弹性(resilience)、适应能力(adaptive capacity)以及可持续性，需要运用复杂系统理论理解和审查产业系统对自然生态系统的影响和作用途径，致力于产业系统本身的生态化重组、转型和演进，使之与自然生态系统和谐共处。

将系统理论引入产业生态学尤其产业共生是近年来的一大热点。系统动力学作为一种系统模拟工具，已经被引入刻画工业共生系统进化的重要性，并尝试模拟其演进过程。

复杂系统网络方法越来越受到关注，清华大学等研究团队侧重于从复杂系统理论出发探讨产业共生网络的弹性、适应性和网络复杂性等特征，并尝试建立模型来探讨市场、技术和政策等因素对生态工业发展的影响，以期从中发现有建设性的政策启示。中国科学院生态环境研究中心的研究团队则从复杂系统的控制论方法入手，研究产业系统的生态调控和管理方法。这些研究与目前国际上应用复杂性系统方法研究产业系统的可持续性的思路一致，有望获得突破性进展。

(四)跨尺度研究成为难点

产业生态系统具有内在的等级结构和尺度性。当前,在微观尺度上,产业生态学侧重于研究企业内部的物质代写效率和影响效率的动机、决策过程;在中观尺度上,产业生态学侧重于研究工业区或一定区域范围内产业共生体系的演进过程、互动模式及其绩效;在宏观尺度上,众多研究开始关注国别和制度环境差异,比较不同国家和区域背景下产业结构的特征和优化条件,以期探索社会政治因素对产业生态系统的作用机制与实现途径。事实上,在经济全球化和环境问题全球化的背景下,产业尤其是工业已经形成全球产业网络,难以分割局部、区域和全球尺度。因此,多尺度和跨尺度研究是产业共生的当务之急,也是难点。

(五)案例比较研究与实证分析走向深化

我国目前有大量的产业生态实践,国家也已经构建了众多与产业生态学相关的示范建设平台,如国家发改委的“国家循环经济试点”,环境保护部的“国家生态工业示范园区”;商务部的“再生资源回收体系建设试点单位”;工业与信息化部的“工业固废综合利用示范基地”;国家发改委的“城市矿产示范基地”等,大量的生态产业实践活动迅速发展,但相关的理论研究、模式总结和实证分析相对落后,规范性研究鲜见。对中国独特的产业转型和升级过程中实践活动进行理论凝练和模式、方法总结,将对国际产业生态学的发展具有重要意义。

参考文献

[1] Adriaanse A, Bringezu S, et al. Resources Flows:The Material Base of Industrial Economies[M]. Washington D C:World Resource Institute, 1997.

[2] Allenby B R, Cooper W E. Understanding industrial ecology from a biological systems perspective [J]. Environmental Quality Management, 1994, 3(3):343 - 354.

[3] Ayres R U, Ayres L W. Industrial Ecology:Towards Closing the Materials Cycle [M]. illustrated ed. Cheltenham, UK:Edward Elgar Publishing, 1996.

[4] Ayres R U, Kneese A V. Production, Consumption, and Externalities [J]. The American Economic Review, 1969, 59(3):16.

[5] Fisher-Kowalski M. On the history of industrial metabolism [M]//BOURG D, ERKMAN S. Perspectives on industrial ecology. Sheffield: Greenleaf Publishing, 2003:35 - 45.

[6] Frosch R A, Gallopoulos N E. Strategies for manufacturing [J]. Scientific American, 1989, 189 (3):144 - 152.

[7] Guinée, J. B. , R. Heijungs. Life Cycle Sustainability Analysis, Framing questions for approaches [J]. Journal of Industrial Ecology,2011,15(5):656 - 658.

[8] Huisman J, Stevels AL N, Stobbe I. Eco - efficiency considerations on the end - of - life of consumer electronic products[J]. IEEE Transactions on Electronics Packaging Manufacturing,

2004, 27(1):9 - 25.

[9] John Barrett, Harry Vallack, et al. A Material Flow Analysis and Ecological Footprint of York - Technical Report[R]. Stockholm Environment Institute, 2002.

[10] Kneese A V, Ayres R U, D'arge R C. Economics and the environment, a materials balance approach [M]. Washington: Resources for the Future; distributed by the Johns Hopkins Press, Baltimore, 1970.

[11] Kristina Dahlström, Paul Ekins. Eco-efficiency Trends in the UK Steel and Aluminum Industries [J]. Journal of Industrial Ecology, 2005, 9(4):171 - 188.

[12] Lowe, Ernest A. Eco - industrial Park Handbook for Asian Developing Countries [M]. A Report to Asian Development Bank, Environment Department, Indigo Development, Oakland, CA, 2001.

[13] MARINA FISCHER - KOWALSKI. Society's Metabolism: The intellectual history of materials flow analysis. Part I(1860—1970)[J]. Journal of Industrial Ecology, 1998, 2(1):61 - 78.

[14] Park J, Haemyung Ok, Kyounghoon Cha, et al. Tackling Challenges in Measuring and Communicating Ecoefficiency [C]. Proceedings of the 2006 IEEE International Symposium on Electronics and the Environment, 2006.

[15] Philip S, Eleni P, et al. Towards an Integrated Regional Materials Flow Accounting Model[J]. Journal of Industrial Ecology, 2005(9):69 - 84.

[16] Zhu Qinghua, Joseph Sarkis, Geng Yong. Green supply chain management in China: pressures, practices and performance[J]. International Journal of Operations & Production Management, 2005, 25(5):449 - 468.

[17] Scasn M, Kovanda J, H K T. Material flow accounts, balances and derived indicators for the Czech Republic during the 1990s: results and recommendations for methodological improvements [J]. Ecological Economics, 2003, 45(1):41 - 57.

[18] Schandl H, Schulz N. Using material flow accounting to operationalize the concept of society's metabolism A preliminary MFA for the United Kingdom for the period of 1937—1997 [R]. Colchester: Institute for Social and Economic Research, 2000.

[19] Tibbs H. Industrial ecology: an environmental agenda for industry [J]. Whole Earth Review Winter, 1992, 4 - 19.

[20] Tohru Morioka, Kiyotaka Tsunemi, Yugo Yamamoto, et al. Eco-efficiency of Advanced Loop - closing Systems for Vehicles and Household Appliances in Hyogo Eco-town [J]. Journal of Industrial Ecology, 2005, 9(4):205 - 221.

[21] UNEP. UNEP Guide to LIFE CYCLE MANAGEMENT——a bridge to sustainable products[R]. 2006:8 - 65.

[22] Van Berkel R, Fujita T, Hashimoto S, et al. Industrial and urban symbiosis in Japan: Analysis of the Eco-Town program 1997 - 2006[J]. Journal of Environmental Management, 2009, 90(3):1544 - 1556.

[23] 陈效逑，乔立佳．中国经济——环境系统的物质流分析 [J]. 自然资源学报，2000，15(1):17 - 23.

[24] 戴铁军,陆钟武．钢铁企业生态效率分析[J].东北大学学报(自然科学版),2005,26(12):1168 - 1173.

[25] 单永娟．北京地区经济系统物质流分析的应用研究[D]. 北京:北京林业大学，2007.

[26] 邓波,张学军,郭军华．基于三阶段 DEA 模型的区域生态效率研究[J].中国软科学,2011(1):92 - 99.

[27] 董福荣．中国家庭消费结构透视[M].北京:经济管理出版社,1999.

[28] 杜春丽．基于循环经济的中国钢铁产业生态效率评价研究[M].北京,中国水利水电出版社,2009.

[29] 葛振波,张晋波,李德智,等．基于 DEA 的我国建筑业生态效率评价[J].青岛理工大学学报,2010,

31(5):95－100.
[30] 顾晓薇,李广军,王青,等. 高等教育的生态效率——大学校园生态足迹[J]. 冰川冻土, 2005,27(3):418－425.
[31] 韩瑞玲,佟连军,宋亚楠. 基于生态效率的辽宁省循环经济分析[J]. 生态学报,2011,31(16):4732－4740.
[32] 何伯述,郑显玉. 我国燃煤电站的生态效率[J]. 环境科学学报,2001,21(4):435－438.
[33] 黄晓芬, 诸大建. 上海市经济-环境系统的物质输入分析 [J]. 中国人口、资源与环境, 2007, 17(3):96－99.
[34] 姜孔桥,马永红,李滢,等. 石化行业生态效率研究[J]. 现代化工,2009,29(3):80－85.
[35] 李丽平,田春秀,国冬梅. 生态效率——OECD 全新环境管理经验[J]. 环境科学动态,2000,(1):33－36.
[36] 李名升,佟连军. 基于能值和物质流的吉林省生态效率研究[J]. 生态学报,2009,29(11):6239－6247.
[37] 李鹏,杨桂华,郑彪,等. 基于温室气体排放的云南香格里拉旅游线路产品生态效率[J]. 生态学报,2008,28(5):2207－2219.
[38] 刘华波,杨海真,顾国维. 基于生态效率建立我国循环经济评价指标体系的思考[J]. 四川环境,2006,25(2):78－82.
[39] 刘宁,吴小庆,王志凤,等. 基于主成分分析法的产业共生系统生态效率评价研究[J]. 长江流域资源与环境,2008,17(6):831－838.
[40] 刘伟, 鞠美庭, 于敬磊,等. 天津市经济—环境系统的物质流分析 [J]. 城市环境与城市生态,2006, 19(6):8－11.
[41] 刘晓君. 论改变消费方式:从不可持续消费转向可持续消费[D]. 北京:矿业大学,1998.
[42] 吕彬,杨建新. 中国电子废物回收处理体系的生态效率分析[J]. 环境工程学报, 2010, 4(1):183－188.
[43] 毛建素,曾润,杜艳春,等. 中国工业行业的生态效率[J]. 环境科学,2010,31(11):2788－2794.
[44] 邱寿丰,诸大建. 我国生态效率指标设计及其应用[J]. 科学管理研究,2007,25(1):20－24.
[45] 石磊, 楼俞. 城市物质流分析框架及测算方法 [J]. 环境科学研究, 2008, 21(4):196－200.
[46] 陶在朴. 生态包袱与生态足迹[M]. 北京:经济科学出版社,2004
[47] 王蕾娜. 区域物质流分析基本指标计算的方法研究——投入产出表及投入产出分析的运用(以上海市为例)[C]. 2005 中国可持续发展论坛——中国可持续发展研究会 2005 年学术年会, 2005.
[48] 王妍,卢琦,褚建民. 生态效率研究进展与展望[J]. 世界林业研究,2009,22(5):27－33.
[49] 王震,石磊,孙德智. 我国生态工业园认识和实践中的误区[J]. 生态学报,2009,29(11):6119－6206.
[50] 吴晓青. 关于中国发展低碳经济的若干建议[M]//低碳经济论. 北京:中国环境出版社,2008.
[51] 徐明, 张天柱. 中国经济系统的物质投入分析 [J]. 中国环境科学, 2005, 25(3):324－328.
[52] 徐一剑, 张天柱, 石磊. 贵阳市物质流分析 [J]. 清华大学学报(自然科学版), 2004, 44(12):1688－1691.
[53] 张长元. 消费模式的演替[J]. 生态经济,2001(1):53－55.

撰稿人:杨建新　石　磊　刘晶茹　王　震　吕　彬　施晓清

景观生态学研究

一、引言

景观生态学作为生态学、地理科学和环境科学之间的一门新兴的综合交叉学科，从其诞生到现在，已经历了60余年。但直到20世纪80年代，景观生态学才逐渐得到了发展(傅伯杰等，2008)。景观生态学是以斑块镶嵌体为研究对象，通过研究斑块之间生物作用下物质流、能量流、信息流与价值流及其在异质景观中的迁移转换规律，揭示不同景观空间配置对上述过程的影响及其所产生的生态服务效应，结合人类社会需求，探讨景观格局的空间优化模式。尽管景观生态学在学科特性和理论体系等方面还有待进一步完善，但景观生态学的原理和方法已经广泛应用于许多领域，尤其在解决生态问题的科学与实践中发挥着愈来愈重要的作用(Fortin and Agrawal，2005)。

国际景观生态学会(IALE)于1982年在荷兰成立，正式标志着景观生态学全新发展阶段的开始。国际景观生态学会成立之后，先后于1987年在捷克、1991年在加拿大、1995年在法国、1999年在美国、2003年在澳大利亚、2007年在荷兰、2011年在北京组织召开了八届国际景观生态学大会。2007年7月在荷兰瓦赫宁根召开的第七届国际景观生态学大会，主题为"25年的景观生态学：科学原理的实践运用"，回顾并展示了景观生态学多年来在理论、方法和应用方面所取得的成就，并充分研讨了景观生态学的未来发展方向。2011年第八届国际景观生态学大会在北京胜利召开，盛况空前。这次会议的主题为"为了可持续环境与文化的景观生态学"，针对景观生态学如何为人类社会服务，解决当前面临的热点问题展开了热烈的讨论。这次大会上，"城市景观生态学"异军突起，无论是论坛数量还是报告、展板数量，都居首列；其次是异质景观中生物多样性保护研究；生态系统服务与评价、区域景观对全球变化的响应、流域尺度生态水文效应研究等，也成为目前国际景观生态学研究的热点议题；但是传统的格局变化分析、景观规划设计与管理、格局—过程关系研究等，仍占有相当大的比重。这次会议的召开不仅标志着景观生态学在全球的蓬勃发展，也标志着中国景观生态学研究在世界上的地位进一步得到提升。

景观生态学进入中国相对较晚，20世纪80年代景观生态学的概念和理论逐渐被介绍到中国，至90年代末21世纪初，中国景观生态学研究进入蓬勃发展阶段。中国景观生态学的发展充分融合了欧洲景观生态学派和北美景观生态学派的特点，结合中国景观类型丰富的自然特点和历史悠久的文化特点，通过综合吸收欧美两种学派研究思想和学科体系，逐渐发展了具有中国特色的景观生态学体系。

二、近五年来中国景观生态学取得的重要进展

景观生态学在中国的发展十分迅猛，自20世纪80年代初将景观生态学概念介绍到

中国（林超译，1982；傅伯杰，1983），短短 20 多年，中国景观生态学科技工作者已经从最初的几十人发展到目前的上千人，涉及的研究领域多达 20 余个。自 1989 年在沈阳组织召开了第一届全国景观生态学研讨会至今，已经先后组织召开了六届全国性的景观生态学研讨会，并组织召开了两次亚太地区国际景观生态学研讨会，承办了 1 次国际景观生态学大会。在跟踪学习景观生态学发展国际前沿的基础上，针对中国特色的景观生态学问题，取得了重要的进展，主要包括以下各方面。

（一）景观格局演变及其驱动机制的尺度效应研究

景观格局演变及其驱动机制一直是生态学研究的热点内容，并且在不同时空尺度上表现出不同的变化规律和驱动机制，但如何揭示景观格局演变的时空尺度效应一直缺乏有说服力的工作。张秋菊等（2004）基于遥感影像解译结果和土地详查数据，选取 1980、1986、1996、2000、2001 年安塞县与延安地区土地利用详查数据，以耕地、园地、林地、牧草地及城乡工矿交通建设用地 5 种主要用地类型，采用土地利用类型变化动态度指数来表征土地利用类型的变化特征，系统研究了安塞县与延安地区不同空间尺度下 1980—1986、1986—1996、1996—2000、2000—2001 年间土地利用变化的特点，探讨了景观格局演变及其驱动机制的时空尺度效应。

1. 景观格局演变的时空尺度效应

张秋菊等研究发现，随着空间尺度的增大，土地利用的动态变化度变小。①1980—1986 年，随着空间尺度增大，园地、牧草地与城乡工矿交通建设用地的动态度差异较大，耕地、林地间差异较小；②1986—1996 年，随着空间尺度增大，园地、牧草地与城乡工矿交通建设用地的动态度差异较大，耕地、林地间差异较小；③1996—2000 年，随着空间尺度增大，园地间动态度差异较大，牧草地、耕地、林地与城乡建设用地间差异较小；④2000—2001 年，随着空间尺度增大，园地间动态度差异较大，其次是林地、耕地间，而牧草地与城乡建设用地间差异较小。

景观格局演变不仅表现出明显的空间尺度特征，也表现出一定的时间尺度特征。张秋菊（2004）研究发现，具有年度周期变化的土地利用类型，如耕地和牧草地，随着时间研究尺度变小，其动态变化度增强；但对于具有一定生长周期的土地利用类型，如林地、园地和建设用地，其动态变化比较复杂，动态变化度峰值出现在 5 年时段，随着时间尺度拉长或变小，其动态变化度相应变小。

研究还发现，随着时间尺度从 1980—2001 年 21 年间到 2000—2001 年 1 年间的不断缩小，延安地区耕地面积减少的动态度呈增大趋势，耕地动态度从 1980—2001 年 21 年间约 -2% 到 2000—2001 年 1 年间的 -11% 左右，随着时间尺度变小，耕地动态度增大。与此同时，延安地区牧草地面积变化的时间尺度效应与耕地变化类同，其面积增加的动态度总体趋势是随着时间尺度变小而增大。

然而其他土地利用类型，如园地、林地和建设用地的动态变化与耕地、牧草地的变化截然不同。园地面积增加的动态度，随着时间尺度变小其变化较为复杂，以 1996—2001 年 5 年间园地面积增加的动态度最大，约为 100%，其次是 1986—2001 年 15 年间的 52% 的动态度，再次是 1980—2001 年 21 年间的 36%，最小的是 2000—2001 年 1 年间，仅为

8%。林地动态度随着时间尺度的减小其变化趋势同样较为复杂，以1996—2001年5年间林地面积增加的动态度最大，约为2.6%，其次是1986—2001年15年间的林地2.4%的动态度，2000—2001年1年间为1.9%，1980—2001年21年间仅为1.1%。城乡工矿交通建设用地变化的时间尺度效应与林地、园地比较相近，其动态度以1996—2001年5年间最大，约为5.6%，其次是1986—2001年15年间4.2%的动态度，1980—2001年21年间为4.1%，2000—2001年1年间仅为0.1%。

2. 景观格局演变驱动机制的时空尺度效应

景观格局演变是自然、社会和生态复合系统演变的直接表现，其驱动因素一般可分为自然因素和人为因素。自然驱动因素常常在较大时空尺度上作用于景观格局，引起大面积景观格局的变化，对景观演变作用的过程和结果表现缓慢或不明显；人为驱动因素包括人口、技术、政策和文化等因素，在短时期内，人为因素是景观格局变化的主要驱动因素，影响着景观格局演变的方向。

一般而言，大尺度空间往往有利于揭示土地利用变化与各因子之间相互关系的总体趋势，但大尺度由于存在过多的综合，不利于对小范围内土地利用变化特征、影响因素的准确把握。在黄土高原地区，研究发现土地利用变化表现出明显的空间尺度效应，大空间尺度驱动因子是小空间尺度上驱动因子的综合。20世纪70年代到90年代间，小流域尺度上土地利用变化的主要驱动因子包括人口政策、土地政策、经济发展、科学技术进步、生态治理工程等人为因子，坡度与土壤类型是影响土地利用变化的主要自然因子；在县域尺度与区域尺度上，影响土地利用变化的因子有所综合，人为驱动因子主要为人口政策、经济政策与技术进步，自然驱动因子主要为地形地貌因子。

随着空间尺度从小流域到县域与地区的增加，耕地面积与人口总数的相关程度发生变化。1960—2000年间，纸坊沟小流域耕地变化与人口总数的负相关系数为0.97，安塞县耕地变化与人口总数的负相关系数为0.86，延安地区耕地变化与人口总数的负相关系数处于两者之间约为0.93。1980—2000年间，纸坊沟小流域耕地变化与人口总数的负相关系数为0.95，安塞县耕地变化与人口总数的负相关系数约为0.77，延安地区耕地变化与人口总数的负相关系数为0.82，处于两者之间。可以看出大空间尺度驱动因子是小空间尺度上驱动因子的综合，反映出土地利用变化驱动因子具有明显的空间尺度效应。

除了具有空间尺度效应外，景观格局演变的驱动机制也具有显著的时间尺度效应。短时间尺度内，自然环境因子对景观格局演变的影响并不显著，但随着研究时间尺度拉长，如气温与降雨等自然因子变化对景观格局演变的影响将日益突显。不仅景观格局演变的自然驱动因子具有时间尺度效应，其人为驱动因子的时间尺度效应更加显著；景观格局演变的人口、技术、经济、政策、文化价值等社会经济驱动因子的作用也将随着这些驱动因子的变化频率而在不同的时间尺度具有不同影响。

张秋菊等(2004)研究发现延安地区与安塞县的耕地面积变化与人口总数的负相关关系随着研究时间尺度的减小而减弱。在1960—2000年40年时间尺度内，延安地区耕地面积与人口总数的负相关系数为0.93；在1970—2000年30年时间尺度内，其负相关系数减少到0.88；在1980—2000年的20年时间尺度内，其负相关系数为0.82；而在1990—2000年间的10年时间尺度内，耕地面积与人口总数的负相关系数仅为0.75。安塞县耕地面积变化与人口总数的相关关系也存在同样的尺度效应，随着时间尺度减小，其相关性减弱，在 1960—2000 年间的 40 年时间尺度内，安塞县耕地面积变化与总人口负相关系数为 0.84；在 1970—2000 年间的 30 年时间尺度内，其负相关系数为 0.80；在 1980—2000 年的 20 年时间尺度内其负相关关系减弱，相关系数为 0.77；在 1990—2000 年的 10 年时间尺度内其负相关系数仅为 0.52。所以，土地利用变化驱动因子对土地利用变化影响的程度会随着研究时间尺度的长短变化而有所不同，一些长时间尺度上对土地利用变化影响十分显著的驱动因子在短时间尺度上对土地利用变化的影响将会变得不显著，反映出土地利用变化驱动因子具有明显的时间尺度效应。

（二）景观格局分析与景观生态网络优化

景观生态评价是景观结构与功能研究的基础，是正确认识景观特征、有效保护与合理利用景观资源的基本途径，也是开展景观生态规划、设计与管理的重要前提。近年来，在景观生态评价的基础上，从景观格局对生态过程的影响及其生态服务效应角度出发，在更大空间尺度上探讨景观格局网络优化的途径和方法上作了较多的探讨，并取得了重要进展。

1. 景观中心度与生态网络优化

构建连续性生态网络已成为生物多样性保护、生态环境安全管理、游憩和历史文化资源保护的重要景观规划策略，其规划与管理已受到景观生态学工作者和规划者的广泛关注。关键景观组分的识别成为生态网络规划与管理的重点和难点。为解决这一问题，滕明君等(2011)借鉴图论网络分析理论，提出了景观中心度的概念及度量方法，并探讨了景观中心度在生态网络规划与管理中的应用内容和框架。景观中心度是基于景观图论网络分析的网络结构特征量度，它反映了景观要素在生态网络空间结构关系和生态过程中的重要程度或影响力。景观中心度是一个网络基本结构要素水平（基于斑块或廊道）的度量，它不仅能反映出生态网络中斑块或廊道对生态过程的影响力和生态网络要素的空间结构关系，也能通过相应指标反映出生态网络整体结构的生态学意义。一般认为，当节点具有较高的景观中心度时，该节点代表的斑块所担负的景观流相对较多，在生态网络结构组织中具有重要意义，该斑块的缺失将会导致网络结构严重退化或生态过程断裂；而具有少数高景观中心度节点和多数低景观中心度节点的生态网络则趋向于无标度的理想生态网络构型。在此基础上，提出了节点度、中介度、紧密度、特征向量度、子图度作为景观中心度的定量刻画方法。景观中心度方法虽然可为景观规划与管理中关键景观要素的确定和连续生态网络的构建提供新途径，但仍需从指标的生态意义、实验数据的分析和简单通用的分析软件等方面对该方法进行验证和完善。

2. 城市景观生态网络模式识别与空间优化

城市景观空间扩展模式与生态网络优化研究是生态城市和景观规划设计的重要领域，其目的在于依据景观生态网络模式的应用建立起生态城市规划建设的基本框架和技术路经。王云才和刘悦来(2009)在探讨我国城市景观生态系统特征和城市景观生态网络结构的基础上，将景观生态网络空间模式概括为 4 种典型模式：水景树空间生态模式、森林-道路-住宅复合网络模式、平原城市农田-灌木丛-河流交叉网络模式、岛屿城市的绿地-道路生态网络模式，并分析了这四种城市景观生态网络模式的图示特征及其生态学意义。依此为理论指导，以都江堰为典型研究案例，在继承都江堰大地景观格局的基础上，研究了都江堰市城市景观生态格局和生态过程，探讨了在不同尺度和不同维度上运用4种网络图示进行都江堰城市景观生态网络优化调整的空间模式和对策。研究指出：①依据“水景树图式”优化调整纵向维度景观生态格局；②依据“森林-道路-住宅”和“农田-灌木丛-河流”网络调整横向维度景观生态格局；③依据岛屿城市的“绿地-道路”景观生态网络调整城市组团景观生态格局。郭宏斌等(2010)针对厦门市的城市化问题，运用熵值法综合评价不同景观类型的结构和功能对城市生态功能流的影响，在GIS辅助下，利用最小耗费距离模型提取生态功能网络中廊道的最佳路径，最终通过网络结构分析确定生态功能网络的最优框架。研究指出，厦门市城市绿地空间分布不均，建成区内生态斑块质量不高，破碎程度较大，生态功能流无法形成良好的网络衔接，在今后的城市规划中，急需对城市生态功能网络的结构和功能进行优化。

3. 景观规划与自然保护区网络设计

景观格局与物种迁徙之间的关系成为景观格局与生态过程研究的重要领域之一。许多研究已经证明景观格局对于物种迁移过程和生物多样性保护具有重要的影响，不同物种对不同形状、斑块大小具有不同的识别能力。如：小面积资源斑块将是物种迁移过程中重要的脚踏石，可为鸟类在迁徙过程中提供休息场所，起到补充能量、庇护生物的作用；但平行于鸟类迁移方向的长条形斑块，在鸟类飞行中不容易被发现和利用；相反，垂直于鸟类飞行方向的长条形斑块将很容易为鸟类所发现和利用。因此研究景观类型的空间配置对于濒危物种的迁徙和保护具有重要的作用。这就需要从宏观尺度上，通过景观生态网络的构建和优化，实现对濒危物种的保护。对此，我国许多景观生态学工作者已经做了大量的尝试。

徐卫华等(2010)以大熊猫为研究对象，以秦岭山系为研究区域，通过生境评价与通达性分析，探讨了自然保护区群的空间合理布局与优化。研究指出，秦岭山系现有和在建的大熊猫自然保护区共计17个，已初步形成了自然保护区体系，可以保护50%的大熊猫生境，但整个自然保护区核心区被隔离为20个部分，大大影响了自然保护区效果的发挥。为了更好地保护大熊猫的生境和提高生物多样性保护的功能，需要从区域尺度上建立自然保护区群系。由此建议新建湑水河与锦鸡梁两个自然保护区，以大熊猫居群为基本单位将核心区调整为4个，并且通过3个生境廊道的建设加强各大熊猫居群之间的连通性，以促进大熊猫种群间的交流与迁徙。研究结果为秦岭山系自然保护区建设提供了创新思路，并对我国其他地区自然保护区群系的建立及全国自然保护区网络的优化构建具有重要的借鉴意义。

张路等(2011)以海南岛140个濒危物种为指示物种，在物种栖息环境评价基础上，利用系统保护规划工具MARXAN模型进行迭代运算，提出了海南岛生物多样性保护优先区域，并对保护优先区进行了重点评价。结果表明：海南岛保护优先区面积5383.7 km^2，占海南岛陆地面积的15.6%，集中分布于鹦哥岭、尖峰岭、五指山等林区和北部湿地；在保护优先区中，11个Ⅰ级指示物种栖息地的保护比例均超过各自栖息地总面积的65%。

与此同时，通过对保护优先区与现有自然保护区的空缺分析，建议通过扩充尖峰岭保护区群、鹦哥岭—黎母山保护区群、五指山—吊罗山保护区群，新建抱龙林场—林鼻岭—福万岭保护体系，在海南岛北部建立以水源保护为主，同时兼顾珍稀物种保护的水源地保护网络体系。

（三）生态用地与城市景观安全格局设计研究

近年来，伴随着世界范围内城市化进程的加速，人口密集、交通拥挤、资源短缺、环境污染、生态恶化等问题已经成为全社会关注的焦点。城市景观生态学以其鲜明的理论特色和方法论优势，成为应对上述城市问题的重要手段。目前我国城市景观生态学研究侧重于以下方面：①景观格局演变的生态环境效应；②新技术在城市景观生态学研究中的应用；③模型在城市景观生态学研究中的应用；④理论和应用相结合；⑤城市景观格局与热岛效应；⑥城市土壤污染与人居环境健康；⑦城市水文过程与洪涝灾害防治。如何结合城市景观生态学研究，探讨控制生态环境灾害的发生，景观生态学发展作出了许多探讨，其中最为突出的是关于生态用地概念的提出和城市景观生态安全格局设计的理念。

1. 生态用地与城市景观安全格局

在土地极其有限、保护与发展的双重压力下，科学判别和保护城市扩张的生态底线具有重要战略意义。俞孔坚等(2009)借助景观安全格局理论和方法，从土地的地表属性和空间属性 2 个方面，界定了生态用地的内涵，将其定义为：在不同空间尺度上，对维护关键生态过程和提供生态系统服务具有重要意义的生态系统（土地单元）及其空间部位。并以北京东三乡为例，分析了基于雨洪管理和生物保护需求的生态用地限额。研究指出，如果在北京东三乡地区分别设定低、中、高 3 种生态安全水平，那么生态用地的面积将分别占到土地总面积的 20.4%、31.1%和 48.6%，否则将很难保证该地区的生态安全。这一研究充分说明基于关键生态过程的景观安全格局分析是生态用地定量研究的有效方法，该方法对城市规划和土地规划等具有重要参考价值。

与此同时，俞孔坚(2010)以北京市为例，运用景观安全格局理论和 GIS 技术，通过对水文、地质灾害、生物、文化遗产和游憩过程的模拟和动态分析，判别维护上述过程安全的关键性空间格局，构建不同安全水平的综合生态安全格局，特别是界定最低安全标准下的景观格局。并以生态安全格局为刚性框架，模拟了北京城镇格局扩张的生态环境效应。研究指出：基于生态安全格局的城镇发展，应用尽可能少的土地来维护城市的基本生态系统服务，同时为城市发展提供充足的建设用地，是实现精明保护与精明增长的有效途径。对于北京地区来说，基于“低水平生态安全格局”的城镇发展格局（即保证了城市最基本的生态服务，构成了最低限度的生态基础设施核心网络），所需要的生态用地底线为 7729km^2，占北京国土面积的 47.32%，可以保障最基本的生态系统服务，是城市发展中不可逾越的生态底线。与“北京市绿地系统规划”中的绿色空间面积（14253.6km^2）和“限建区规划”中的禁止城镇建设面积（13004km^2）相比，生态安全格局所占用的面积更少。

2. 生态用地约束与城市空间扩展

李绥等(2011)基于景观生态安全格局理论和 RS、GIS 技术，选择地形条件、洪水灾害、土壤侵蚀、植被覆盖、地质灾害和生物保护6个要素作为城市空间扩展的生态约束条件，分析了南充市的景观生态安全等级分布，依据最小积累阻力模型，构建了生态廊道和生态节点等来加强生态网络的空间联系，在保障生态安全的基础上对城市合理的扩展趋势以及空间布局的优化模式进行分析。研究指出：①南充市市域范围内整体生态安全状况较好，低生态安全水平区域较集中地分布于市区南部的嘉陵江下游区域和城郊西部山地；②生态要素是南充市城市空间未来扩展的重要制约条件；③南充市东部、北部存在发展空间，以卫星城镇模式增长可最大限度地保证南充市的生态安全。

此外，高杨等(2010)基于遗传算法的投影寻踪方法，计算景观生态安全指数，评价了研究区的景观生态安全状况。宋豫秦和曹明兰(2010)结合RS、GIS和景观生态学方法，基于景观结构、功能、活力、生态敏感性和景观压力构建了景观生态安全评价指标体系，并分析了1988年和2004年北京市景观生态安全程度及其时空分布特征。

(四) 森林景观动态模拟与林区虫害/火干扰优化控制

在我国，景观动态模拟更多针对具体的生态环境问题开展研究工作，主要表现为以下几个特点：①林地火烧迹地与林地植被恢复动态。主要使用了LANDIS模型，结合我国东北地区森林火灾火烧迹地的空间分布特征、面积大小，探讨了植被恢复过程中土壤有机质、结构的恢复和对植被群落的影响。②通过森林景观动态模拟，系统研究了不同气候变化情景下森林景观的时空动态演变特征。③模拟评价了不同林窗结构对森林生态系统服务功能的影响。

1. 森林景观动态与火干扰控制模拟

Chang等(2008)采用LANDIS模型模拟了大兴安岭呼中林区在历史火和当前火两种预案下，火干扰状况的变化，从火烧频数、火烧面积、林火强度和火烧斑块的空间格局几个方面进行了比较分析，结果表明：当前火预案下的火烧频数低于历史火预案下的火烧频数；在历史火预案下，火烧面积大、强度低，而在当前火预案下，火烧面积小、强度高；从火烧斑块的空间格局来看，在当前火预案下，高强度火烧的大斑块在景观中占优势，而在历史火预案下，低中强度火烧斑块相对较大。刘志华等(2009)构建了10种可燃物处理预案，其中5种为计划火烧预案(PB02，PB04，PB06，PB08，PB10)，另外5种为机械清除+计划火烧预案(PR02，PR04，PR06，PR08，PR10)，预案中的数字表示每十年可燃物处理面积占研究区总面积的百分比。用无处理预案(No Treat)作对照。采用空间直观森林景观模型LANDIS，从火烧面积、不同强度火烧面积和林火强度动态特征来说明不同可燃物处理预案的长期效果(300年)。结果表明计划火烧虽然可以减少总火烧面积，但随着处理面积的增加，减少幅度不大，对于降低高强度火烧面积效果不显著；机械清除+计划火烧可以有效地减少火烧面积，降低火烧强度[将高强度火(4、5级)降低为低强度火(1、2级)]。建议森林可燃物处理必须长期进行，以达到降低林火强度、减少灾难性火灾发生概率的目的。Bu等(2008)采用CGCM2全球气候变化模型的预测结果，即未来100年内，年平均温度将增加5.97±0.14℃，年均降水量将减少16.2±6.2mm，应用LANDIS模型模拟了气候变暖对我国小兴安岭主要树种的影响，结果表明，在气候变暖条件下，南方树种，如红松(*Pinus koraiensis*)和风桦(*Betula costata*)所占的比例将增加；相反，北方树种，如兴安落叶松（*Larix gmelinii*）、冷杉（*Abies nephrolepis*）、红皮云杉（*Picea koraiensis*）、鱼鳞云杉（*Picea jezoensis*）和黑桦（*Betula dahurica*）所占的比例将减少。

2. 森林景观动态与病虫害扩散控制模拟

虫害和林火是森林生态系统的两种主要干扰类型，各种干扰在大时空尺度上存在一定的交互作用。陈宏伟等（2011）采用空间直观景观模型 LANDIS 模拟虫害和林火在 300 年内的交互作用。研究表明：虫害干扰降低了细可燃物载量，提高了模拟前期（0～100a）和中期（100～200a）的粗可燃物载量，降低了模拟前期和中期的林火频率，不同干扰预案模拟后期（200～300a）火烧频率的结果比较接近；虫害干扰降低了模拟前期和后期的火烧强度，增加了模拟中期的火烧强度，提高了模拟中期的森林火险等级，降低了模拟前期和后期的火险等级。人类灭火可增加虫害的发生面积，因此建议森林管理部门采取适当的防虫措施，不可只注重灭火，可以采取可燃物去除和计划火烧等方式管理林火，促进森林生态系统的可持续发展。

（五）源-汇景观理论的提出与源-汇景观格局分析

“源-汇”景观理论是由陈利顶等（2003；2006；2009）提出并逐渐发展完善起来的，建立了用来刻画景观格局-过程关系的景观空间负荷比指数，随后这一评价方法逐渐得到了应用、验证与发展。这一理论的提出突破了传统景观格局分析中生态学意义不明确的缺点，将景观格局分析与生态过程研究直接联系在一起。

1. 源-汇景观理论的本质与特点

景观分类和评价是景观格局分析和研究景观格局-生态过程关系的基础。长期以来基于土地利用/土地覆被的景观格局分析，由于未能对景观格局指数赋予必要的生态学含义，遭到了空前的质疑。源-汇景观学理论正是针对景观生态研究中存在的这一突出问题提出的。“源”景观是指在景观格局演变过程中，能够促进生态学过程发展的那些景观类型；“汇”景观是指那些能够阻止或延缓生态学过程发展的景观类型。在生态系统演变过程中，总有一些景观类型起到了“源”的作用，一些景观类型起到了“汇”的作用，同时还有一些景观类型起到了“流”的作用。如水土流失，坡耕地在流域中起到了源的作用，可以促进水土流失的发生；林地景观、湿地景观和生物篱笆，起到了“汇”的作用，截留和阻止水土流失发生。如果流域内“源”“汇”景观的功效达到了平衡状态，形成合理的景观格局，将会产生相对较少的水土流失；反之，如果流域景观格局不合理，有较多的“源”景观分布在流域出口附近，水土流失发生的危险将会较高。基于源-汇景观理论的内涵，“源”、“汇”景观具有以下的特点：①“源”、“汇”景观概念是相对的。一种景观类型是“源”还是“汇”，必须要明确研究的生态过程。同一种景观类型，针对某一种过程可能是“源”，对于其他过程，可能就是“汇”。②“源”、“汇”景观的识别需要与研究的过程相关联，对于不同的研究过程可能发生转变。③不同“源”、“汇”景观对生态过程的贡献有区别。对于不同类型“源”（或“汇”）景观，在研究格局对过程的影响时，需要考虑他们的权重。

2. 景观空间负荷比指数

陈利顶等（2003）构建了景观空间负荷对比指数，用来定量评价一个地区景观格局对生态过程的影响。该指数首先从流域出口(监测点)的相对距离、相对高度和坡度三个方面给出了描述景观类型空间格局的方法。通常,"源"景观相对于监测点的距离越近,它对流域出口(监测点)的贡献越大,反之贡献越小;相对于流域出口的"高度"越小,它对流域出口的贡献越大,相反越小。但对于"坡度"来说,"源"景观分布区坡度越小,水土(养分)发生流失的危险性较低,它对流域出口的贡献相对较小,反之其贡献越大。但对于"汇"景观类型来说,其对监测点所起的作用恰恰与"源"景观相反。

景观空间负荷比指数借用洛伦兹曲线的理论来刻画源-汇景观在流域中分布的不平衡性,从而来定量描述景观格局对流域生态过程的影响(图 1)。其最初的表达式为:

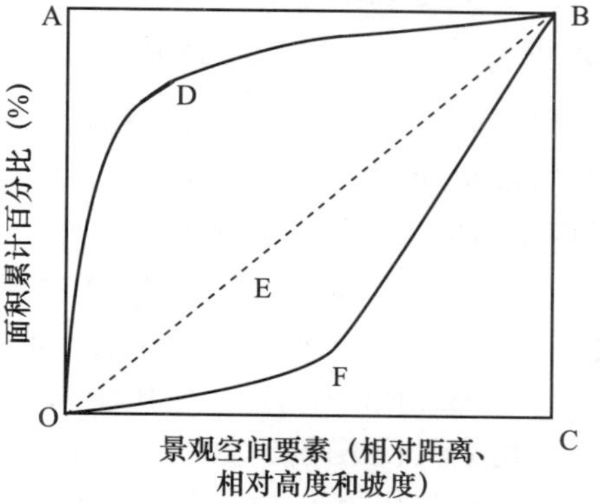

图 1　景观空间分布洛伦兹曲线示意图

$$LWLI = \log\left\{\frac{\sum_{i=1}^{m} Si_{ODBC} \times Wi \times Pci}{\sum_{j=1}^{n} Sj_{OFBC} \times Wj \times Pcj}\right\} \tag{1}$$

式中,当 $LWLI$ 的值为 0 时,表示"源""汇"景观在流域尺度上处于均匀分布状态,这种格局对面源污染的贡献在流域尺度上相平衡;当 $LWLI$ 的值大于 0 时,表明流域内"源"景观对监测点的贡献要大于"汇"景观,该流域可能会有更多的面源污染物产生;当 $LWLI$ 的值小于 0 时,表明有"汇"景观对流域出口监测点的贡献要大于"源"景观,该流域输出的污染物应该相对较少。理论上,$LWLI$ 的值越大,流域面源污染物的输出应该越多,反之越少(坡度景观空间负荷比指数的含义正好相反)。但由于 $LWLI$ 的值有可能出现无穷大或者无穷小,因此 Chen 等(2009)将景观空间负荷比指数计算方法修改为:

$$LWLI = \frac{\sum_{i=1}^{m} A_{\text{source } i} \times Wi \times APi}{\sum_{i=1}^{m} A_{\text{source } i} \times Wi \times APi + \sum_{j=1}^{n} A_{\text{sink } j} \times Wj \times APj} \tag{2}$$

式中,$A_{\text{source } i}$ 表示第 i 种源景观类型相对距离、相对高度和坡度的不规则三角形面积,$A_{\text{sink } j}$ 表示第 j 种汇景观类型相对距离、相对高度和坡度的不规则三角形的面积;Wi 和 Wj 分别表示第 i 种源景观类型和第 j 种汇景观类型的权重;APi 和 APj 分别表示第 i 种源景观类型和第 j 种汇景观类型在流域中的面积百分比。这样可以将 $LWLI$ 的值控制在

0～1之间变化。$LWLI$ 趋近于0时，表示流域主要为汇景观类型在起作用；当 $LWLI$ 值趋近于1时，表示流域中主要为源景观类型在其作用；当流域中源、汇景观类型所起的作用比较接近时，$LWLI$ 的值趋近于0.5。

根据上述表达形式，景观空间负荷比指数主要从三个方面表达了景观格局特征：①流域中景观格局的空间分布特征 A_{source}，主要是借用了洛伦兹曲线的理论来刻画源、汇景观类型在流域中的空间分布特征，也就是景观类型的空间分布特征；②流域内不同景观类型的数量结构特征 APi，此处的 APi 表示了流域中不同景观类型的面积百分比；③景观类型源、汇强弱 Wi，通过比较流域中不同景观类型对生态过程所起到的作用，赋予不同的权重，可以有效地区分不同源、汇景观类型对生态过程的影响。

3. 源-汇景观格局分析与水土流失危险评价

景观空间负荷比指数主要考虑了景观类型与地形景观因子的关系，尽管可以用来定性评价景观格局对生态过程的影响，但由于忽略了降雨、土壤、地貌的空间异质性对土壤侵蚀过程的影响，因此很难应用到更大尺度上的评价。针对这一问题，许申来等(2009)结合陕北黄土丘陵沟壑区的生态环境特征，通过考虑降水、地貌和土壤因子对土壤侵蚀过程的影响，对景观空间负荷比指数进行了修正和验证。经过修正的景观空间负荷比指数，可以有效地指示景观格局对水土流失过程的影响，从而比较和判断不同流域景观格局在水土保持方面的作用。不仅可以用来比较不同流域之间景观格局的优劣，也可以通过计算同一流域不同时段景观空间负荷比指数变化，来分析景观格局质量和功能的变化，为景观生态规划提供科学依据。一般认为，流域的景观空间负荷比指数越大，该流域景观格局发生水土流失的危险越高，反之，如果流域的景观空间负荷比指数越小，流域景观格局发生水土流失的危险越低。

此外，卢爱刚(2010)基于景观空间负荷对比指数，对黄土高原泾河流域15个子流域的景观格局进行了分析，认为泾河北部各子流域主要以水土流失的“源”景观为主，景观坡度指数大，空间负荷指数小，水土流失风险大；流域南部各子流域上游以“汇”景观为主，坡度指数大，中下游以“源”景观为主，景观空间分布不均衡，存在一定的水土流失风险；流域东部局部子流域主要以水土流失的“汇”景观为主，“源”景观相对较小，“源”“汇”景观空间分布均衡，水土流失风险小。

(六) 多尺度景观格局分析与土壤侵蚀评价模型

景观格局与土壤侵蚀的关系一直是景观生态学关注的热点问题。如何从不同尺度上探讨景观格局对土壤侵蚀过程的影响，也是景观生态学面临的问题。Fu等(2006)基于景观生态学的“尺度-格局-过程”原理，在考虑土地利用、地形、土壤、降雨等影响因子的基础上，应用尺度转换方法，构建了不同尺度土壤侵蚀评价指数，提出了多尺度土壤侵蚀评价指数的研究思路。该评价指数不仅可以有效地揭示景观格局与土壤侵蚀的关系，也可以揭示不同土地利用格局下土壤侵蚀的潜在危险，为区域景观格局优化设计和多尺度土壤侵蚀评价提供科学依据。

1. 坡面土壤侵蚀评价指数

在坡面尺度上，除了需要考虑土地利用类型的面积外，还需要考虑不同土地利用的空

间分布及其与地形因子之间的关系(图 2),由此构建了土壤侵蚀的评价指数:

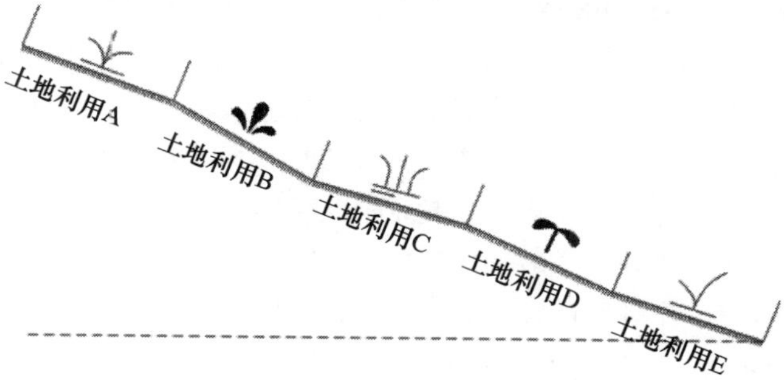

图 2　坡面土地利用结构示意

$$SL_s = \frac{\sum_{i=1}^{n}(D_i \cdot W_i \cdot S_i \cdot C_i)}{\sum_{i=1}^{n}(D_i \cdot W_i \cdot S_i)} \tag{3}$$

式中,SL_s 为坡面尺度土壤侵蚀评价指数,D_i 为土壤侵蚀距离指数,表示为 $D_i=(L-d_i)/L$,C_i 为作物覆盖与管理因子,n 为土地利用斑块数,W_i 为土地利用类型在土壤侵蚀方向上的宽度,S_i 为土地利用类型的坡度因子,SL_s 为无量纲因子,介于 0～1 之间,SL_s 越大,表明该种坡面土地利用格局越易发生土壤侵蚀,SL_s 越小,表明该种土地利用格局越有助于控制土壤侵蚀。

2. 小流域土壤侵蚀评价指数

小流域尺度上,如何把影响土壤侵蚀的各个因子转换到空间上是研究的重点,为此提出了通过计算土壤侵蚀的水平和垂直距离指数、植被因子空间分布指数、坡度空间分布指数、降雨侵蚀力空间分布指数和土壤可蚀性空间分布指数进行流域尺度土壤侵蚀的评价。

$$SL_{sw} = \frac{\sum(D_m \cdot H_m \cdot S_m \cdot R_m \cdot K_m \cdot C_m)}{\sum(D_m \cdot H_m \cdot S_m \cdot R_m \cdot K_m)} \tag{4}$$

式中,SL_{sw} 为小流域土壤侵蚀评价指数,D_m、H_m 和 C_m 分别为小流域土壤侵蚀水平和垂直距离指数图、C 值空间分布图;S_m 为坡度因子分布图;R_m、K_m 分别为降雨侵蚀力分布图和土壤可蚀性分布图。

3. 大流域土壤侵蚀评价指数

大流域尺度上,除了坡面侵蚀外,沟道重力侵蚀将起到更为重要的作用。因此除考虑植被空间分布、降雨侵蚀力和土壤可蚀性外,如何考虑地表破碎度和沟壑密度的影响将成为评价土壤侵蚀的关键。

$$SL_w = \frac{\sum(R_m \cdot K_m \cdot C_m)}{\sum(R_m \cdot K_m)} \cdot G \cdot R' \tag{5}$$

式中,SL_w 为流域尺度土壤侵蚀评价指数,G 为沟壑密度指数,表示为 $G_i=(g_i-g_{\min})/(g_{\max}-g_{\min})$,$R'$为修正后地面粗糙度指数,可以表示为 $R_i=(r_i-r_{\min})/(r_{\max}-r_{\min})$,其他

因子含义同式(4)。

多尺度土壤侵蚀评价模型的提出为评价景观格局的水土保持效益和土地利用格局的空间优化提供了定量手段。首先，将区域划分为 x 个流域，计算每个流域的土壤侵蚀评价指数，根据计算结果，提出需要优化土地利用格局的流域，进一步分析土壤侵蚀评价指数的流域；之后，针对土壤侵蚀指数较高的流域，进一步划分 y 个小流域，分析各小流域的土壤侵蚀评价指数，并提出需要优化土地利用格局的小流域；最后，针对土壤侵评价指数较高的小流域，进一步划分 z 个坡面，分析各个坡面的土壤侵蚀评价指数，提出需要优化土地利用格局的坡面，针对坡面尺度，调整土地利用结构。在这个过程中，通过从区域尺度到流域、小流域和坡面尺度的逐级分解，可以实现土地利用与土壤侵蚀的多尺度综合研究，为土地利用格局优化提供具体指导方案。

(七) 其他方面取得的重要进展

在乡村景观生态研究方面，我国景观生态学工作者结合中国特色开展了具有针对性的研究，为我国乡村景观的可持续发展提供了科学依据。赵华甫和张凤荣(2008)以 1993 年和 2004 年的土地利用图为基础，借助 Fragstats3.3 景观分析软件，分析了北京市景观和斑块类型两个水平农业景观指数的时空变化特征。并据此将北京划分为城市农业生态环境调节功能区、近郊农业生态环境保护功能区、平原农业生产功能强化区和山区农业生态涵养功能保护区等 4 个功能区，并提出适应于各区景观变化特征的农业引导建议。潘影等(2009)选择了重点反映农业景观生态与美学功能的生态系统功能、自然性、开阔与多样性、污染概率和整洁度等 10 个单一空间显性指数，基于田间调查和专家系统赋予其不同权重，构建了农业景观质量综合评价指标，并基于土地利用数据和利用遥感获得的植被指数，对北京市农业景观质量及其空间差异进行了评价。

景观健康研究是生态系统健康研究的新方向，两者区别在于研究尺度的选择。景观健康的标准体现在景观能否可持续发展。李玉凤等(2011)以西溪国家湿地公园为研究案例，从景观功能分类入手，揭示城市湿地公园景观格局与功能特征。李玉凤等(2010)从社会经济和生态保护两方面建立了景观健康评价模型，运用 GIS 技术使其空间化，揭示景观健康的空间差异性。索安宁等(2011)利用 1990—2010 年 5 期卫星遥感影像监测了辽河三角洲盘锦湿地景观格局变化特征，并采用市场价值法、碳税法、影子工程法、当量因子法等多种评估方法，对辽河三角洲盘锦湿地景观格局变化的生态系统服务功能价值响应进行了深入研究。

在绿洲景观生态研究方面，研究景观格局演变与生态水文平衡将为绿洲的可持续发展提供科学依据。主要表现在以下几个方面：①景观格局演变及其驱动机制。结合遥感影像和 GIS 技术，探讨不同时段绿洲景观格局演变的自然和人为驱动机制，尤其是近年来全球变化诱导的冰雪融化和中上游人类活动急剧增加导致的水资源短缺对绿洲景观生态系统的影响；②绿洲景观稳定性评价与区域生态安全。绿洲景观稳定性直接影响到区域的生态安全，为此通过建立评价指标体系和专家打分，系统开展了景观稳定性评价的研究；③景观格局演变与生态水文平衡。绿洲景观与上游的水源地形成了一个独特的完整的生态系统，景观格局的演变将涉及一系列的生态水文过程的变化，由此将会导致水资源的不均匀分配，从而进一步影响到区域的生态水文过程和平衡。

在景观破碎化与生物多样性保护方面，目前大多数研究关注人为或自然成因的景观破碎化的遗传效应，即从经典的种群遗传学出发，探讨异质或破碎化景观中，隔离种群的遗传多样性水平和种群间的遗传分化格局，并结合 Nm 等指标间接推断种群间的基因流强度（沈泽昊和吉成均，2010）。针对森林砍伐造成的苦槠种群破碎化，简耘等（2008）的研究发现，恢复种群的遗传结构存在一定的瓶颈，这反映了生态恢复与遗传多样性恢复之间的不同步性。研究表明，景观破碎化和种群基因流共同决定隔离种群之间的遗传结构变化，因此需要对物种繁殖策略的观测分析，来反映和解释基因流对景观破碎化的响应（Wang et al, 2009）。

三、景观生态学研究特点与未来发展展望

景观生态学发展到今天逐渐成为一门较为成熟的学科，除了发展具有特色的景观生态学理论和方法外，还在不断从其他学科领域吸收营养发展交叉学科。综合目前景观生态学的发展动向，主要表现出如下特点：①从景观格局的简单量化描述逐渐过渡到以景观格局变化的定量识别为基础，并进一步追溯格局变化的复杂驱动机制和综合评价格局发生变化后的生态效应；②对格局分析的主要手段“景观指数”的研究进入新的阶段，其尺度变异行为、生态学意义等已经引起了高度关注（Uuemaa et al, 2005）；③景观格局与生态过程相互作用关系及其尺度效应的研究得到普遍重视，并在不断发展和深化之中。

（一）景观生态学研究现状与特点

1. 国外景观生态学研究特点

国际景观生态学的发展主要分为两大学派，欧洲学派和北美学派（表 1）。景观生态学最早起源于欧洲，主要侧重于景观生态规划与土地管理等方面的研究。纵观景观生态学在欧洲的发展，可以归纳为以下几个方面的特点。①重视景观生态研究与国民经济发展的结合，直接服务于各种生产实践。如景观生态规划与土地管理、景观生态规划与自然保护区设计，等。②重视景观类型的多功能属性和综合性研究。景观类型的多功能特征是自然存在的，如何更好地发现和研究景观多功能之间的协调关系，更好地实现区域景观生态功能的优化，一直是欧洲景观生态学研究的一个重点。③重视人类活动对景观生态格局影响的研究，尤其是文化景观的研究。景观演变离不开人类活动的影响，在长期的演变过程中，形成了各种各样的人为景观或者文化景观，研究人为景观和文化景观的演变和形成历史对于理解景观生态学的发展具有重要意义。

北美学派发源于生物学，主要研究景观格局与生物栖息环境及其对生物迁徙的影响。主要表现为四个方面的特点（傅伯杰等，2008）：①景观格局与生物保护研究，尤为重视实验景观生态学的发展。特别是通过研究不同景观类型空间组合、斑块大小、形状对物种保护和迁徙的影响。②重视景观生态学理论与方法的探讨，许多景观格局指数的提出均源于北美景观生态学的研究。③重视景观生态学的实验模拟研究，随着景观生态学在北美的发展，一些景观模拟与应用模型发展迅速，如 LANDIS 模型的研制与发展等。④重视

对景观生态学学科的拓展。将景观生态学与海洋科学相结合,发展了海洋景观生态学;将景观生态学与生物遗传学相结合,发展了景观遗传学;将景观生态学与河流生态学相结合,发展了水域景观生态学。所有这些发展极大地推动了景观生态学的发展。

表 1 欧美景观生态学研究特点对比(李秀珍等,2007)

欧洲(地理学传统)	北美(生态学传统)
多学科交叉研究	单一学科研究
景观管理研究较多	理论研究和自然保护居多
定量研究较少	定量研究较多
以人类为核心	以物种为核心
以人类占主导地位的景观为对象	以自然景观类型或要素为对象
乡村景观较多	森林/湿地景观较多
不以"格局-过程关系"为核心	以"格局-过程关系"研究为核心

除了北美和欧洲以外,澳大利亚、日本、韩国也是景观生态学发展比较活跃的地区,但与北美、欧洲和中国相比,从事景观生态学研究的队伍相对较小。更多的还是结合本国生态系统特征,开辟了有针对性的研究。

2. 国内景观生态学研究特点

景观生态学在中国的发展起源于 20 世纪 80 年代。但是景观生态学在中国发展十分迅猛,从最初的几十人发展到目前超过千人的研究队伍。中国景观生态学的发展同时受到欧美两大主流学派的影响,较好地融合了"地理学"和"生态学"两大学科的优点。此外,中国东部悠久的人类文明史与欧洲有许多相似之处,而西部现存大面积的无人区,与美国西部也很相似,从近乎原始的纯自然景观,到具有高度现代文明的大都市,丰富的景观类型为中国景观生态学者开展综合性研究提供了良好的素材。对欧美两种学派研究思想的吸收和融合,也为中国景观生态学者获得高水平的研究成果提供了可能。

概括起来,景观生态学在中国的发展主要有以下特点:①纵观国内的众多研究工作,更多还是停留在景观格局指数的计算和分析上,但对于这些指数的生态学意义缺乏深入的探讨。这在一定程度上也表明中国景观生态学研究还处于发展过程中,主要是以跟踪国际前沿作为一大特点。②从跟踪国际景观生态学研究到发展具有中国特色的景观生态学实践。通过二十多年的发展,广大景观生态学工作者充分结合中国生态环境特征,初步建立了具有中国特色的景观生态学研究方向,如多水塘景观系统、稻-鸭复合景观等。③从跟踪到逐渐走上引领国际景观生态学发展的前沿舞台。在引进、吸收和消化的基础上,结合特色生态环境问题,逐渐从跟踪研究过渡到开展景观生态学理论和方法的探索性研究。无论是将格局与过程融合在一起提出的景观空间负荷比指数,还是充分考虑了景观类型空间配置结构对生态过程影响的景观横坡格局指数、纵坡格局指数,结合城市生态用地需求探求城市景观生态安全格局的范式,以及结合黄土高原地区水土流失过程,建立的多尺度景观格局评价指数,等等,已经表明在某些研究领域中国景观生态学已经走上国际舞台。

尽管如此，我们也必须认识到中国景观生态学发展中的不足。总体上看，虽然理论和方法方面开展了一些原创性的探索，但是相对来说还是较少。中国是一个自然环境复杂多样、人类活动历史悠久、人口众多的发展中国家，文化特征、人地关系也表现出显著的地域差异性。近年来，随着国民经济和社会的快速发展，人地相互作用关系也不断呈现出新的特点。自然-社会系统之间相互作用的强度、多样性、复杂性和典型性等都不亚于世界上任何其他国家。所有这些都为中国景观生态学的发展创造了得天独厚的条件，也是中国景观生态学发展所面临的重大挑战。

社会发展为中国景观生态学的进步孕育着强劲的需求，主要表现为：科学发展与构建和谐社会的具体落实需要景观生态学的积极参与；环境保护、生态建设和生态文明的实践需要景观生态学的理论、方法支持；国家中长期科技发展规划明确了资源环境领域的重点方向，许多均与景观生态学密切相关。在这样的机遇面前，中国景观生态学科技工作者需要放眼国际前沿、服务本土需求，从中国自身特色出发，关注受人类影响的和以人为主导的景观，以景观格局与生态过程的多尺度、多维度耦合研究为核心，区域综合与区内分异并重，推动综合整体性景观生态学的建立和完善。

（二）景观格局分析的未来发展方向

从不同尺度上研究格局与过程之间的相互作用关系是景观格局分析的最终目的。在特定的时空尺度上，选取具有生态学意义的景观格局指数来描述景观格局的时空变化特征，并解释格局与过程在不同尺度上的相互作用关系，是景观生态学家的重要任务。虽然景观格局分析遇到了一些挫折，但今后景观格局分析仍然可以在以下几个方面进行重点突破(陈利顶等，2008)。

1. 从静态格局描述到动态格局刻画

目前常说的景观格局往往是静态的，无论是土地利用现状图、植被类型图，还是利用遥感影像解译的景观类型图，所获得的结果一般是某一瞬间地表覆被信息的特征，由此计算出来的景观格局指数只是反映了这一时刻的景观类型空间分布的信息。然而人们所关注的生态过程往往是动态的、发展的，延续了一个季节、一年或者一个时段。试图将计算出来的静态格局指数与一个动态变化的过程联系在一起，是不现实的。既然生态过程是动态的，能否将静态的格局分析赋予动态变化的属性，使之与生态过程相关联。由此静态格局动态化，可以从三个方面着手。①静态格局的序列组合：将不同时期土地利用/覆被类型图组成一个时间序列，由此可以识别土地利用/覆被的动态变化过程，进而分析景观格局指数的时间动态；②静态格局与过程关键影响因子组合：不同景观要素(土地利用类型)的空间组合，在一定程度上可以看作是过程发生的初始状态，将研究时段内一些影响过程的关键因子附加在初始的静态格局上，由此对格局赋予动态的属性；③建立影响过程关键因子动态变化图谱：可以借用图谱识别方法，如植被指数季节变化、气温(积温)季节变化、降水季节变化，组成一个系列图谱，从而构成一个新的图谱格局，由此来反映景观格局对生态过程的影响。

2. 多种景观格局指数的联合应用

景观格局分析需要既能全面反映景观格局特征，又可与具体生态过程相关联的景观格局指数集。针对不同生态过程研究指数集内不同指数的数值范围，建立不同指数值的组合与不同生态过程间的对应关系。多种景观格局指数联合使用的基础是不同的景观格局指数反映了景观格局的不同侧面。为了科学准确地反映一个景观格局的特征，可以根据研究对象有目的地选取几个方面的景观格局指数，如反映景观类型数量的指数，反映景观格局形状的指数，反映景观类型空间分布的指数。在进行比较研究时，通过几个方面格局指数的集合特性来反映区域景观格局的特征。

3. 发展基于过程的格局分析方法

针对特定生态过程的景观格局分析已经引起了大家足够的重视，如针对物种迁移、城市化、水土流失等生态过程的景观格局分析在逐渐增多。然而，在分析方法方面，将格局与过程相联系的景观格局指数还相对较少，目前仅有连通度指数、景观空间负荷比指数（陈利顶等，2003）等。未来研究应致力于构建基于不同生态过程的景观格局指数，并不断改进，扩大其应用范围。目前在这一方面的研究还远远不够。

4. 多维景观格局分析

景观格局分析除了开展的水平和时间维分析外，很少考虑其他因素对景观格局的影响。实际上，景观格局的分析还有一个很重要的维度——垂直方向。无论是水土流失，还是物种迁移，地形高度、坡度对它们的影响均十分重要，因此在进行景观格局分析时也需要考虑垂直方向上的景观异质性。开展多维景观格局分析，需要考虑两个方面：①同一景观要素随着垂直方向的变化，如土地利用类型/覆被类型、叶面积指数随着地形高度的变化；垂直方向上不同景观要素的组合，现有景观格局往往局限于土地利用/土地覆被一种要素，其实影响生态过程的要素除了土地利用/土地覆被外，基岩、土壤、地形等要素也会对景观格局产生较大影响，在多维分析框架下，研究垂直方向上各种要素的空间组合对景观格局特征的影响，将更具现实意义。

5. 多尺度景观格局分析

多尺度景观格局分析就是要找到与生态过程相对应的景观格局指数和分析方法，找到研究生态过程的最佳尺度。开展多尺度景观格局分析，可以着眼三个方面：①利用多尺度遥感信息源解析景观格局的特征。不同分辨率的遥感信息，反映了景观格局不同尺度的特征，如果将不同遥感信息源解译出来的景观格局指数组成一个系列，可以较好地反映一个地区景观格局随着尺度变化的特征，从而可以找出研究生态过程的相应方法；②利用景观格局分析中的粒度分析方法，利用同一信息源，通过变化粒度的大小来计算景观格局指数随着粒度变化的规律，进一步揭示这种景观格局指数随着粒度变化特征所指示的生态学现象；③通过变化研究地区的幅度大小来寻找景观格局指数随着幅度变化特征所代表的生态学意义。总之，通过多尺度的景观格局分析，构建一个景观格局指数随着尺度、粒度和幅度变化的特征曲线，从而将特征曲线与相应的生态过程相对应。

(三)景观生态学学科发展新动向

随着景观生态学研究的深入,以科学和实践问题为导向的学科交叉与融合不断加强,促进了景观生态学新学科生长点的产生,主要包括景观遗传学、水域景观生态学、音域景观生态学、海洋景观生态学、景观生态学与可持续性科学等方面。

1. 景观遗传学

景观遗传学是景观生态学和种群遗传学相结合而发展的一个学科方向,其核心问题是探析景观空间异质性与种群空间遗传结构及种群进化之间的关系,定量研究景观结构、配置、基质对基因流、空间遗传变异的影响。景观遗传学研究的问题包括两个方面:一是探测种群遗传的非连续性;二是检测这种不连续性与景观或环境不连续性的关联。可归结为五大类(Storfer et al, 2007):①定量研究景观要素和景观格局对遗传变异的影响;②辨识基因流过程中的障碍因素;③理解源-汇动态机理、生境质量变异和廊道设计的内涵;④理解生态过程的时空尺度特征;⑤验证种群生态假说。景观遗传学的研究设计很重要,选择能够反映并且易于量化生态过程的适宜尺度、合理整合景观空间数据与种群遗传数据、基于个体或种群的遗传信息获取值得引起关注。

景观遗传学的典型应用包括动植物流行病调查和风险评估(Garrett et al, 2006)、生物多样性变化的微观机理和管理策略的规划设计,例如大熊猫基因分化的亚种群发展研究及空间管理和行动单元的确定。分子水平上的微观分析手段与功能强大的景观生态学宏观统计工具结合,促进景观遗传学飞速发展,对理解景观和环境对基因流、种群结构和适应有很大帮助,但它本身不是目的,我们可以借助景观遗传学更好地描述空间遗传格局,并探索造成这种格局的过程和为基因及物种等的宏观管理提供科学依据。

2. 水域景观生态学

水域景观是一个等级斑块系统,例如河流有其自身结构,包括深槽、浅滩、支流、牛轭湖等,这种异质性的空间格局构成了独特的河流景观,而且河流景观斑块组成随着水文情势的变化呈现动态性特征。水域景观生态学就是定量地描述水域景观中结构与功能的关系,比如异质性、等级性、方向性或不同空间尺度上的过程反馈(Poole, 2002)。水域景观生态学中的一些主要理论有:河流连续体理论、洪水脉动理论、水域廊道理论等。水域景观生态学作为景观生态学的一个新近分支,景观生态学中的一些基本原理在水域景观生态学中同样适用,如强调空间格局对生态过程的影响。水域景观生态学也强调空间异质性、边界效应及斑块间的物质交换、景观的连接度与连通性和生物及其生境的重要性、尺度问题。作为生态学、地理学、水文学的结合点,水域景观生态学成功地将斑块格局、等级理论与水域生态系统联系起来。可以把以河流为主要对象的水域景观生态学作为研究景观生态与等级理论的天然实验室。

3. 音域景观生态学

音域景观生态学是最近几年才发展起来的,主要研究各种来源声音(包括乐音和噪音)的空间传播、消涨与周边景观之间的相互作用关系,通过识别音景的时空变化特征来判断景观中物种的生存状况以及生态系统健康状况(Farina et al, 2011;Pijanowski et al,

2011)。音景是指来源于一个特定景观中的生物的、自然的和人为的声音的集合体,将随着时空尺度变化,音景的特征可以指示重要的生态系统和人类活动特征。一般可以将声源分为:生物源、自然地质源和人为源三大类型。音域景观生态学的发展主要依托于空间生态学(spatial ecology)、生物声学(bioacoustics)、城市环境声学(urban environmental acoustics)和声音生态学(acoustic ecology),尤其是景观生态学和生物地理学的理论和方法。它重点研究气候、土地利用转变、生物多样性格局、生命演变历史和人类活动对音景空间格局动态的影响。

通过音域景观生态学研究,识别一些特殊的、重要的音景资源,从而进行保护,如:自然静谧景观、敏感音景、受胁音景。除了具有直接的物质价值外,许多抽象的、间接的功能需要特别关注,如:娱乐、文化、精神、疗养、标识,存在和遗产价值,研究与监测、教育和艺术方面等(Dumyahn and Pijanowski, 2011)。景观与音景的主要区别在于:景观可以为人类和生物直接感知,而音景只能通过听觉来感知。研究音景的时空特征在一定程度上可以揭示景观的生态质量和生态完整性,也可以通过研究音景的特征变化,来判断生态系统功能的演变。

4. 海洋景观生态学

海洋景观都是在性质相对均一的海洋自然水体基质上,由各类性质(属性)不同的斑块构成的空间异质镶嵌体。由于海洋景观均是以海洋自然水体为基质,海洋自然水体因受风场、流场、潮汐场等动力作用处于不断的运动过程中。因此,海洋景观多具有空间尺度大、演化速度快、生命周期短、结构相对简单等特征。海洋景观的这些特殊性为海洋景观生态学的发展提出了新的方向。索安宁等(2009)论述了景观生态学在海洋赤潮景观、海洋溢油景观、海域使用景观、滨海湿地景观、海岛景观和海洋环境污染景观等方面的应用前景,并就海洋景观生态学的发展进行了深入探讨。提出海洋景观的均质性与异质性、海洋景观格局与生态过程的关系、边缘效应与海岸带、海洋景观评价与评估、海洋景观模型等,目的是为景观生态学在海洋资源环境中的应用、海洋景观生态学的发展探索新的方向。

海洋景观生态学尚处于探索阶段,如何更好地将景观生态学的原理和方法应用到海洋景观的评价、规划与管理中将是未来一段时间发展的重点。

5. 景观生态与可持续性科学

可持续性科学作为寻求对自然与社会交互作用基本特征深刻理解的新领域正在形成之中,目前已经成为全球关注的焦点问题。景观生态学可以从以下方面对可持续性科学做出重要贡献(Wu,2006):①人类景观或区域作为研究和维系可持续性的基本空间单元,是有效研究自然-社会相互关系的最小尺度;②景观生态学为解决多尺度上的生物多样性和生态系统功能问题提供了等级性和集成性的生态学基础;③景观生态学已经发展了一系列整体性的和人文社会学的方法来研究自然-社会相互关系;④景观生态学能够为研究空间异质性或自然和社会经济格局对可持续性的影响提供理论和方法支持;⑤可持续性科学要发展成为一门严谨的学科,必须要定量说明什么是可持续性,景观生态学能够为此提供一套方法和指标;⑥景观生态学为自然-社会相互关系研究中所面临的尺度和不确定性问题的探讨提供理论和方法依据。

此外，景观分析中的多功能景观研究和景观综合模拟，虽然多年来一直得到了景观生态科技工作者的高度重视，但是这方面的研究还远远不够，将仍然是景观生态学未来研究的重要方向。

四、结语

景观生态学作为20世纪80年代迅速发展起来的交叉学科，发展到今天已经逐渐成熟。我国景观生态学在跟踪学习国际研究动态的同时，也逐渐建立了具有中国特色的景观生态学研究体系。近五年来所取得重大研究进展主要表现在：景观格局演变与驱动机制的多尺度效应、景观格局分析与景观生态网络优化、生态用地与城市景观生态安全、森林景观动态模拟与林区病虫害或干扰优化控制、源汇景观理论与源汇景观格局分析、多尺度景观格局分析与土壤侵蚀评价模型，这些成果的取得为景观生态学的发展做出了重要贡献。但景观生态学的发展也受到了空前挑战，尤其是景观生态学发展赖以生存的景观格局指数分析方法，由于缺乏生态学意义的解释，目前受到了学界质疑。景观生态学的未来发展还将依赖于景观格局分析和与其他学科的交叉。在景观格局分析方面，从静态格局描述到动态格局识别、多种景观格局指数的联合使用、发展基于过程的格局分析方法、多维景观格局分析和多尺度景观格局分析将是深化景观格局分析的突破口；在学科发展方面，景观遗传学、水域景观生态学、音域景观生态学、海洋景观生态学和基于景观生态学研究的可持续发展科学将成为景观生态学研究的热点领域。

参考文献

[1] Bu R, He H S, Hu Y, et al. Using the LANDIS model to evaluate forest harvesting and planting strategies under possible warming climates in Northeastern China[J]. Forest Ecology and Management, 2008,254:407－419.

[2] Chang Y, He H S, Hu Y, et al. Historic and current fire regimes in the Great Xing'an Mountains, northeastern China: Implications for long－term forest management[J]. Forest Ecology and Management, 2008,254:445－453.

[3] Chen L D, Tian H Y, Fu B J, et al. Development of a New Index for Integrating Landscape Patterns with Ecological Processes at a Watershed Scale[J]. Chinese Geographical Sciences, 2009, 19(1):37－45.

[4] Dumyahn S L, Pijanowski B C. Soundscape conservation[J/OL]. Landscape Ecology, 2011,DOI: 10.1007/s10980－011－9635－x.

[5] Pijanowski B C, Farina A, Gage S H, et al. What is soundscape ecology? An introduction and overview of an emerging new science[J/OL]. Landscape Ecology, 2011,DOI:10.1007/s10980－011－9600－8.

[6] Farina A, Lattanzi E, Malavasi R, et al. Avian soundscapes and cognitive landscapes: theory,

application and ecological perspectives[J/OL]. Landscape Ecology, 2011,DOI:10.1007/s10980－011－9617－z.

[7] Fortin M J, Agrawal A A. Landscape ecology comes of age[J]. Ecology, 2005,86:1965－1966.

[8] Fu B J, Zhao W W, Chen L D, et al. A multiscale soil loss evaluationindex[J]. Chinese Science Bulletin, 2006,51(4):448－456.

[9] Garrett K A, Hulbert S H, Leach J E, et al. Ecological genomics and epidemiology[J]. European Journal of Plant Pathology, 2006,115(1):35－51.

[10] Poole G C. Fluvial landscape ecology: addressing uniqueness within the river discontinuum[J]. Freshwater Biology, 2002,47:641－660.

[11] Storfer A, Murphy M A, Evans J S, et al. Putting the "landscape" in landscape genetics[J]. Heredity, 2007,98(3):128－142.

[12] Uuemaa E, Roosaare J, Mander U. Scale dependence of landscape metrics and their indicatory value for nutrient and organic matter losses from catchments[J]. Ecological Indicators, 2005,5(4):350－369.

[13] Wang R, Ai B, Gao B, et al. Spatial genetic structure and restricted gene flow in a functionally dioecious fig, *Ficus pumila* L. var. *pumila*(Moraceae)[J]. Plant Ecology, 2009,51:307－315.

[14] Wu J. Landscape ecology, cross－disciplinarity, and sustainability science[J]. Landscape Ecology, 2006,21(1):1－4.

[15] 俞孔坚,乔青,李迪华,等. 基于景观安全格局分析的生态用地研究——以北京市东三乡为例[J]. 应用生态学报,2009,20(8):1932－1939.

[16] 俞孔坚,王思思,李迪华,等. 北京城市扩张的生态底线[J]. 城市规划,2010,34(2):19－24.

[17] 傅伯杰. 地理学的新领域——景观生态学[J]. 生态学杂志,1982,4(1):32－34.

[18] 傅伯杰,吕一河,陈利顶,等. 国际景观生态学研究新进展[J]. 生态学报,2008,28(2):798－807.

[19] 刘志华,常禹,贺红士,等. 模拟不同森林可燃物处理对大兴安岭潜在林火状况的影响[J]. 生态学杂志,2009,28(8):1462－1469.

[20] 卢爱刚,张镭,索安宁. 基于水土流失的景观格局分析方法[J]. 生态环境学报,2010,19(7):1599－1604.

[21] 宋豫秦,曹明兰. 基于 RS 和 GIS 的北京市景观生态安全评价[J]. 应用生态学报,2010,21(11):2889－2895.

[22] 徐卫华,罗翀,欧阳志云,等. 区域自然保护区群规划——以秦岭山系为例[J]. 生态学报,2010,30(6):1648－1654.

[23] 张路,欧阳志云,肖燚,等. 海南岛生物多样性保护优先区评价与系统保护规划[J]. 应用生态学报,2011,22(8):2105－2112.

[24] 李玉凤,刘红玉,曹晓,等. 城市湿地公园景观健康空间差异研究——以杭州西溪湿地公园为例[J]. 地理学报,2010,65(11):1429－1437.

[25] 李玉凤,刘红玉,郑囡,等. 基于功能分类的城市湿地公园景观格局——以西溪湿地公园为例[J]. 生态学报,2011,31(4):1021－1028.

[26] 李秀珍,胡远满,贺红士,等. 从第七届国际景观生态学大会看当前景观生态学研究的特点[J]. 应用生态学报,2007,18(12):2915－2916.

[27] 李绥,石铁矛,付士磊,等. 南充城市扩展中的景观生态安全格局[J]. 应用生态学报,2011,22(3):734－740.

[28] 沈泽昊,吉成均. 景观遗传学原理及其在生境片段化遗传效应研究中的应用[J]. 生态学报,2010,30(18):5066－5076.

[29] 滕明君,周志翔,王鹏程,等．景观中心度及其在生态网络规划与管理中的应用[J]. 应用生态学报,2011,21(4):863－872.

[30] 潘影,肖禾,宇振荣．北京市农业景观生态与美学质量空间评价[J]. 应用生态学报,2009,20(10):2455－2460.

[31] 王云才,刘悦来．城市景观生态网络规划的空间模式应用探讨[J]. 长江流域资源与环境,2009,18(9):819－824.

[32] 简耘,石磊,李丹,等．森林砍伐对苦槠种群遗传结构的影响[J]. 生态学报,2008,28(12):6228－6234.

[33] 索安宁,于永海,韩富伟．辽河三角洲盘锦湿地景观格局变化的生态系统服务价值响应[J]. 生态经济,2011,6:147－151.

[34] 索安宁,赵冬至,葛剑平．景观生态学在近海资源环境中的应用——论海洋景观生态学的发展[J]. 生态学报,2009,29(9):5098－6005.

[35] 赵华甫,张凤荣．北京市农业景观格局变化及功能区划[J]. 农业工程学报,2008,24(Supp. 1):78－84.

[36] 郭宏斌,黄义雄,叶功富,等．厦门城市生态功能网络评价及其优化研究[J]. 自然资源学报,2010,25(1):71－79.

[37] 陈利顶,傅伯杰,赵文武．"源""汇"景观理论及其生态学意义[J]. 生态学报, 2006,26(5):1444－1449.

[38] 陈利顶,刘洋,吕一河,等．景观生态学中的格局分析:现状、困境与未来[J]. 生态学报,2008,28(11):5521－5531.

[39] 陈宏伟,胡远满,常禹,等．大兴安岭呼中林区虫害与火干扰交互作用的长期模拟[J]. 应用生态学报,2011,22(3):585－592.

[40] 高杨,黄华梅,吴志峰．基于投影寻踪的珠江三角洲景观生态安全评价[J]. 生态学报,2010,30(21):5894－5903.

[41] 特罗尔 C. 景观生态学[J]. 林超译．地理译报,1983,2(1):1－6.

撰稿人:陈利顶　李秀珍　沈泽昊　王根绪　常　禹　吴志峰　吴健生

ABSTRACTS IN ENGLISH

Comprehensive Report

Report on Advances in Ecology

Ecology can be defined as a system science studying relationships between organisms (including human beings) and environment, which plays an important role in improving people's living conditions and makes great contribution for people to understand also realize their impact to nature. In recent years, ecologists worked efficiently on discovering and understanding of the mechanism, studying across multi-process, multi-scale and multi-discipline, conducting system simulation and scientific predictions, meeting the needs of society and constructing foundation platform et al. , and made great achievements in the sub – discipline sciences of forest, grasslands, wetlands, desert, farmland, urban and landscape: lots of researches were carried out in the field of interactions between global climate change and ecosystems in global change ecology; Studies focused on biodiversity maintenance mechanism and carbon nitrogen and other elements biogeochemical cycles in ecosystem ecology.

Great progress was made in degraded ecosystem diagnosis, degradation ecosystem restoration and grassland and farmland ecosystem reconstruction as well as sustainable management in the field of restoration ecology; Advance was made in eco-environmental effects of land use and landscape pattern evolution, substances and typical elements of the metabolic mechanism and its impact on ecological environment, urban land ecological function management and material flow analysis, life cycle assessment and eco-efficiency analysis in the field of urban and industrial ecology. Landscape ecology continued to pay attention to the driving mechanism of landscape pattern evolution, landscape dynamics simulation and forest ecosystem management, source-sink landscape pattern analysis and the ecosystem services evaluation, landscape pattern analysis from multi-scale and evaluation of soil erosion et al. However, compared with foreign studies, there is still big room for us to improve and a long way to go in these research areas, for instance: ecosystems and global change, ecosystem services assessment, biological invasion and biological disaster control, ecological restoration, anthropecology, et al. When facing increasing pressure from the changing world on biosphere, future research of ecology will be emphasized on these areas: global change ecology, science of ecosystem services, biodiversity conservation, biological invasion mechanism and control, degraded ecosystem restoration and artificial ecosystems design, ecosystem management, ecological civilization construction.

Written by Ouyang Zhiyun, Zheng Hua, Wan Wuxing

Reports on Special Topics

Research on the Forest Ecosystem

Since the beginning of the 21st century, major research areas of forest ecology research include the followings: the forest ecosystem and climate change, forest carbon cycle, forest ecohydrology, the formation and maintenance mechanism of forest biodiversity, ecological restoration and forest management, forest ecosystem services, and have achieved a series of new developments. (1) The study of forest ecosystem and climate change is mainly concentrated in the forest functions and climate change, phenology and distribution of forest vegetation and climate change, vegetation activity and climate. We have made significant progress in application of the methods of observation, control experiments and model simulation to research forest ecosystem. However, there are still many debates, which will be the new hot spots for future research. (2) The research of forest carbon cycle includes forest carbon stocks and carbon budget, forest soil carbon and soil respiration. The methods of survey, flux measurement, models and others have been widely used in the study of carbon sources and sinks at different scales. Because each method has obvious advantages and disadvantages, the integration of the ecosystem mechanism, observational data and model integration across scales will be the future direction of research. (3) Forest ecohydrology study is to research the hydrological functions of forest ecosystems. In recent years, the method of stable isotopes and ecohydrological models have been gradually applied to the study of ecohydrology. The study of mountain ecosystems and other ecologically sensitive areas as well as the research of multi-model integration is the future trend of development. (4) The research of forest biological diversity mainly focuses on the formation, maintenance mechanism and spatial distribution of forest communities and species diversity, forest biodiversity study based on the large fixed monitoring sample. In the scale of forest communities, the study of biological diversity has made great progress and Integrated application of remote sensing, statistics and other ways to study the biological diversity on a larger scale will be needed the future research. (5)Ecological restoration and forest management includes reconstruction and restoration of forest and forest landscape restoration. Reconstruction of degraded forest has been proposed a series of recovery modes and remote sensing technology has been used to study the recovery of the forest landscape pattern on the larger scale. Forest management and recovery requires the integration of multi-channel and multi-disciplinary research. (6)The research of forest ecosystem services is currently concentrated in the typical forest ecosystem services, as well as assessment of the national forest ecosystem services. The establishment of a unified and mature forest ecosystem service value index system is the development trend for the future.

Written by Liu Shirong,Sun Jianxin,Zhang Yuandong

Research on the Grassland Ecosystem

With the rapid development in the international research work, there is great advance in studying grassland ecosystem of China, especially in some ecological concepts and theories. This report presents the main achievements in grassland ecosystem. (1)Grazing ecology in grassland, in which we found the interaction between herbivory and vegetation heterogeneity, and the rules and mechanisms of the effects of grazing on ecological process and functioning. (2)Estimation of carbon source and sink in grassland. There has been large scaled estimation of carbon source in different regions and types of grasslands, and there is still the need for future research on the relationships between carbon source and sink. (3) Healthy assessment on grassland ecosystem. Chinese researchers expand the meaning of grassland healthy, and there has been quantitative assessment on the grasslands that are used in different patterns and intensities. (4) Grassland restoration ecology. There has been some research work focused on productivity and diversity in the process of grassland restoration, and more attention is paid to the restoration pattern and technical study. On the whole, there have been great achievements in grassland ecology in China in the last five years, which is attributed to ecologists' interest, many fundamental and practical scientific research funds, and frequent academic exchange and scientific cooperation with foreign scientists. Based on current situation, the grassland ecology study in China will focus on the theoretical and empirical work to explore new concepts and theories in ecology. Especially, we need do more work on the maintaining mechanisms of the grassland multi-functionality, as well as the theory and techniques of adaptive grassland management.

Written by Wang Deli, Hou Fujiang, Liang Cunzhu, Zhu Tingcheng

Research on the Agricultural Ecosystem

A lot of progress in agroecosystem research in China has been made in the last few years. The major progress can be summarized as follows. (1) Research on eco-agriculture has been continuously carried out in a deeper way. (2) The protection and utilization of biodiversity in agroecosystem were explored actively. (3) Lowcarbon agriculture and circular agriculture are becoming research hot topics. (4) More attentions were put in to the agricultural landscape level. (5) Important progress has achieved in research on the relation between global change and agriculture. (6) There some progress in agroecosystem researches which combined with social economic policy and legislation aspects. Agroecosystem research in China was quite advance in the discovery the "secrets" of traditional agricultural systems, and solving different limiting factors in regional agroecosystems around China. However, there are still a lot of challenges ahead. For example, we are lack of creative idea to lead the development path of agroecology. There were only few simulation models created in China and not many researches using mathematical methodology. Long term observation stations on agroecosystem in China are still not enough and were mostly put into operation within a short period. We should balance agroecology as an interdisciplinary field of science, as an eco-agricultural practice and as a rural movement for sustainable development in China. Through more active international exchange and deeper understanding of the situation in rural area, the development of agroecology in China will be able to become more helpful in solving the issues such as shortage of agricultural resources, serious pollution in rural area, fragile eco-environment, and the weak policy and legislation for supporting eco-agriculture.

Written by Luo Shiming, Li Fengmin, Lin Wenxiong, Chen Xin, Lin Ruiyu

Research on the Wetland Ecosystem

Wetland research fever has been booming continually in recent years. Sate and local governments have established many wetland research and application projects. On one hand, under the research frame of "structure-process- function", wetland studies mainly concentrate in wetland ecosystem evolution, wetland materials cycling, wetland biodiversity, wetland ecological function assessment, wetland ecological value appraisal, wetland protection, wetland restoration and so on. On the other hand, China's wetland protection has obtained rich fruits. At present, international wetland discipline development is facing the opportunities and the challenges, mainly including wetland carbon/nitrogen processes and the global change, wetland ecosystem development and its response to global change, wetland water cycling and regional water security, regional environmental effects of wetland landscape pattern and wetland resources' wise use, wetland biodiversity and ecosystem functioning, comprehensive evaluation modeling of wetland functions, and so on. Compared with the studies overseas, China's wetland research has not established solid theoretical foundation and lacks long-term localization observations. Chinese wetland researchers should further consummate the frame of wetland scientific theory, pay attention to international wetland research projects and domestic strategy plan of scientific research to promote the development of wetland science, construct international communication platform to strengthen the cooperation home and abroad, serve the state and local demands and develop the discipline theory through solving actual problems from now on.

Written by Lv Xianguo, Yu Junbao, Wang Xuelei, Zou Yuanchun

Research on the Marine Ecosystem

The ocean, accounting for 71% of the surface on our planet, regulates the global environment, with its tremendous ability supporting human beings, marine lives and their habitats, and it plays an important role in degrading pollutant, buffering the negative impacts of climate change, maintaining marine biodiversity and marine living resources for sustainable development and etc. As socio-economic development is depend closely on the health of the marine ecosystem, of which nowadays it has become a hot area in the study of nature science.

With more than 6500 islands in area of over 500 square meters and more than 32000 km coastline along mainland and islands, China Seas stretch three climatic zones: the tropical zone, the subtropical zone and the temperate zone. Thus our seas of marine ecosystems are complicated with a high biodiversity and productivity. Accordingly, in 2008 the ecosystem service in 193100 square kilometers of China's coastal sea areas cost a value of 1.03 trillion RMB. In 2010, China's marine gross domestic product (GDP) was 3.8439 trillion RMB, taking up 9.7% of China's GDP. Marine ecosystem plays an important role in supporting the rapid development of China's society and economy. However, it also faces challenges of environmental pollution, habitat degradation, overfishing and non-indigenous species invasion that unprecedented in the recent history.

In this topic, we reviewed the papers published at home and abroad in the recent five years on studies about marine ecosystem from the following aspects such as marine ecological investigation and research, sustainable utilization of food production in coastal ecosystem, marine ecosystem service, marine pollution and eutrophication, conservation of marine endangered species, management of coastal ecosystem and restoration of marine ecosystems etc for summarizing the latest development and achievements in the field of marine ecology in China and comparing domestic and international developments in the field. Finally, research trends and discipline development suggestions were pointed out in this report.

Written by Zhang Yusheng, Tang Senming, Zheng Ronghui

Research on the Desert Ecosystem

The research on the desert ecosystem in China has already come to the stage of comprehensive using of remote sensing and GIS techniques in various aspects from the primarily stage of sand control.

In recent years, many scholars have taken the research on the desert ecosystem from the different level and various aspects, including from the macro to micro, from individual, community to ecosystem and from part to whole, to form the main research direction of desert ecosystem now. Its research methods and techniques are getting continually update. At present, most of the studies about desert ecosystem base on the location observation. However, the extent, profundity, and effectiveness of the research content largely depend on the accuracy and advanced level of the location observation means. Therefore, the future trends of the location observation of the desert ecosystem mainly get embodiment in the standardization and integrative observation in the national, regional and global scale, and also in combined using of satellite, aviation, and ground observation platform.

Europe and North America are in the front rank in theoretical and practical research on ecological recovery. New Zealand, Australia, and China have also got great success in practical research in that field. In china, many works have been done and got excellent results in the practice of ecological recovery, especially in the arid and semi-arid region of northwestern China. However, we had to admit the fact that the theoretical study in ecological recovery is still weak, especially in the mechanism of reversion process of desertification or recovery of degraded ecosystem. Therefore, there are several developing trends in the study of ecological recovery and maintain mechanism on the northwest arid land of china: (1) need to syncretize the different subject field, such as biology, geology, ecology, economics, and anthropology for ecological recovery of arid desert region. It is the important solution in dealing with the eco-environments on this region; (2) take long-term observational network and simulation study on environmental factors, including water, land, atmosphere, and biology to form the groundwork for ecological recovery and maintain mechanism; (3) take integrate study on the vegetation recovery and maintain mechanism of different ecological zones to provide ecosystem management strategy.

The research competence on desert ecosystem of china has been developing fast in the resent 7 years. Great achievement have been gained in the subject field : arid land hydrological process and its response on global climate change, exploitation of oasis resources and its ecological response, evolvement of desert ecosystem and ecological process, and also construction technology of desert high eco-efficient industry, etc.

At present, we have constructed 6 desert-control stations which presented the desert eco-system research level in China and also accumulated research experience. The desert eco-system research network was constructed through integration of plot observation , transect and regional observation.

Based on above, the future progress direction of desert eco-system research in China as follows: (1) water-heat balance research; (2) environmental characteristic of oasis-desert ecotone; (3) restore ecological research; (4) soil ecological research; (5) Administer research.

Written by Chen Yaning, Huang Xiang, Li Weihong,
Hao Xingming, Chen Yapeng, Ye Zhaoxia, Yang Yuhai

Research on the Urban Ecosystem

Cities represent a kind of surface configurations on the earth with intensified human activities and strong ecosystem impacts. The core of a city is man who dominates the dynamics of urban development.

China is experiencing a rapid urbanization and industrialization, the urban population has grown from 325 million in 1990 to 577 million in 2006. The number of cities in China has grown from 467 in 1990 to 656 in 2007 and the total area occupied by the built-up portions of cities has grown from 11. 6

thousand km^2 in 1990 to 31 thousand km^2. During the development of cities, intensified land use, large-scale construction of infrastructures, and rapid industrial development have brought about the huge economic growth, but a series of ecological and environmental problems have already generated such as a shortage of freshwater and land resources, environmental pollutions, heat-island effect, high consumption of energy, food security and increase of risk of citizens' health, which assume an enormous challenge for urban sustainable development.

The research of urban ecological and environmental issues just meets the challenge from rapid urban development. Currently, the research on urban ecological and environmental issues is in an urgent need for ecological integrative methodology, i. e. , to explore the problems of urban development with comprehensive and systematical level. Urban ecological integrative methodology includes integration of technology, institution and culture; integration of ecosystems'structure and processes, integration of functions and ecological services, integration of soft and hard methods, and integration of science, philosophy and engineering for realizing a sustainable urban development.

Currently, the progresses in urban ecological and environmental studies mainly focused on hierarchy and diversity among kinds of natural ecological, technological and socio-cultural factors; paid attention to mass and energy metabolisms in urban ecosystems as well as urban economic, socio-cultural couplings. The hot points of these studies are ecological assets, ecosystems health and ecological services. These researches gradually formed three important areas as human habitat ecology, industrial ecology and life support system ecology.

The research on urban ecological and environmental issues in China has experienced a development of more than 20 years, and the earlier studies focused on environmental pollutions caused by urbanization, environmental quality and integrated controls of environmental problems. In 1990s, some urban ecological research projects were carried out in Beijing-Tianjin region and South Jiangsu province with a high urbanization, and achieved many obvious progresses. In recent years, a research eco-city building has become a very important point of high concern in China, and many cities implemented their plans of eco-cities building and achieved a lot. These achievements have popularized all over the world through The Fifth Ecopolis Conference was held in Shenzhen city, south China.

In recent years, the future trends of international research are focused on three points of human habitat ecology, industrial ecology and life supporting system ecology. The important points of research include urban ecological impacts assessment and natural asset accounting, urban ecosystem metabolism, life cycle assessment, planning and management of ecological industrial parks, planning, design and management of urban ecosystems.

In the future, it is necessary for China to strengthen the research of urban ecological and environmental issues for solving the specific problems facing China's urban development, which should be focused on the basic research of ecological asset accounting, ecological services, urban ecological metabolism, urban ecological management, and applied research of ecological industry and industrial ecological engineering, ecological community building, ecological architectures, landscape ecological processes and patterns of urban ecosystems, ecological health and ecological culture, and ecological planning and management for regional urbanization.

Some effective measures should be taken to ensure the implementation of ecological and environmental research of urban ecosystems, and to build a sustainable urban society in China.

Written by Hu Dan, Li Feng, Wang Rusong, Wang Xiangrong, Da Liangjun

Research on the Industry Ecology

Industrial Ecology, as an emerging multidisciplinary subject, has been attracted much attention of the industry, government, and the academy, as well as public. It studies on the energy and material flow, and environmental impacts of the product system, processing, and economic sectors at the local, regional and global scale, within the whole life cycle, from extraction to production, use and disposal. This paper made a review of the literature on the methodology and application of industrial ecology so as to clarify the trends of it. The methods discussed include material flow analysis(MFA), life cycle assessment and ecological efficiency, as well as the ecological synthesis or ecological industrial development。The industrial ecology has been widely integrated in the Chinese industrial transition. A series of practices have been launched at the national wide in the context of planning of ecological industrial park and industry convergence.

Written by Yang Jianxin, Shi Lei, Liu Jingru, Wang Zhen, Lv Bin, Shi Xiaoqing

Research on the Landscape Ecology

Landscape ecology was developed rapidly after introduced into China since 1980s. A landscape ecology framework with Chinese characteristics was gradually formed by integrating the advantages from both European and North American on landscape ecological research. Some progresses were made in China as follows: (1) Landscape pattern evolution mode and driving mechanism: the spatio-temporal characteristics of landscape pattern change and the spatio-temporal scale effects on change driving mechanism have been systematically studied. (2) Analysis of landscape pattern and ecological network optimization: a new theory of landscape centrality and a new approach to optimize ecological network has been proposed, and the methods and programming of nature reserve network has explored according to landscape ecological security pattern. (3) Eco-service land and urban landscape ecological security pattern: the idea of eco-service land has been proposed, and based on which, urban ecological security pattern design was implemented. (4) Forest landscape dynamics and disturbance control on insect pest and natural fire: the effect of fire slash, plant diseases and insect pests on the forest vegetation has been studied by modeling. (5) Landscape pattern indices: source-sink landscape theory was proposed and landscape pattern analysis methods were constructed according to such concept. (6) Soil erosion risk assessment: from the prospect of landscape pattern-ecological process, multiscale soil loss evaluation indices was invested by integrating land use, terrain, soil, rain and other impact factors. Moreover, some growing points on future development of landscape ecology are: landscape genetics, fluvial landscape ecology, soundscape ecology, and oceanscape ecology, landscape ecology and sustainable development science.

Written by Chen Liding, Li Xiuzhen, Shen Zehao,
Wang Genxu, Chang Yu, Wu Zhifeng, Wu Jiansheng